普通高等教育“十四五”系列教材

Java 语言程序设计教程

（第二版）

胡 光◎编著

中国铁道出版社有限公司
CHINA RAILWAY PUBLISHING HOUSE CO., LTD.

内 容 简 介

本书根据普通高等教育计算机类专业要求，以面向对象程序设计思想为主线，循序渐进地讲述 Java 程序设计理论与应用知识。全书内容主要包括 Java 语言的基础语法、面向对象程序设计思想与应用、常用类、异常处理、输入流和输出流、常用数据结构、图形用户界面、多线程、网络程序设计，以及 Java 与数据库应用程序设计等。

本书内容丰富，强调理论与实践相结合。书中所有内容均遵守 Java SE 平台的程序设计规范，内容实用性强。书中语言力求简明，内容既包含 Java 语言程序设计的基础知识，还包含深入的高级主题，每章都附有贴合正文内容的编程习题，以便于读者复习和熟练掌握 Java 程序设计知识并应用到项目开发过程中。

本书适合作为普通高等学校计算机科学与技术、软件工程和物联网工程等相关专业的 Java 程序设计基础教材，也可作为相关工程技术人员的自学参考书。

图书在版编目（CIP）数据

Java 语言程序设计教程/胡光编著. —2 版. —北京：中国铁道出版社有限公司，2023. 7
普通高等教育“十四五”系列教材
ISBN 978-7-113-30275-7

Ⅰ. ①J… Ⅱ. ①胡… Ⅲ. ①JAVA 语言-程序设计-高等学校-教材 Ⅳ. ①TP312.8

中国国家版本馆 CIP 数据核字(2023)第 095674 号

书　　名：Java 语言程序设计教程
作　　者：胡　光

策　　划：何红艳　　　编辑部电话：（010）63560043
责任编辑：何红艳　绳　超
封面设计：刘　颖
责任校对：苗　丹
责任印制：樊启鹏

出版发行：中国铁道出版社有限公司（100054，北京市西城区右安门西街 8 号）
网　　址：http://www.tdpress.com/51eds/
印　　刷：三河市宏盛印务有限公司
版　　次：2018 年 1 月第 1 版　2023 年 7 月第 2 版　2023 年 7 月第 1 次印刷
开　　本：787 mm×1 092 mm　1/16　印张：21　字数：537 千
书　　号：ISBN 978-7-113-30275-7
定　　价：59.00 元

前言

党的二十大报告在实施科教兴国战略，强化现代化建设人才支撑方面指出："教育、科技、人才是全面建设社会主义现代化国家的基础性、战略性支撑。必须坚持科技是第一生产力、人才是第一资源、创新是第一动力，深入实施科教兴国战略、人才强国战略、创新驱动发展战略，开辟发展新领域新赛道，不断塑造发展新动能新优势。"党中央首次把教育、科技、人才进行"三位一体"统筹安排、一体部署，并放在论述"全面建设社会主义现代化国家的首要任务"之后的突出位置。为了在高等教育中加大"互联网+"软件开发对高校学生人才培养的力度，从计算机类相关专业的人才培养角度出发，编写一本应用广泛的程序设计书籍，显得十分必要和急迫。

Java 语言最初是基于互联网技术的应用而产生的，恰好适应了国家关于 IT 行业不断发展的战略需要。如今，Java 语言已经成为一门成熟的面向对象程序设计语言，在所有程序设计语言中占有举足轻重的地位。从面向对象程序设计思想的角度来看，Java 语言在网络、跨平台、多线程和安全性方面比其他程序设计语言更具有优势，更适合程序设计人员作为开发工具使用。从面向对象程序设计的应用角度来说，Java 语言将大部分算法实现进行了封装，程序实现容易，可以节省程序设计人员的开发时间，提高开发效率。

本书第一版和第二版都以面向对象程序设计思想为主线，将所有内容都围绕"封装、继承与多态"展开，所有代码示例严格遵守编程规范。第 1 章至第 7 章主要阐释了 Java 语言程序设计的基础知识，以封装类中的数据属性、构造方法和功能方法作为主线进行讲述，侧重封装、继承与多态之间的相互关系并扩展到 Java 的常用类、输入输出、数据结构及应用。第 8 章以三个顶层容器和组件对象为主线阐释 Java 语言程序设计中的 GUI 应用，侧重桌面程序的设计。第 9 章至第 11 章通过典型案例阐释 Java 语言程序设计应用中的多线程、网络应用和数据库程序设计，侧重完整项目的开发与设计。

如果读者把本书作为入门教材，建议熟练学习前 8 章的内容，培养描述实际问题的程序化解决方案的关键技能，并通过基本算法和数据结构将方案转变成程序。如果读者已经具有一定的编程基础，建议重点学习第 9 章、第 10 章和第 11 章，使用面向对象程序设计的方法开发多线程并发任务程序、网络程序以及操作数据库相关项目，提高程序设计的项目应用能力。在实践方面，本书并没有局限于讲述某一种具体的程序设计集成开发环境，而是让读者能够按照自己的实际要求进行编程，提高了本书使用的通用性。本书每一章都安排了适量的习题，给读者增加自主性思考和实践练习的机会。这些习题既有简单的程序设计题，也有复杂的算法实现题，还有完整的项目实践题，让读者循序渐进地学习 Java 语言程序设计。

本书第一版采用了Java语言程序设计的经典学习路线，让读者能够快速掌握Java语言程序设计的基本内容。随着Java开发工具库和开发工具版本的不断更新，Java语言程序设计应用的不断拓展，第一版的内容需要进行修订。与第一版比较，本版保留了大部分原来的章节和内容结构，主要是删除了Java Applet小程序中组件对象的相关理论和应用内容，增加了Java与数据库程序设计的内容，同时新增了部分与课程思政相关的拓展阅读，以达到立德树人于无声的教育目的。

本书在综合第一版内容基础上进行修订后，不仅保留了Java语言程序设计的经典学习路线特征，在内容和形式上更加具有时代特色。不仅在学习内容上与时俱进，而且更多融入了课程思政方面的元素，主要具有以下特色：

(1) 多方面融入课程思政元素，拓展Java语言程序设计阅读资料，以相关案例为载体将思政元素内化为具有思想性和价值性的精神力量。

(2) 更加强化面向对象程序设计中的封装、继承和多态特征在程序中的体现，所有的例题和习题都力求用严格的编程规范来实现。

(3) 重视理论与实践相结合，突出程序设计动手能力培养的特点。摒弃了传统实验指导书提供部分代码的做法，重点培养完整程序编写的能力。每章后的习题都需要设计编程思想和完成完整的程序代码，以提高程序设计的熟练度。

(4) 重视扩展内容深度和广度，重点提升编程能力，重视逻辑思维和计算思维的培养。

本书适合作为普通高等学校计算机科学与技术、软件工程和物联网工程等相关专业的Java程序设计基础教材，也可作为相关工程技术人员的自学参考书。

本书由烟台大学计算机与控制工程学院胡光编著。在编著过程中许多领导和同事提出了宝贵的意见和建议，国内高校一些专家也给出了具体指导方案，同时得到了许多朋友的帮助和支持，在此一并表示衷心的感谢。此外，本书参考了许多著作和网站的内容，在此向相关作者表示感谢。

由于计算机程序设计技术发展很快，加之编著者水平有限，书中不足和疏漏之处在所难免，欢迎广大技术专家和读者批评指正。

编著者

2023年3月

目 录

第1章　绪　　论

随着计算机科学技术的发展，计算机硬件和软件技术已经融入经济产业的各个领域。相对于计算机硬件而言，计算机软件是发挥计算机潜力的重要技术工具。要实现计算机硬件的潜力，就必须对计算机软件进行程序设计和开发。为了使程序开发更加方便，计算机程序设计语言的发展方向也朝着编程人员的思维习惯方面靠近。正是由于 Java 语言非常符合这种发展趋势，目前它已经成为应用非常广泛的程序设计语言之一。

1.1　Java 概述

与现实世界中的其他事物一样，计算机程序设计语言的发展也是不断变化的。目前，计算机程序设计行业中主要有面向过程程序设计和面向对象程序设计两大分支。在面向过程程序设计思想中，程序由在数据上运行的过程和功能集合组成，许多传统程序设计语言（Fortran、Pascal 和 C 等）体现的都是面向过程思想。在面向对象程序设计思想中，程序被看作“对象”的集合，数据和相关操作被封装在某个单元里，面向对象程序设计语言有 Smalltalk、C++、Python 和 Java 等。

1.1.1　Java 语言的产生与发展

1991 年，Sun 公司设计了一种能够适用于编写嵌入式系统电子设备微处理器的程序设计语言，由 James Gosling 负责的编程团队对其进行了开发。与此同时，随着 Internet 的迅速普及，该语言被重新设计和编写，并于 1995 年 Sun World 95 大会上正式公布为 Java 语言。Java 语言的产生，无论在理论计算领域、商业计算领域还是网络计算领域都开辟了计算机程序设计的新纪元，James Gosling 也被业内称为 Java 语言之父。

从 Java 语言产生以后，它一直处于计算机程序设计语言的主流位置。1995 年 Java 语言被美国的 *PC Magazine* 杂志评为 1995 年十大科技优秀产品，许多计算机公司（如 IBM 公司和 Apple 公司等）都开始支持和开发 Java 软件产品。2009 年，Oracle 公司收购了 Sun 公司，Java 也归为 Oracle 公司所有。目前，Java 语言的开发领域遍布计算机行业的各个方面，取得了显著的业绩。

1.1.2　Java 语言的特点

互联网和 Web 应用的发展推动了 Java 语言的不断前进，它能够在异构、分布式网络中的不同平台上开发出灵活的应用程序。

1．简单性

从面向对象程序设计的角度来说，Java 语言与其他程序设计语言有相同的特征，但是去掉了类似指针、多重继承等难以理解的特性，语法比较简单。Java 语言在编译和运行方面通过垃圾自动回收机制简化了程序内存管理,统一了各种数据类型在不同操作系统平台上所占用的内存大小。

2．面向对象性

Java 语言在产生之初就致力于建立一种模拟人类思维来解决实际问题的模型，这种模型将重点放在对象和对象的实现上，非常符合人们的思维习惯，容易扩充和维护。

3．网络特性

Java 语言具有处理网络协议的特点，能够通过 URL 打开和访问网络上的对象，其便捷程度就好像访问本地文件一样。目前，网络技术的不断发展促进了 Java 语言程序设计平台的扩展，Java 语言广泛应用到网络、移动端和嵌入式设备等方面。

4．健壮性

Java 语言在编译和解释执行过程中都会进行严格的检查，以减少错误的发生，其中垃圾自动回收机制和异常处理机制在很大程度上保证了程序的健壮性。

5．安全性

Java 语言设计的程序可以适用于网络和分布式系统，这就需要 Java 程序必须符合网络安全协议。在解释执行程序过程中，Java 虚拟机会针对程序的安全性进行检测，它不会访问或修改不允许访问的内存或文件。

6．平台无关性

Java 编译器会对 Java 程序生成一个体系结构中立的目标文件格式，这是一种编译成功的程序代码，只要有 Java 运行时系统，就可以在不同处理器上运行同一个 Java 程序，而不需要做任何修改。Java 编译器通过生成与特定的计算机体系结构无关的字节码指令来实现这一特性。这些字节码不仅可以很容易地在任何计算机上运行，而且可以迅速地翻译成本地计算机代码。

7．可移植性

Java 语言在基本数据类型和引用数据类型的定义上以字节码的方式进行存储，这消除了二进制数据顺序的困扰，增强了字节码数据可移植的能力。

8．解释型特性

Java 语言是一种解释型程序设计语言，解释器可以在任何移植了解释器的计算机上执行 Java 字节码，开发过程更加快捷。随着编译和解释能力的提高，目前，使用即时编译器可以将字节码翻译成机器码。

9．多线程性

多线程机制可以带来更好的交互响应和实时行为，Java 语言多线程程序设计可以利用多个处理器并发执行多任务，提高程序运行效率。

10．动态性

Java 语言能够适应不断发展的环境，它的类库可以自由添加新方法和实例变量，而对客户端却没有任何影响，这种动态特性提高了 Java 语言封装新特性的发展速度。

1.1.3　Java 语言的开发与运行平台

计算机平台是程序在其中运行的硬件或软件环境，如 Microsoft Windows、Linux、Solaris OS 和 Mac OS 等。大多数计算机平台都可以被描述为操作系统和底层硬件的组合，而 Java 语言的开发与运行平台则是一种运行在其他基于硬件平台之上的纯软件平台。Java 平台由 Java 虚拟机（Java Virtual Machine，JVM）和应用程序接口（Application Program Interface，API）两部分组成，如图 1-1 所示。

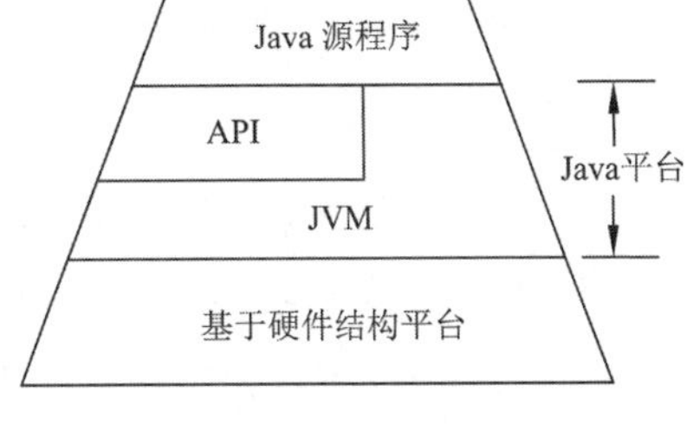

图 1-1　Java 源程序、Java 平台和底层硬件的关系图

Java 语言的应用领域非常广泛，与之相对应，Java 语言的程序设计与运行平台主要有如下三个版本。

（1）Java SE（Java Standard Edition）：称为 Java 标准版本或 Java 标准平台。Java SE 提供了标准的 Java 开发工具包（Java Development Kit，JDK）来开发 Java 桌面应用程序、某些服务器应用程序和 Java Applet 小应用程序等。JDK 是整个 Java 的核心，包括了 Java 运行时环境（Java Runtime Environment，JRE）、Java 工具和 Java 基础类库。

Java SE 从早期的 J2SE 1.1 版本开始一直持续更新。2004 年 9 月，J2SE 1.5 版本发布时更名为 Java SE 5.0，目前已经更新至 Java SE 8.0 系列版本，并且不断更新版本。

（2）Java EE（Java Enterprise Edition）：称为 Java 企业版本或 Java 企业平台。Java EE 不仅提供了标准的 JDK，而且增加了 Java EE 标准开发工具包（Standard Development Kit，SDK）来开发企业级的服务应用程序。目前该版本已经更新至 Java EE 6.0 系列，并且不断更新版本。

（3）Java ME（Java Micro Edition）：称为 Java 微型版本或 Java 微型平台。Java ME 是一种微型的 Java 开发和运行时环境，主要用于各种小型或微型系统设备的产品程序开发。针对不同的系统设备，Java ME 提供了相应的 SDK 套件进行程序开发，如移动设备、嵌入式系统、Java TV 及 Java Card 等。同时，每种 SDK 套件都有相应的更新版本。

1.2　Java SE 开发环境

Java SE 是 Java 程序设计的基础版本，其他版本 Java 程序的开发都是基于 Java SE 相关环境。因此，本书主要在 Windows 操作系统中应用 Java SE 平台进行程序开发。

1.2.1　Java SE 的下载、安装与环境变量的配置

1. Java SE 的下载

如前所述，Java SE 的版本总是不断更新，其目的是不断增加新的 Java 特性。相比以前的版本，Java SE 5.0 版本是 Java 特性变化最大的一次，所以 Java 程序开发都是以 Java SE 5.0 以后的版本为主。随着新特性的不断出现，Oracle 公司会及时发布 Java SE 的最新版本，可以登录网站 Oracle 官网免费下载。Java SE 开发包下载界面如图 1-2 所示。

Java 19 Java 17

Java SE Development Kit 19.0.2 downloads

Thank you for downloading this release of the Java™ Platform, Standard Edition Development Kit (JDK™). The JDK is a development environment for building applications and components using the Java programming language.

The JDK includes tools for developing and testing programs written in the Java programming language and running on the Java platform.

Linux macOS Windows

Product/file description	File size	Download
Arm 64 Compressed Archive	179.89 MB	https://download.oracle.com/java/19/latest/jdk-19_linux-aarch64_bin.tar.gz (sha256)
Arm 64 RPM Package	179.63 MB	https://download.oracle.com/java/19/latest/jdk-19_linux-aarch64_bin.rpm (sha256)
x64 Compressed Archive	181.10 MB	https://download.oracle.com/java/19/latest/jdk-19_linux-x64_bin.tar.gz (sha256)
x64 Debian Package	154.82 MB	https://download.oracle.com/java/19/latest/jdk-19_linux-x64_bin.deb (sha256)
x64 RPM Package	180.83 MB	https://download.oracle.com/java/19/latest/jdk-19_linux-x64_bin.rpm (sha256)

图 1-2　Java SE 开发包下载界面

2. Java SE 的安装

双击已经下载的 Java SE 平台可执行文件即可进行安装。用户可以采用默认安装路径，即安装在 C:\Program Files\Java，也可以自定义安装路径，如 D:\Java。

安装 JDK 时，安装程序同时也将 Java 运行时环境 JRE 安装在计算机中了。如果用户不需要开发 Java 程序，而只想运行别人的 Java 程序，可以只安装 JRE（可以登录 Oracle 官网免费下载）。

3. Java SE 帮助文档的下载

针对 Java SE 7.0 及以后版本的使用，Oracle 公司提供了相应的帮助文档。该文档可以登录 Oracle 官网免费下载，下载后进行解压缩即可。Java SE 帮助文档都是以 Web 页的形式提供浏览，用户可以单击相应链接查看帮助文档。

4. Java SE 环境变量的配置

Java SE 安装成功后，JDK 平台提供的 Java 程序命令并不是在任何路径下都可以运行，Java 类库并不能随时加载。为了能在任何路径下使用 Java 命令和随时加载 Java 类库，应该设置环境变量。

（1）环境变量 Path 值的配置。在 Windows 7 及以后版本的 Windows 操作系统中，在桌面上右击“计算机”或“此电脑”图标，在弹出的快捷菜单中选择“属性”命令，在弹出的窗口中选择“高级系统设置”选项，在弹出的“系统属性”对话框中选择“高级”选项卡。单击“环境变量”按钮，在“系统变量”中选中 Path，单击“编辑”按钮，在“变量值”文本框中的最后位置输入一个分号后，如果用户采用默认安装路径则接着输入内容 C:\Program Files\Java\jdk1.8.0_351\bin（设安装版本为 jdk1.8.0_351），如果用户采用自定义安装路径（如 D:\Java），则接着输入内容 D:\Java\jdk\bin。

（2）环境变量 ClassPath 值的配置。在 Windows 7 及以后版本的 Windows 操作系统中，在桌面上右击“计算机”图标，在弹出的快捷菜单中选择“属性”命令，在弹出的文本框中选择“高级系统设置”选项，在弹出的“系统属性”对话框中选择“高级”选项卡。单击“环境变量”按钮，在“系统变量”文本框中选中 ClassPath，单击“编辑”按钮，在变量值中的最后位置输入一个分号后，如果用户采用默认安装路径则接着输入内容 C:\Program Files\Java\ jdk1.8.0_351\jre\lib\rt.jar; .;，如果用户采用自定义安装路径（如 D:\Java），则接着添加内容 D:\Java\ jdk1.8.0_351\jre\lib\rt.jar; .;。其中，“;”为两个路径的分隔符，后面的“.”表示当前路径，一定不能缺少。如果在“系统变量”中没有 ClassPath，则单击“新建”按钮，在弹出的对话框中，输入“变量名”的值：ClassPath。

此时，就可以编写 Java 源代码，并进行编译和运行 Java 程序了。

1.2.2　Java 语言程序设计工具

设计 Java 语言程序首先是编写 Java 源代码，而选择适当的编辑器是提高程序设计效率的第一步。目前 Java 语言程序设计工具比较多，主要有文本编辑器和集成开发环境两大类。

1. 文本编辑器

对于开发 Java 程序的初学者，通常采用无格式的文本编辑器。这种无格式的文本编辑器可以让编程者发现常见的编程错误，以巩固编程者的程序开发基础，提高 Java 编程水平。比较常用的无格式 Java 文本编辑器有 Windows 记事本、EditPlus 及 UltraEdit 等。

2. 集成开发环境

对于具有一定程序设计经验的 Java 编程者，通常采用集成开发环境（Integrated Development Environment，IDE）。这种 IDE 将各种开发过程中所需的工具集成到一起，从而使程序设计需要的整合过程更加方便，同时可以随时增加相应的开发插件，以扩展 IDE 的开发功能和提高 IDE 的开发效率。比较常用的 Java 程序设计 IDE 有 Eclipse、IntelliJ IDEA、MyEclipse 或 NetBeans 等。

1.3　Java 语言的程序设计过程

Java 语言的程序设计主要有 Java 应用程序（Java Application）和 Java 小应用程序（Java Applet）两种类型。

Java Application 一般是可以独立运行的计算机应用程序。Java Applet 是一种用 Java 语言开发，专门用于嵌入网页（HTML）文件中，并在浏览器中运行的程序。

目前，Java 语言还可以开发兼有 Java Application 和 Java Applet 特征的程序，该种程序既可以像 Java Application 一样独立运行，也可以嵌入网页文件中，在浏览器中运行。

1.3.1　Java 应用程序的设计过程

由 Java 平台的特点可知，Java 应用程序需要经过“编辑—编译—运行”三个步骤才能完成正确的 Java 程序设计，如图 1-3 所示。

图 1-3　Java Application 的开发过程

1. 编辑源文件

程序设计的第一步就是编辑源文件，也称编辑源代码。本例以 Windows 操作系统中的记事本作为文本编辑器编辑源代码。

（1）在记事本中输入源代码。在 Windows 操作系统中，打开记事本编辑器，在新文档中输入 Java 代码，源代码如下：

```
/**
* 定义 HelloJava 类，功能是输出文本内容
```

```
*/
public class HelloJava {
    /*
    *定义 HelloJava 类的方法，功能为输出 Welcome to Java World!
    *方法名为 print，返回类型为 void，没有参数
    */
    public void print(){
        //下面一行是输出内容的语句
        System.out.println("Welcome to Java World!");
    }
}
```

Java 语言程序设计时，除了字符串中的内容（即双引号中的内容，不包括双引号）外，所有源代码中所涉及的符号都必须在英文输入状态下进行输入。另外，Java 语言严格区分字母大小写，所以必须保持字母大小写的一致性，如 HelloWorld 与 helloWorld 是不同的。

（2）将源代码保存到名为 HelloJava.java 的文件中，该文件称为源文件。在记事本编辑器中，选择“文件”→“另存为”命令，在弹出的“另存为”对话框中，指定要保存文件的文件夹（路径），如 D:\Java（如果指定文件夹不存在，可以单击“新建文件夹”按钮，建立指定文件夹即可）。在“文件名”文本框中，输入 HelloJava.java（注意，HelloJava.java 与 HelloJava.Java 是不同的），其他选项保持不变，如图 1-4 所示。单击“保存”按钮，退出记事本编辑器，完成源代码的保存过程。

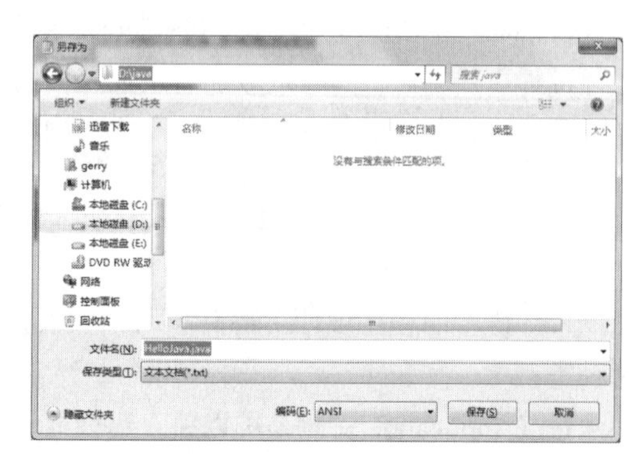

图 1-4　保存 HelloJava.java 源文件示意图

（3）一个 Java 应用程序源文件中可以由若干个类（由 class 进行标识）组成。本例中只有一个 class HelloJava，所以只有一个类。如果一个源文件中有多个类（即有多个 class 标识的类），那么只能有一个类是 public 类（如 public class HelloJava），而且源文件的文件名必须与这个类的名字完全相同，扩展名为.java。如果一个源文件中有多个类（即有多个 class 标识的类），但是所有的类都不是 public 类，那么源文件的名字只要和某个类的名字相同，并且扩展名为.java 即可。

（4）编辑 Java 应用程序的主类源代码。如前所述，Java 应用程序是独立运行的计算机应用程序，所以必须存在一个程序执行入口。Java 语言规定，一个 Java 应用程序必须存在一个类含有 public static void main(String[] args){…}方法，这个类称为 Java 主类，public static void main(String[] args){…}方法是程序开始执行的位置，称为程序执行入口。HelloJava 类是不能被 Java 语言解释运行的，要想实现其功能，必须将其一个对象放入主类的 main()方法中。按照上述方法，编辑和保存 Java 主类源文件 TestHelloJava.java，源代码如下：

```
public class TestHelloJava {
    public static void main(String[] args){
        HelloJava helloJava=new HelloJava(); //表示生成 HelloJava 类的一个对象
        helloJava.print();  //实现对象的功能
    }
}
```

2. 编译源文件

从图 1-3 可以知道，当源文件编辑完成后，需要使用 Java 编译器（即 javac.exe 命令）对源文件进行编译。在编译时可以同时检验源代码的书写规则是否正确及是否导入程序所需要的 Java 类库等，如果编译失败，可以看到源代码的错误提示，如果编译成功，则在相应位置自动生成对应的字节码文件。字节码文件的文件主名与对应类的名字相同，扩展名为.class。

编译源文件的操作步骤如下：

（1）在 Windows 7 及以后版本的 Windows 操作系统中，同时按下 Windows 徽标键+R 键，打开“运行”对话框，在弹出的“运行”对话框中输入 cmd 命令，单击“确定”按钮，如图 1-5 所示。

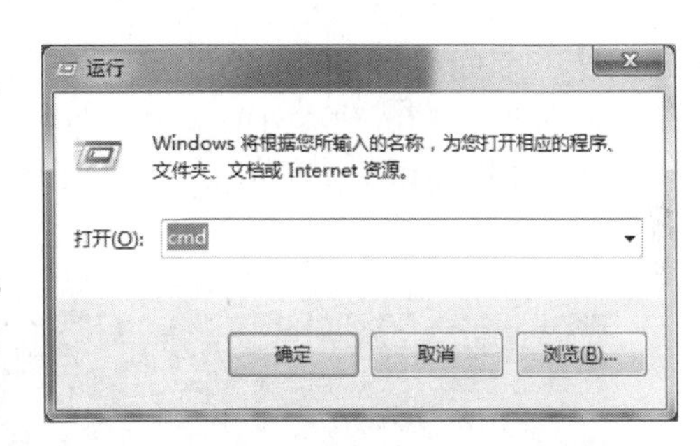

图 1-5 “运行”对话框

（2）当出现命令提示符窗口时，显示的是 Windows 操作系统的默认路径，如图 1-6（a）所示。要编译源文件，应该将当前路径改变为文件所在的路径。例如，如果源文件路径在 C 盘上的 program 目录下，那么在命令提示符中输入命令 cd c:\program 并按【Enter】键，如图 1-6（b）所示。

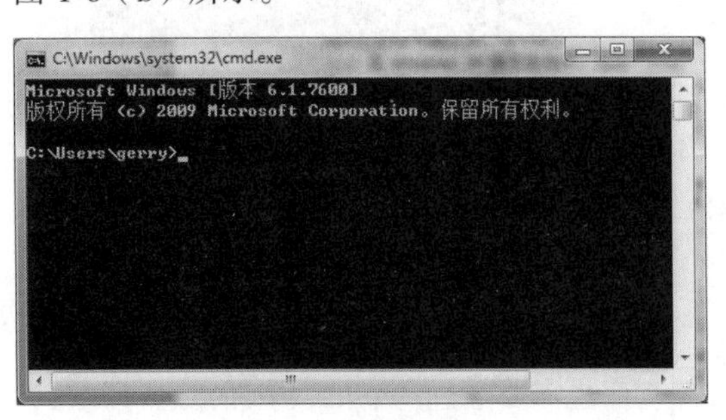

（a）命令提示符窗口

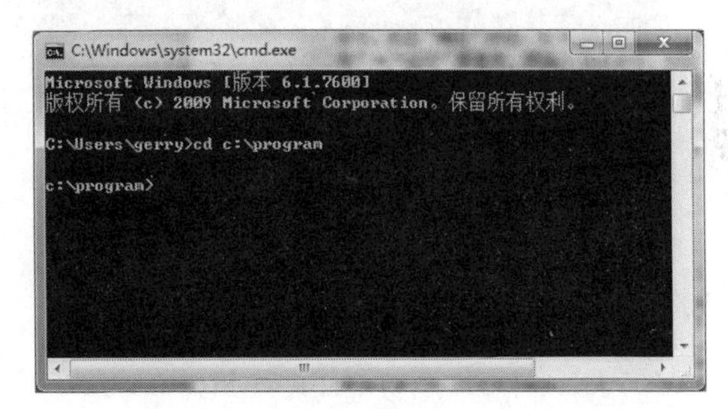

（b）改变路径的命令提示符

图 1-6 命令提示符窗口

如果要改变为另一个驱动器上的路径（如源文件在 D 盘 java 目录下），应该在命令提示符中先输入命令 D:并按【Enter】键。

如前所述，HelloJava.java 和 TestHelloJava.java 文件都保存在 D 盘 java 目录下，因此需要将当前路径改变为 D 盘的 java 目录。如果输入 dir 命令，会列出目录下的所有文件和文件夹，如图 1-7 所示。

（3）使用 Java 语言编译器（javac.exe）对源文件进行编译。在命令提示符窗口中，输入 Java 编译命令 javac HelloJava.java 并按【Enter】键。

如果编译成功，则在相应位置自动生成对应的字节码文件 HelloJava.class。字节码文

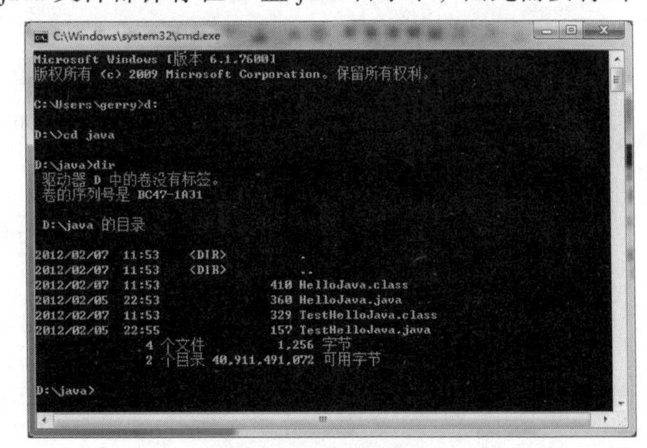

图 1-7 改变路径至 Java 源文件所在目录

件的文件主名与对应类的名字相同，扩展名为.class。如果编译失败，则可以看到源代码的错误提示，然后返回源文件修改错误，再进行编译，直到编译成功。同时将主类 TestHelloJava.java 文件编译生成相应的字节码文件 TestHelloJava.class，如图 1-8 所示。

3. 解释运行

当生成字节码文件后，就可以解释运行 Java 应用程序了。Java 应用程序使用 Java 解释器（java.exe）来解释运行 Java 主类字节码。Java 应用程序总是把 Java 主类的 main()方法作为程序执行入口，从 main()方法开始执行。由前述可知，本例的主类是 TestHelloJava，在命令提示符窗口中，输入 Java 解释器命令 java TestHelloJava 并按【Enter】键。

经过加载 HelloJava 字节码文件后，在命令提示符窗口中就可以看到程序的运行结果，如图 1-9 所示。

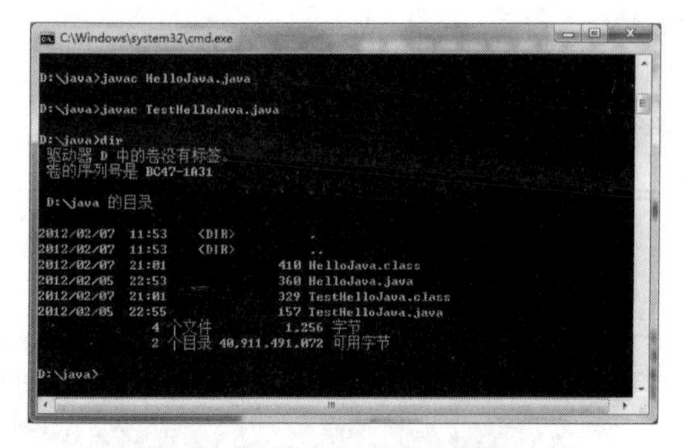

图 1-8 Java 应用程序编译窗口

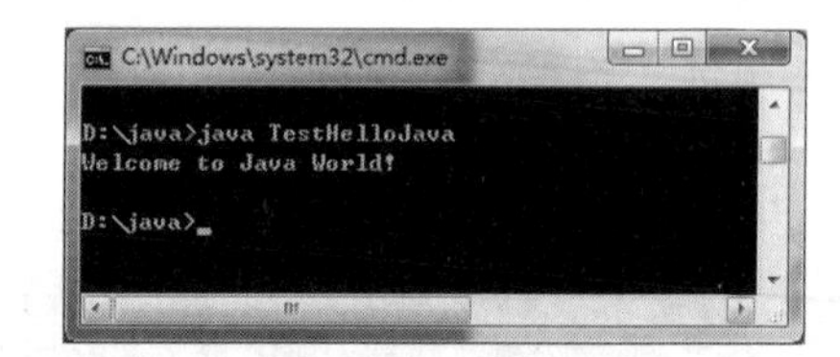

图 1-9 程序在屏幕上（命令提示符窗口）输出程序结果

1.3.2 Java 小应用程序的设计过程

与 Java 应用程序的设计过程相类似，Java 小应用程序也需要经过“编辑—编译—运行”三个步骤才能完成正确的 Java 程序开发，如图 1-10 所示。

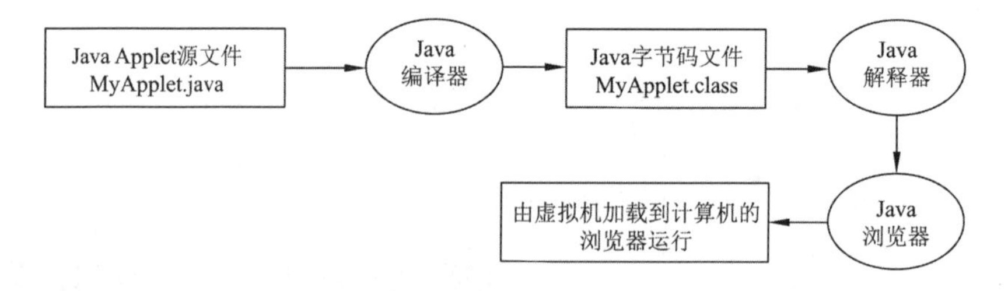

图 1-10 Java Applet 的开发过程

1. 编辑源文件

和 Java 应用程序的编辑源文件过程相同，打开记事本编辑器，在新文档中输入 Java 代码，源代码如下：

```
import javax.swing.*;
import java.awt.*;
import java.applet.*;
```

```
public class HelloApplet extends JApplet {
     public void init() {  //Applet初始化方法
     }
     public void paint(Graphics g){ //Applet显示内容方法
        g.setColor(Color.red);
        g.drawString("Welcome to Applet!",10,20);
     }
}
```

2. 保存源文件

将源代码保存到名为 HelloApplet.java 的文件中，本例将该文件保存在 D 盘 java 目录下。

3. Java 小应用程序的类

Java 小应用程序可以由若干个类（由单词 class 进行标识）组成。与 Java 应用程序不同的是，一个 Java 小应用程序不再需要包含了 main()方法的程序运行入口的主类，而必须要包含一个并且只有一个类扩展了 Applet（或者 JApplet）类，即它是 Applet（或者 JApplet）的子类，同时它也是 public 类（即 public class HelloApplet extends JApplet）。

4. 编辑 Java 小应用程序的网页文件源代码

Java 小应用程序是嵌入在网页中运行的 Java 程序，因此除了编辑 Java 小应用程序源文件外，还需要编辑一个网页文件，即 HTML 文件，由它来加载 Java 小应用程序。在记事本编辑器中，按照网页文件的编辑方法，输入 HTML 文件的内容，源代码如下：

```
<!-- TestApplet.html 作者: gerry-->
<!DOCTYPE HTML PUBLIC "-//W3C//DTD HTML 4.01 Transitional//EN">
<html>
  <head>
    <title></title>
    <meta http-equiv="Content-Type" content="text/html; charset=UTF-8">
  </head>
  <body>
      <!--下面的Applet标记就是用来加载Java小应用程序HelloApplet的源代码-->
      <applet code="HelloApplet.class" height="40" width="200">
      </applet>
  </body>
</html>
```

将源代码保存到名为 TestApplet.html 的文件中，该文件必须与 HelloApplet.class 文件处于同一个路径下（本例保存在 D 盘 java 目录下），否则在 Applet 标记中需要增加 codebase 属性以确定其所加载的 class 文件的路径。

5. 编译源文件

与 Java 应用程序相同，当源文件编辑完成后，需要使用 Java 编译器（即 javac.exe 命令）对源文件进行编译，如图 1-11 所示。编译成功，则在相应位置自动生成对应的字节码文件 Hello Applet.class。

6. 解释运行

当 Java 小应用程序编译成功后，浏览 HTML 文件时就可以加载并看到其运行结果了。可以使用浏览器浏览 HTML 文件（出于安全性考虑，某些浏览器可能会出现阻止 Applet 加载的提示，用户只需设置为允许阻止的内容显示即可），也可以使用 Java 小应用程序查看器（appletviewer.exe）查看 HTML 文件，如图 1-12 所示。

```
C:\Windows\system32\cmd.exe
Microsoft Windows [版本 6.1.7600]
版权所有 (c) 2009 Microsoft Corporation。保留所有权利。

C:\Users\gerry>d:

D:\>cd java

D:\java>javac HelloApplet.java

D:\java>dir
 驱动器 D 中的卷没有标签。
 卷的序列号是 BC47-1A31

 D:\java 的目录

2012/02/07  22:10    <DIR>          .
2012/02/07  22:10    <DIR>          ..
2012/02/07  22:20               536 HelloApplet.class
2012/02/07  21:44               360 HelloApplet.java
2012/02/07  21:01               410 HelloJava.class
2012/02/05  22:53               360 HelloJava.java
2012/02/07  22:10               407 TestApplet.html
2012/02/07  21:01               329 TestHelloJava.class
2012/02/05  22:55               157 TestHelloJava.java
               7 个文件          2,559 字节
               2 个目录 40,911,491,072 可用字节

D:\java>
```

图 1-11　Java 小应用程序编译窗口

图 1-12　小应用程序查看器查看 HTML 文件

1.3.3　Java 语言程序注释

注释是 Java 编译器编译时会忽略掉的简单程序文本，Java 编译器将程序转换为计算机可以运行的程序时，会完全忽略注释。注释是为用户编写的，不是为计算机编写的，它们的目的是将程序的信息传达给其他编程人员。与其他计算机程序设计语言相同，Java 语言程序设计非常重视注释的使用，它会让其他人员或者编程人员自己更加便于理解程序。Java 语言支持三种注释类型。

1. 单行注释语句

形式为“//”，表示以//开始的一行字符内容。

例如：

```
//下面的语句表示在控制台窗口输出 Hello World!
System.out.println("Hello World!");
```

2. 多行注释语句

形式为“/*……*/”，表示由“/*”开始，以“*/”结束的包含多行字符内容。

例如：

```
/*下面的语句表示在控制台窗口输出 Hello World!
*又称为标准输出。
*/
System.out.println("Hello World! ");
```

3. 文档注释语句

形式为“/**……*/”，表示由/**开始，由*/结束的包含多行字符内容，与多行注释语句不同的是，当使用 javadoc 命令（javadoc.exe）准备自动生成的文档时，这些注释可生成帮助文档。

例如：

```
/**下面的语句表示在控制台窗口输出 Hello World!
*又称为标准输出。
*/
System.out.println("Hello World!");
```

拓展阅读

习近平总书记在党的二十大报告中指出，“加快实现高水平科技自立自强”。各个国家纷纷把科技创新作为国际战略博弈的主要战场，谁走好了科技创新这步先手棋，谁就能占领先机、赢得优势。一直以来，我们国家程序员对于软件技术所使用的编程语言都是拿来主义，这也严重限制了自主创新和发展。华为于 2022 年发布为鸿蒙系统研发的编程语言“仓颉”，扩展了鸿蒙的生态建设道路，为程序员打开了国产编程语言的科技创新思路，以高水平科技自立自强的“强劲筋骨”支撑民族复兴伟业。

习 题

1. Java 语言的编译器和解释器有什么区别?
2. Java 语言的主要特征是什么?
3. 简述 Java 语言程序设计与运行平台三个版本的主要应用领域。

第2章 程序设计基础

因为计算机系统应用的本质就是对信息的数字化，所以每种程序设计语言都包含了数字化数据的基本功能。Java 语言在实现数据处理的过程中形成了自己的程序设计语法。只有了解 Java 语言的程序设计语法，才会避免由于编程过程不正确而引起的基础性错误。

2.1 标识符、关键字和数据类型

2.1.1 标识符和关键字

1. Java 语言标识符

Java 语言中用来表示变量名、常量名、类名、接口名、对象名、方法名、文件名等的有效字符序列称为 Java 语言标识符（Identifier）。Java 语言标识符使用 Unicode 字符集里的字符或者字符组成的序列来命名，Unicode 字符集是用 16 位二进制数（即双字节）来表示字符的，共可以表示 65 536（2^{16}）个字符，其中包含了键盘上的所有符号、汉字、日文、朝鲜文、俄文、希腊字母等。Java 语言有一套对标识符的命名规则，用于规定允许使用的名称。

（1）Java 语言标识符必须是以字母、下画线（_）或美元符号（$）开始，后跟字母、下画线（_）、美元符号（$）或数字（数字 0 ～ 数字 9）所组成的字符或字符序列。

例如：name、a、_id、$user_Name、user$、id3、姓名、班级 1 等都是合法的 Java 标识符，而 23name、class-id、8hello、gear*、wheel?、null、#room 等都是非法的 Java 标识符。

通常建议以字母开始命名标识符，而不使用下画线（_）、美元符号（$）、汉字或其他文字作为命名标识符的首字符。

（2）Java 语言的标识符命名是严格区分大小写的。例如：name 与 Name，room 与 ROOM，分别是完全不同的两个标识符。

通常建议命名标识符时尽量使用完整单词，而不使用单个字母，这样表达的程序意义会更完全，更便于理解程序含义。

（3）Java 语言标识符命名时长度不能超过 65 536 个字符。通常建议标识符的单词长度不能太长，以便于阅读和记忆。单词长度也不能太短，这样会使程序的表示含义不清晰。

（4）Java 语言标识符不能使用 Java 语言的关键字和保留字进行命名。例如：null、false 和 true 是 Java 语言中的常量，它们都不能作为合法的标识符名字。

2. Java 语言关键字

Java 语言标识符是用户在合法的约定规则下自己定义的名字，而 Java 语言中还定义了一些具有特定含义的名字，这些名字称为关键字（Keyword）。这些关键字只能被用在程序中特定的地方，不能作为普通的 Java 语言标识符使用。Java 语言的关键字见表 2-1。

表 2-1　Java 语言的关键字

abstract	continue	for	new	switch
assert	default	goto*	package	synchronized
boolean	do	if	private	this
break	double	implements	protected	throw
byte	else	import	public	throws
case	enum	instanceof	return	transient
catch	extends	int	short	try
char	final	interface	static	void
class	finally	long	strictfp	volatile
const*	float	native	super	while

在表 2-1 中，带星号的 const 和 goto 在 Java 语言中并未使用，它们是 Java 语言中的保留字，不能作为普通的 Java 语言标识符使用。另外，false、true 和 null 是 Java 语言中的常量值，不能与 Java 语言关键字相混淆。

2.1.2　基本数据类型

要在各种应用程序中使用多种信息，程序必须能够存储多个不同类型的数据。无论什么时候使用数据，Java 编译器都需要知道其数据类型，这些数据可能是整数、小数、字符或者是对象。Java 语言定义了两大数据类型：基本数据类型和引用数据类型，如图 2-1 所示。本章主要介绍基本数据类型，引用数据类型将在后面章节中介绍。

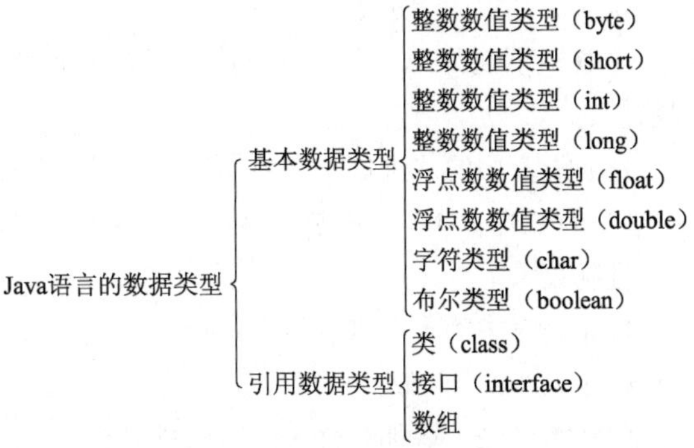

Java语言的数据类型
- 基本数据类型
  - 整数数值类型（byte）
  - 整数数值类型（short）
  - 整数数值类型（int）
  - 整数数值类型（long）
  - 浮点数数值类型（float）
  - 浮点数数值类型（double）
  - 字符类型（char）
  - 布尔类型（boolean）
- 引用数据类型
  - 类（class）
  - 接口（interface）
  - 数组

图 2-1　Java 语言的数据类型

Java 语言定义了八种基本数据类型，又称原始数据类型（Primitive Type）。它们是系统预定义的，并且以 Java 语言关键字命名。在 Java 语言中，每种基本数据类型数据占用的内存位数（又称域）是固定的，即每种基本数据类型数据的取值范围是固定的，它不依赖于具体的计算机，是完全与平台无关的。Java 语言基本数据类型数据占用内存的位数和数据取值范围见表 2-2。

表 2-2　Java 语言基本数据类型占用内存的位数和数据取值范围

数据类型	占用内存位数	数据取值范围
byte	8	−128～127（-2^7～2^7-1）
short	16	−32 768～32 767（-2^{15}～$2^{15}-1$）

续表

数据类型	占用内存位数	数据取值范围
int	32	-2 147 483 648～2 147 483 647（-2^{31}～$2^{31}-1$）
long	64	-9 223 372 036 854 775 808～9 223 372 036 854 775 807（-2^{63}～$2^{63}-1$）
float	32	负数：$-3.402\ 823\ 5\times10^{38}$～$-1.401\ 298\ 5\times10^{-45}$ 正数：$1.401\ 298\ 5\times10^{-45}$～$-3.402\ 823\ 5\times10^{38}$
double	64	负数：$-1.797\ 693\ 1\times10^{308}$～$-4.940\ 656\ 5\times10^{-324}$ 正数：$4.940\ 656\ 5\times10^{-324}$～$1.797\ 693\ 1\times10^{308}$
char	16	0～65 535（0～$2^{16}-1$）
boolean	1	只有两个值：true 和 false

2.1.3 常量和变量

1. Java 语言常量

常量是指在程序开发时需要使用明确的值，并且这个值在程序执行过程中不会改变。常量又被称为直接量或字面量。常量在使用过程中通常要指明其数据类型，否则计算机将不知如何处理该常量。

（1）整数常量。除了 long 类型整数外，byte、short、int 类型整数的表示方法相同，只是数据取值范围不同（见表 2-2）。在应用程序开发过程中，对 byte、short、int 和 long 类型整数常量通常使用八进制、十进制和十六进制计数系统。

Java 语言中的十进制整数由[负号（ - ），若需要]数字 0～9 组成。其中，除了整数 0 之外，第一个数字不能是 0，否则会被认为是八进制数。例如：0、19、-389、800 等都是合法的十进制数。

Java 语言中的八进制整数由[负号（ - ），若需要]数字 0 开始，后跟数字 0～7 组成。例如：0（十进制的 0）、031（十进制的 25）、0257（十进制的 175）、-0602（十进制的-386）等都是合法的八进制数。

Java 语言中的十六进制数由[负号（ - ），若需要]0x 或 0X 开始，后跟数字 0～9 和字母 a～f（或 A～F）组成。例如：0x0（十进制的 0）、0xa1（十进制的 161）、0X3BD（十进制的 957）、-0Xfc（十进制的 - 252）等都是合法的十六进制数。

long 类型整数常量在表示方法上与 byte、short 和 int 不同，它需要在相应的整数后面加上字母 L 或 l（L 的小写字母）以与其他整数相区分。例如：-3L、047L（十进制的 39），0x30bL（十进制的 779）等都是合法的 long 类型整数。

（2）浮点数常量。浮点数常量属于实数数据。Java 语言中浮点数常量用小数点表示，如果没有小数点，就表示整数。如果程序中出现 2.0，它在计算机内部表示浮点数；如果程序中出现 2，这个值表示整数。小数点前面或者后面可以没有数字，但不能同时没有数字，如 2. 或者 .2 均表示浮点数。浮点数常量也可以用科学计数法来表示，即一个浮点数可以紧跟字母 E 或字母 e，代表乘以 10 次幂。例如：一个浮点数 2.799×10^{8}，Java 中可以写成 2.799E+8。又如：一个浮点数 -2.879×10^{-8}，Java 语言中可以写成-2.879E-8。按照数据在内存中所占的位数，即数据的表示精度来划分，浮点数常量在计算机中的存储表示有 float 和 double 两种类型。

float 类型的浮点数常量表示 32 位的数据精度。Java 语言中表示 float 类型常量时，通常在数值后面紧跟字母 F 或字母 f。例如：34.843F、-28.78f、27.667e3F、26.55e-2f 等都是合法的 float 类型浮点数。

double 类型的浮点数常量表示 64 位的数据精度。Java 语言中表示 double 类型常量时，通常在数值后面紧跟字母 D 或字母 d。例如：34.843D、-28.78d、27.667e3D、26.55e-2d 等都是合法的 double 类型浮点数。

在上面的表示例子中，如果同一个数用不同类型表示，那么其在计算机内存中占据的位数不同，表示的数据精度也不同。float 类型的数据占用内存少，运算速度相对较快，只要精度能满足程序要求尽量使用 float 类型的数据，只有精度要求很高时，才使用 double 类型。如果表示浮点数常量时，数值后不跟 F、f、D 或 d，则计算机默认为 double 类型。

（3）字符常量。字符常量是用一对英文半角的单引号括起来的一个字符，如：'a'、'@'、'中'等。Java 语言使用 16 位无符号的 Unicode 字符集对字符进行编码，在计算机中以无符号整数进行表示。这个字符可以是 Unicode 字符集中的任何字符，比 8 位的无符号 ASCII 字符集表示的字符更加丰富。

在字符集中存在许多具有特殊含义的控制字符，如回车、换行等，这些字符很难用一般方式表示。为了明确表示这些特殊字符，Java 语言使用转义字符的方式定义它们，在一对英文半角的单引号中用斜线“\”开头，后面跟一个固定字符表示某个特定的控制符。

Java 语言中的某些转义字符可以用 3 位八进制数来表示，一般写法为'\ddd'。ddd 表示八进制数中的符号 0～7，如'\101'、'011'等。八进制数只能表示'\000' ～ '\777'范围内的字符，不能表示 Unicode 集中的全部字符。

Java 语言可以使用 4 位十六进制数来表示所有的 Unicode 字符，一般写法为'\uxxxx'。xxxx 表示十六进制数中的符号 0～f，如'\u4b3e'、'\u02f5'等。

Java 语言中的常用转义字符及其含义见表 2-3。

表 2-3　Java 语言中的常用转义字符及其含义

转 义 字 符	Unicode 编码（十进制数）	控 制 符 号	含 义 描 述
'\b'	'\u0008'（8）	BS	退格
'\n'	'\u000a'（10）	LF	换行
'\r'	'\u000d'（13）	CR	回车
'\t'	'\u0009'（9）	HT	横向跳格一个制表位，相当于按下【Tab】键
'\f'	'\u000c'（12）	FF	走纸换页
'\\'	'\u005c'（92）	\	斜线
'\''	'\u0027'（39）	'	单引号
'\"'	'\u0022'（34）	"	双引号

（4）布尔常量。布尔类型的数据常量只有两个值：true（真）和 false（假），它不对应任何数值，不能与数值进行相互转换。布尔常量通常表示计算机中一个逻辑量的两种不同的状态值，一般用于程序中的条件判断。它在内存中占 1 位，即 1 bit。

（5）字符串常量。字符串常量是用一对英文半角的双引号括起来的 0 个或多个字符序列，这些字符也包括转义字符。例如："Hello"、"Hello World.\nLine"、"a"、"国"、"国家"、"123.50"、""、" "等都是字符串常量。

字符串常量不是 Java 语言的基本数据类型，它与字符常量也不同。例如：'a'是字符常量，而"a"则是字符串常量。

（6）自定义常量。除了 Java 语言自身定义的常量外，编程人员也可以自定义常量。自定义常量名一般全部为大写，并用 Java 语言关键字 public、static 和 final 进行修饰。它的一般书写格式为

```
public static final <数据类型> <常量名=值>;//< >表示尖括号内的内容不可缺少，是必填的
```

例如：

```
public static final int MY_CONST=9;
Public static final float ACONST=9.0f;
```

2. Java 语言变量

变量是在程序的运行过程中其值可以改变的量。变量除了区分不同的数据类型外，还具有变量名和变量值两个特征。变量名是用户自己定义的 Java 语言允许使用的标识符，这个标识符代表计算机存储器中存储一个数据位置的名字，它代表着计算机中一个或一系列存储单元。变量的值是这个变量在某一时刻的取值，它是变量名所表示的存储单元中存放的数据，这个数据随着程序的运行有可能不断变化。

Java 语言是严格匹配类型的程序设计语言，即所有变量在使用之前都必须声明或定义。变量的声明或定义一般书写格式为

```
<变量类型> <变量名>;
//或
<变量类型> <变量名 1>,<变量名 2>,<变量名 3>, …;
//或
<变量类型> <变量名 1=初始值 1>,<变量名 2=初始值 2>,<变量名 3=初始值 3>, …;
//或
<变量类型> <变量名 1=初始值 1>,<变量名 2>,<变量名 3=初始值 3>, …;
```

变量经声明或定义后，就可以对其进行赋值或使用了，如果在使用前没有赋值，则在编译时会显示语法错误。

（1）整数变量。与整数常量对应，Java 语言有 byte、short、int 和 long 共计四种类型的整数变量。例如：

```
byte abyte,mybyte=2;           //声明 abyte,mybyte 为 byte 类型变量,abyte 没有初始化,
                               //mybyte 的初始化值为 2
short myshort, ashort;         //声明 myshort, ashort 为 short 类型变量，均没有初始化
int aint=3,bint=017,cint=0x6ab; //声明 aint 为 int 类型变量且初始化为 3，声明 bint
                                //为 int 类型变量且初始化为八进制数 17,声明 cint 为 int
                                //类型变量且初始化为十六进制数 6ab
long mylong=3L,along=5l;       //声明 mylong,along 为 long 类型变量且分别初始化为 3 和 5
```

程序设计过程中使用整数常量时要注意数据取值范围，如果存取的数据超出该常量的取值范围，该数据就会被截断，从而改变了实际数据的值。如果经计算机计算后的结果超出计算机可表示的数据范围，就会产生溢出。一个整数最大值加 1 后，计算机就会发生上溢，该整数就变成了

最小值。一个整数最小值减 1 后，计算机就会发生下溢，该整数就变成了最大值。在程序设计时要防止数据发生上溢或下溢。

（2）浮点数变量。与浮点数常量对应，Java 语言有 float 和 double 两种类型的浮点数变量。例如：

```
float myfloat=5.1F, afloat=6.0f;      //声明 myfloat，afloat 为 float 类型变量且分
                                      //别初始化为 5.1 和 6.0
double mydouble=7.2D, adouble=7.3d, bdouble=6.4;
//声明 mydouble，adouble，//bdouble 为 double 类型变量且分别初始化为 7.2，7.3 和 6.4
float xfloat=(float)9.0; //Java 语言默认常量 9.0 为 double 类型，所以要进行数据类型转换
```

（3）字符变量。Java 语言中字符变量类型以 char 表示。虽然字符常量值在计算机中以无符号整数进行表示，但不能当作整数使用。字符类型变量的值可自动转换为 int 类型，反之则必须进行强制类型转换。例如：

```
char mychar,achar='5'; //声明 mychar，achar 为 char 类型变量，achar 初始化为'5'
int aint,bint=5;          //声明 aint，bint 为 int 类型变量，bint 初始化为 5
aint=bint+achar; //此时变量 aint 的值为 58。在做加法运算时，char 类型变量 achar 的值
                 //首先被自动转换为 int 类型值 53，然后与 int 类型变量 bint 相加，结果
                 //赋值给 int 类型变量 aint
mychar=(char)aint;  //此时 mychar 的值为':'，将 int 类型变量 aint 的值强制转换为 char
                    //类型，结果赋值给 char 类型变量 mychar
```

（4）布尔变量。Java 语言中布尔变量类型以 boolean 表示。boolean 类型变量的值不能与其他类型的数据一起运算，这一点与 C/C++不同。例如：

```
boolean myboolean, aboolean=true; //声明 myboolean，aboolean 为 boolean 类型变量，
                                  //aboolean 初始化为 true
```

2.1.4　基本数据类型的转换

数据类型的转换是指在程序设计时出现的各种常量或变量数据类型不同时，所进行的数据类型变换（Casting Conversion）。Java 语言不支持数据类型的任意转换，基本数据类型的转换分为自动类型转换和强制类型转换。

1. 自动类型转换

自动类型转换允许在赋值和计算时由 Java 编译器按照一定的优先次序自动完成，它只能将占用内存位数少的数据类型向占用内存位数多的数据类型转换。Java 编译器中基本数据类型的优先次序为 byte，short，char < int < long < float < double。Java 基本数据类型之间的自动转换规则见表 2-4。

表 2-4　Java 基本数据类型之间的自动转换规则

第一个操作数的数据类型	第二个操作数的数据类型	转换结果的数据类型
byte 或 int	int	int
byte 或 short 或 int	long	long
byte 或 short 或 int 或 long	float	float
byte 或 short 或 int 或 long 或 float	double	double
char	int	int

2. 强制类型转换

如果将占用内存位数多的数据类型向占用内存位数少的数据类型转换，则只能进行强制类型转换，它由编程用户决定如何转换，由 Java 编译器去执行。它的一般书写格式为

```
(<类型名>) <表达式或值>
```

例如：

```
short myshort=7;
byte mybyte=(byte)myshort; //将 short 类型的变量 myshort 的值强制转换为 byte 类型
```

例题 2-1 封装了 Java 语言基本数据类型之间自动类型转换和强制类型转换的程序。

```
//Test2_1.java
public class Test2_1 {
    public static void main(String[] args){
        TypeConversion tConversion=new TypeConversion();
        tConversion.operate();
    }
}
//TypeConversion.java，实现基本数据类型之间的自动类型转换和强制类型转换
public class TypeConversion {
    public static final double MY_CONST=6.89;    //定义常量
    public void operate(){
        char mychar='h';
        byte mybyte=6;
        int myint=100;
        long mylong=89L;
        float myfloat=8.77f;
        double mydouble=6.99;
        int tcint=mychar+myint;             //mychar 自动转换为 int 类型后再运算
        long tclong=mylong-tcint;           //tcint 自动转换为 long 类型后再运算
        float tcfloat=mybyte*myfloat;       //mybyte 自动转换为 float 类型后再运算
        //tcint 自动转换为 float 类型后运算 tcfloat/tcint，结果为 float 类型
        //tcfloat/tcint 的结果自动转换为 double 类型后再运算
        double tcdouble=tcfloat/tcint+mydouble;
        System.out.println("tcint="+tcint);
        System.out.println("tclong="+tclong);
        System.out.println("tcfloat="+tcfloat);
        System.out.println("tcdouble="+tcdouble);
        tcint=(int)tcdouble;                //将 tcdouble 强制转换为 int 类型后再运算
        System.out.println("tcint="+tcint);
        //将 MY_CONST 和 mychar 强制转换为 int 类型后再运算
        tcint=(int)MY_CONST+(int)mychar;
        System.out.println("tcint="+tcint);
    }
}
```

2.2 操作符和表达式

在 Java 语言中，可以对程序中的数据进行操作运算，参与运算的数据称为操作数（Operand），对操作数运算时所使用的各种运算的符号称为操作符（Operator）。

Java 语言操作符的作用是指明用户对操作数进行的某种操作，由 Java 编译器负责解释执行。

按照操作符处理操作数的个数，将操作符分为单目操作符、双目操作符和三目操作符等。按照操作符处理数据的功能，将操作符分为算术操作符、关系操作符、逻辑操作符、位操作符、赋值操作符、条件操作符和其他操作符等。

由操作符运算数据时形成的组合写法称为相应的表达式（Expression）。Java 语言表达式一般是由 Java 语言操作符和括号将 Java 语言操作数（如变量或常量）连接起来得到一个确定值的式子，它始终贯穿在程序设计过程中。与操作符的分类对应，Java 语言表达式可分为算术表达式、关系表达式、逻辑表达式、位表达式、赋值表达式、条件表达式和其他表达式等。

2.2.1　算术操作符和算术表达式

算术操作符是指对各种整数或浮点数等数值进行运算操作的符号，用于算术运算。由算术操作符和操作数连接组成的表达式称为算术表达式。算术操作符和算术表达式见表 2-5。

表 2-5　算术操作符和算术表达式

算术操作符	含 义 描 述	算术表达式
+	加（双目）	op1+op2
-	减（双目），负号（单目）	op1-op2，-op1
*	乘（双目）	op1*op2
/	除（双目）	op1/op2
%	取余（双目），取模（双目）	op1%op2
++	自增 1（单目）	op1++，++op1
--	自减 1（单目）	op1--，--op1

例题 2-2　封装了 Java 语言算术操作符和算术表达式运算的程序。

```
//Test2_2.java
public class Test2_2 {
    public static void main(String[] args){
        ArithmaticOperator aOperator=new ArithmaticOperator();
        aOperator.operate();
    }
}
/*
*ArithmaticOperator.java
*实现算术操作符和算术表达式的运算
*/
public class ArithmaticOperator {
    public void operate(){
        float afloat=2.0f,bfloat=10.0f;
        double adouble=5.2;
        int mint=20,nint=10;
        byte xbyte=3,ybyte=4;
        long rlong=80L;
        System.out.println(afloat+bfloat);    //两个操作数都是 float 类型，结果也是
                                              //float 类型
```

```
        System.out.println(afloat-mint); //操作数 afloat 是 float 类型,mint 是 int
                                         //类型，结果是 float 类型
        System.out.println(xbyte*ybyte); //两个操作数都是 byte 类型,结果是 int 类型
        System.out.println(rlong/ybyte); //操作数 rlong 是 long 类型,ybyte 是 byte
                                         //类型，结果是 long 类型
        System.out.println(mint/afloat); //操作数 afloat 是 float 类型,mint 是 int
                                         //类型，结果是 float 类型
        System.out.println(mint%nint);   //两个操作数都是 int 类型，结果是 int 类型
        System.out.println(adouble%afloat);  //操作数 adouble 是 double 类型,afloat
                                             //是 float 类型，结果是 double 类型
        System.out.println((++afloat)*(bfloat--));//操作数 afloat 是前置自增 1,
                                         //bfloat 是后置自减 1，结果是 float 类型
        System.out.println((mint++)*(--nint));   //mint 是后置自增 1，nint 是前置
                                                 //自减 1，结果是 int 类型
    }
}
```

2.2.2 关系操作符和关系表达式

关系操作符是用来比较两个操作数之间的关系大小或相等的运算符。由关系操作符和操作数连接组成的表达式称为关系表达式。关系表达式的操作结果是布尔类型（boolean），如果操作符运算操作数对应的关系成立，关系表达式的结果为 true，否则为 false。关系操作符和关系表达式见表 2-6。

表 2-6 关系操作符和关系表达式

关系操作符	含 义 描 述	关系表达式
>	大于（双目）	op1>op2
<	小于（双目）	op1<op2
>=	大于或等于（双目）	op1>=op2
<=	小于或等于（双目）	op1<=op2
==	等于（双目）	op1==op2
!=	不等于（双目）	op1!=op2

2.2.3 逻辑操作符和逻辑表达式

逻辑操作符是用来对布尔类型的逻辑值进行运算的操作符，它也可以连接关系表达式。由逻辑操作符和布尔逻辑值或关系表达式连接组成的表达式称为逻辑表达式。逻辑表达式的操作结果是布尔类型（boolean），如果操作符运算操作数对应的关系成立，关系表达式的结果为 true，否则为 false。逻辑操作符和逻辑表达式见表 2-7。

表 2-7 逻辑操作符和逻辑表达式

逻辑操作符	含 义 描 述	逻辑表达式
&	逻辑与（双目）	op1&op2
|	逻辑或（双目）	op1|op2
!	逻辑非（单目）	!op1

续表

<table>
<tr><th>逻辑操作符</th><th>含 义 描 述</th><th>逻辑表达式</th></tr>
<tr><td>^</td><td>逻辑异或（双目）</td><td>op1^op2</td></tr>
<tr><td>&&</td><td>短路与（双目）</td><td>op1&&op2</td></tr>
<tr><td>||</td><td>短路或（双目）</td><td>op1||op2</td></tr>
</table>

逻辑操作符&和&&、|和||计算的结果是相同的，但反映在计算过程中有所区别。在计算含有逻辑与（&）和逻辑或（|）的逻辑表达式的值时，程序要先计算操作符两端的操作数，再进行逻辑运算。而在计算含有短路与（&&）和短路或（||）的逻辑表达式的值时，如果操作符前面的子表达式的值已经确定了整个表达式的值，则操作符后面的表达式不再进行计算。例如：(op1>op2)&&(op3<++op4)，如果已知 op1>op2 的值为 false，则不用再去计算后面表达式的值，直接得到整个表达式的值为 false。

例题 2-3　描述了逻辑操作符和逻辑表达式的应用。定义某一年的变量为 year，写出判断某一年是否是闰年的表达式。

判断 year 是否是闰年的条件有两种：一种是 year 能被 4 整除，但不能被 100 整除；另一种是能被 4 整除，同时又能被 400 整除。

用逻辑表达式表示为(year%4==0&&year%100!=0)||year%400==0，当 year 为一个整数值时，如果表达式的值为 true，则这一年 year 为闰年，否则为非闰年。

用逻辑表达式表示为(year%4!=0)||(year%100!=0&&year%400!=0)，当 year 为一个整数值时，如果表达式的值为 true，则这一年 year 为非闰年，否则为闰年。

2.2.4　位操作符和位操作表达式

位操作符是用来对整数型数据（byte、short、char、int 和 long）的每一位二进制数进行运算的操作符。由位操作符和二进制的操作数连接组成的表达式称为位操作表达式。虽然位操作符和算术操作符都可以对数值运算，但算术操作符并不关心数值在计算机内部的表示方式，而位操作符则需要处理数值的每一位二进制数。由于 Java 语言的位操作符接近于计算机底层的数据控制，所以 Java 语言经常用于一些嵌入式设备（如数字电视机顶盒）的程序设计等。位操作符和位操作表达式见表 2-8。

表 2-8　位操作符和位操作表达式

<table>
<tr><th>位 操 作 符</th><th>含 义 描 述</th><th>位操作表达式</th></tr>
<tr><td>～</td><td>按位取反（单目）</td><td>～op1</td></tr>
<tr><td>&</td><td>按位与（双目）</td><td>op1&op2</td></tr>
<tr><td>|</td><td>按位或（双目）</td><td>op1|op2</td></tr>
<tr><td>^</td><td>按位异或（双目）</td><td>op1^op2</td></tr>
<tr><td>>></td><td>带符号位右移（双目）</td><td>op1>>op2</td></tr>
<tr><td><<</td><td>带符号位左移（双目）</td><td>op1<<op2</td></tr>
<tr><td>>>></td><td>无符号位右移（双目）</td><td>op1>>>op2</td></tr>
</table>

1. 按位取反操作（~）

按位取反操作符是单目操作符，它对操作数的每个二进制位按位取反，即把 1 变为 0，把 0 变为 1。例如：~10110011 的结果为 01001100。

2. 按位与操作（&）

按位与操作符是双目操作符，它对两个操作数的相应二进制位进行与运算，与运算规则为

0&0=0，0&1=0，1&0=0，1&1=1

例如：10110011&00101111 的结果为 00100011。

按位与操作可以用来屏蔽特定的位，即对特定的位清零。例如：设一个 int 类型的变量 aint，其值为 17，存在表达式 aint&8，则表示对变量 aint 的最右边 8 位二进制数（00010001）与 8 的最右边 8 位二进制数（00001000）进行按位与运算，表达式的结果为 0（00000000）。此表达式的运算结果说明经过表达式 aint&8 的运算，变量 aint 的二进制数据中，除了右数第 4 位没有变化外，其余位均被清零，即被屏蔽掉了。

按位与操作还可以用来取出一个数据中某些指定的位。例如：设一个 int 类型的变量 aint，其值为 17，存在表达式 aint&24，则表示对变量 aint 的最右边 8 位二进制数（00010001）与 24 的最右边 8 位二进制数（00011000）进行按位与运算，表达式的结果为 16（00010000）。此表达式的运算结果说明经过表达式 aint&24 的运算，将变量 aint 的二进制数据中右数第 4 位和右数第 5 位不加改变，其他位则被屏蔽掉了。

3. 按位或操作（|）

按位或操作符是双目操作符，它对两个操作数的相应二进制位进行或运算，或运算规则为

0|0=0，0|1=1，1|0=1，1|1=1

例如：10110011|00101111 的结果为 10111111。

按位或操作可以用来将一个数据中的某些特定的位设置为 1。例如：设一个 int 类型的变量 aint，其值为 17，存在表达式 aint|24，则表示对变量 aint 的最右边 8 位二进制数（00010001）与 24 的最右边 8 位二进制数（00011000）进行按位或运算，表达式的结果为 25（00011001）。此表达式的运算结果说明经过表达式 aint|24 的运算，变量 aint 的二进制数据中，除了右数第 4 位和右数第 5 位被设置为 1 外，其余位均没有变化。

4. 按位异或操作（^）

按位异或操作是双目操作符，它对两个操作数的相应二进制位进行异或运算，异或运算规则为

0^0=0，0^1=1，1^0=1，1^1=0

例如：10110011^00101111 的结果为 10011100。

按位异或操作可以将一个数据中的某些特定的位翻转，即取反，可使用另一个相应位为 1 的操作数与原来的数据进行按位异或操作来实现。例如：设一个 int 类型的变量 aint，其值为 17，存在表达式 aint^8，则表示对变量 aint 的最右边 8 位二进制数（00010001）与 8 的二进制数最右边 8 位（00001000）进行按位异或运算，表达式的结果为 25（00011001）。此表达式的运算结果说明经过表达式 aint^8 的运算，变量 aint 的二进制数据中，除了右数第 4 位被设置为 1 外（由 0 翻转为 1），其余位均没有变化。

按位异或操作还可以实现两个数值的互换，而不使用临时变量。例如：设两个 int 类型的变

量 aint=17 和 bint=30，表示变量 aint 的最右边 8 位二进制数为（00010001），变量 bint 的最右边 8 位二进制数为（00011110），存在操作 aint=aint^bint，即 aint=00010001^00011110，此时 aint 的值变为 15（00001111），接着操作 bint=bint^aint，即 bint=00011110^00001111，此时 bint 的值变为 17（00010001），最后操作 aint=aint^bint，即 aint=00001111^00010001，此时 aint 的值变为 30（00011110），实现了在不使用临时变量的情况下，aint 和 bint 值的互换。

无论哪种位运算操作，当两个操作数的数据长度不同时，例如：存在表达式 aint|bint，aint 为 long 类型，bint 为 int 类型（或 char 类型），编译器会自动将 bint 的左侧 32 位（或 48 位）补齐。如果 bint 为正数，则左侧补齐 0；如果 bint 为负数，则左侧补齐 1。此时，位操作表达式将得到两个操作数中数据长度较大的数据类型。

5. 带符号位右移操作符（>>）

计算机中表示二进制数时总是要区分正负数的，Java 语言使用补码表示带符号的二进制数。在补码表示中，最高位为符号位，其余各位表示相应的二进制数值本身。正数的符号位为 0，负数的符号位为 1。如果对 char、byte 或 short 类型的数值进行移位操作，在进行移位之前，Java 编译器会将其转换为 int 类型，并且只对数值右端的低 5 位才有效，以防止移位超过 int 类型值所具有的位数，得到的结果也是一个 int 类型的值。如果对 long 类型的数值进行移位操作，Java 编译器只对数值右端的低 6 位有效，以防止移位超过 long 类型值所具有的位数，得到的结果也是一个 long 类型的值。

带符号位右移操作符是双目操作符，它用来将一个数的二进制位右移若干位，移到右端的低位被舍弃，最高位则移入原来高位的值（称为符号扩展）。例如：设一个 int 类型的变量 aint，其值为+17（00010001），存在表达式 aint>>2，表示将 aint 的二进制位右移 2 位，此时表达式的结果为+4（00000100）。再如：设一个 int 数类型的变量 bint，其值为-17（10010001），存在表达式 bint>>2，按照上述规则，此时表达式的结果为-4（11100100）。

对于整数类型的数值进行带符号右移操作时，右移一位相当于除以 2 取商，余数舍弃。在计算机中需要进行 2 的倍数除法时，带符号右移实现比除法速度要快得多。

6. 带符号位左移操作符（<<）

带符号位左移操作符是双目操作符，它用来将一个数的二进制位左移若干位。例如：设一个 int 类型的变量 aint，其值为+17（00010001），存在表达式 aint<<2，表示将 aint 的二进制位左移 2 位，移动时最高位移出，最低位补 0，此时表达式的结果为+68（01000100）。再如：设一个 int 类型的变量 bint，其值为-17（10010001），存在表达式 bint<<2，按照上述规则，此时表达式的结果为-68（01000100）。

对于整数类型的数值进行带符号左移操作时，在不产生溢出的情况下，左移一位相当于乘以 2。在计算机中需要进行 2 的倍数乘法时，带符号左移实现比乘法速度要快得多。

7. 无符号位右移操作符（>>>）

无符号位右移操作符是双目操作符，它用来将一个数的二进制位右移若干位，移到右端的低位被舍弃，最高位均以 0 补齐。例如：设一个 int 类型的变量 aint，其值为 17（00010001），存在表达式 aint>>>2，表示将 aint 的二进制位无符号右移 2 位，此时表达式的结果为 68（01000100）。

对于整数类型的数值进行无符号右移操作时，不考虑符号的影响，在进行图形程序操作时经常用到。

例题 2-4 封装了位操作符和位操作表达式的程序。

```
//Test2_4.java
public class  Test2_4{
    public static void main(String[] args){
        Bitmanipulation bManipulation=new Bitmanipulation();
        bManipulation.operate(17,5);
    }
}
//Bitmanipulation.java，实现数据的按位操作程序
public class  Bitmanipulation{
    public void operate(int aint,int bint){
        System.out.println("左操作数为: "+aint);
        System.out.println("左操作数的负数为: "+(-aint));
        System.out.println("左操作数按位取反为: "+(~aint));
        System.out.println("右操作数为: "+bint);
        System.out.println("按位与操作 op1&op2 为: "+(aint&bint));
        System.out.println("按位或操作 op1|op2 为: "+(aint|bint));
        System.out.println("按位异或操作 op1^op2 为: "+(aint^bint));
        System.out.println("带符号位左移 op2 位为: "+(aint<<bint));
        System.out.println("带符号位右移 op2 位为: "+(aint>>bint));
        System.out.println("无符号位右移 op2 位为: "+(aint>>>bint));
        System.out.println("（~op1）无符号右移 op2 位为: "+((~aint)>>>bint));
    }
}
```

2.2.5 赋值操作符和赋值表达式

赋值操作符（=）是把一个确定的值传递给一个变量的操作符，由赋值操作符、变量和值连接起来的表达式称为赋值表达式，通常在赋值操作符的左侧是一个变量，右侧是一个表达式或值。一般要求赋值操作符两端的数据类型要一致，当赋值操作符两端的数据类型出现不一致的情况时，如果可以实现自动类型转换或强制类型转换，Java 编译器不会报错；如果不能实现自动类型转换或强制类型转换，Java 编译器将报出语法错误。赋值操作符和赋值表达式见表 2-9。

表 2-9 赋值操作符和赋值表达式

赋值操作符	含 义 描 述	赋值表达式
=	将 op2 赋值给变量 op1（双目）	op1=op2
+=	op1=op1+op2（双目）	op1+=op2
-=	op1=op1-op2（双目）	op1-=op2
*=	op1=op1*op2（双目）	op1*=op2
/=	op1=op1/op2（双目）	op1/=op2
%=	op1=op1%op2（双目）	op1%=op2
&=	op1=op1&op2（双目）	op1&=op2
|=	op1=op1|op2（双目）	op1|=op2
^=	op1=op1^op2（双目）	op1^=op2

续表

赋值操作符	含 义 描 述	赋值表达式
>>=	op1=op1>>op2（双目）	op1>>=op2
<<=	op1=op1<<op2（双目）	op1<<=op2
>>>=	op1=op1>>>op2（双目）	op1>>>=op2

2.2.6　条件操作符和条件表达式

条件操作符（?:）是三目操作符，它根据关系表达式或逻辑表达式的值来选择其他表达式的结果作为整个表达式的结果，由条件操作符、条件表达式和值连接起来的表达式称为条件表达式。它的一般书写格式为

```
expression1?expression2:expression3
```

其中，表达式 expression1 一般为关系表达式或逻辑表达式，如果该值为 true，则将表达式 expression2 的结果作为整个条件表达式的结果，如果该值为 false，则将表达式 expression3 的结果作为整个条件表达式的结果。

例如：存在条件表达式 7>5?"abc":'a'+'b'，首先计算关系表达式 7>5 的值为 true，则将"abc"作为整个表达式的结果，否则将'a'+'b'作为整个表达式的结果。

条件操作符和条件表达式见表 2-10。

表 2-10　条件操作符和条件表达式

条件操作符	含 义 描 述	条件表达式
?:	如果 op1 的值为 true，则 op2 的结果为整个表达式的结果；如果 op1 的值为 false，则 op3 的结果为整个表达式的结果（三目）	op1?op2:op3

2.2.7　其他操作符和相关表达式

Java 语言中除了上述常用的操作符和表达式之外，还有连接运算符（+）、引用操作符（.）和 instanceof 操作符等，这些操作符在编程过程中也经常用到。

1. 连接操作符和连接表达式

连接操作符（+）是双目操作符，它是对算术操作符（+）的扩展，能够对字符串进行连接，连接起来的表达式称为连接表达式。例如："国家"+"公民"的结果为"国家公民"。

连接操作符（+）还可以将字符串与其他类型的数据进行连接，结果是字符串。例如："国家"+6.0 的结果为"国家 6.0"，6.0+"国家"的结果为"6.0 国家"。

一般来说，如果连接操作符（+）的第一个操作数是字符串，则 Java 编译器会自动将后续的操作数类型转换成字符串类型，然后再进行连接。如果连接操作符（+）的第一个操作数不是字符串，则计算结果由后续的操作数决定。例如：5+3+7+"国家"的结果为"15 国家"，而不是"537 国家"。再如："国家"+5+3+7 的结果为"国家 537"，而"国家"+(5+3+7)的结果则为"国家 15"。

2. 引用操作符和引用表达式

引用操作符（.）是双目操作符，它是面向对象程序设计中常用的操作符，用来实现对象引用

其变量和方法。由引用操作符和变量或方法连接起来的表达式称为引用表达式。

引用操作符（.）表示了一种隶属关系。例如：System.out.println("Hello")，就表示 System 引用了 out 对象，out 对象引用了方法 println("Hello")，即 out 对象隶属于 System，println("Hello")方法隶属于 out 对象。

3．instanceof 操作符和 instanceof 表达式

instanceof 操作符是双目操作符，它是用来判断一个对象是否是指定类或其子类的实例，由 instanceof 操作符、对象和类连接起来的表达式称为 instanceof 表达式。

instanceof操作符是面向对象程序设计中常用的操作符，instanceof表达式的计算结果是boolean值。例如：aSwallow instanceof Bird 的结果为 true，而 aSwallow instanceof Dog 的结果为 false。

其他操作符和相关表达式见表 2-11。

表 2-11 其他操作符和相关表达式

操 作 符	含 义 描 述	表 达 式
+	将 op1 和 op2 连接（双目）	op1+op2
.	op1 引用 op2（双目）	op1.op2
instanceof	op1 是否是 op2 的实例（双目）	op1 instanceof op2

2.2.8 操作符的优先级和复杂表达式

Java 语言的基本单元是表达式，最简单的表达式是一个常量或一个变量，该表达式的值就是该常量或变量的值。表达式的值还可以作为其他运算的操作数，当表达式中含有两个或两个以上的操作符时，该表达式称为复杂表达式。在对一个复杂表达式进行运算时，操作符的优先级决定了表达式中不同运算执行的先后次序，优先级高的先进行运算，优先级低的后进行运算，同级操作符则按照在表达式中出现的位置按结合性的方向进行结合运算。Java 语言操作符的优先级和结合性见表 2-12。

表 2-12 Java 语言操作符的优先级和结合性

<table>
<tr><th>操 作 符</th><th>含 义 描 述</th><th>优 先 级</th><th>结 合 性</th></tr>
<tr><td>. [] ()</td><td>引用 数组下标 小括号</td><td>1（最高）</td><td>自左向右</td></tr>
<tr><td>- ++ -- ! ~ instanceof</td><td>负号 自增 1 自减 1 非 按位取反
实例判断</td><td>2</td><td>自右向左
自左向右</td></tr>
<tr><td>new (type)</td><td>分配内存空间 类型转换</td><td>3</td><td>自右向左</td></tr>
<tr><td>* / %</td><td>算术乘 算术除 算术取余</td><td>4</td><td>自左向右</td></tr>
<tr><td>+ -</td><td>算术加 算术减</td><td>5</td><td>自左向右</td></tr>
<tr><td>>> << >>></td><td>带符号右移 带符号左移 无符号右移</td><td>6</td><td>自左向右</td></tr>
<tr><td>>= <= > <</td><td>大于或等于 小于或等于 大于 小于</td><td>7</td><td>自左向右</td></tr>
<tr><td>== !=</td><td>等于 不等于</td><td>8</td><td>自左向右</td></tr>
<tr><td>&</td><td>按位与</td><td>9</td><td>自左向右</td></tr>
<tr><td>^</td><td>按位异或</td><td>10</td><td>自左向右</td></tr>
<tr><td>|</td><td>按位或</td><td>11</td><td>自左向右</td></tr>
<tr><td>&&</td><td>短路逻辑与</td><td>12</td><td>自左向右</td></tr>
</table>

续表

<table>
<tr><th>操　作　符</th><th>含 义 描 述</th><th>优　先　级</th><th>结　合　性</th></tr>
<tr><td>||</td><td>短路逻辑或</td><td>13</td><td>自左向右</td></tr>
<tr><td>? :</td><td>条件操作符</td><td>14</td><td>自右向左</td></tr>
<tr><td>=　+=　-=　*=　/=
%=　>>>=　>>=　<<=　&=　^=　!=</td><td>赋值操作符</td><td>15（最低）</td><td>自右向左</td></tr>
</table>

2.3　控制流语句

Java 语言程序设计的源代码是由语句（Statement）构成的，由++和- -操作符构成的单目表达式或赋值表达式后加上英文半角的分号（;）就形成了语句。Java 语言的源程序就是由若干条语句组成的，每一条语句由英文半角的分号结束。语句可以是单行的一条语句，也可以是使用英文半角的花括号（{ }）括起来的语句块或语句体。

2.3.1　顺序结构语句

从整体上来说，Java 语言的源程序按照语句或语句体的书写顺序依次执行，这样的语句称为顺序结构语句，由此构成的程序称为顺序结构程序。

在编写解决复杂问题的程序时，局部的顺序结构语句往往不能满足程序设计的需求，但是可以通过流程控制的方式实现有效的组织代码运行顺序，这些改变顺序结构的语句称为 Java 语言控制流语句。Java 语言控制流语句包括条件控制语句、循环控制语句及跳转语句等。为了保证与其他程序设计语言的兼容性，Java 语言保留了 goto 语句的关键字，但不再使用 goto 语句，其功能可以由其他语句来代替。

2.3.2　条件控制语句

Java 语言程序设计中，条件控制语句可以改变顺序结构，实现程序分支的功能。它根据逻辑值（true 或 false）或条件表达式的结果（true 或 false）选择执行不同的语句或语句体，其他与逻辑值或表达式的结果不匹配的语句或语句体则被跳过不执行。Java 语言不允许将一个数值作为条件控制语句的匹配值，它只允许 true 或 false。

Java 语言提供了两种条件控制语句：if 语句结构和 switch 语句结构。

1. if 语句结构

if 语句是 Java 语言中最基本的条件控制语句，它的一般书写格式为

```
if (<逻辑值或条件表达式>) {
    <语句或语句体> }
```

当“逻辑值或条件表达式”的结果为 true 时，程序执行分支“语句或语句体”，然后继续向下执行；否则，程序跳过“语句或语句体”分支，继续向下执行。

说明：

（1）“逻辑值或条件表达式”的值必须是 true 或 false。

（2）“语句或语句体”可以是一条语句也可以是多条语句。如果是多条语句，则形成了语句体，这些语句必须要用一对花括号（{ }）括起来形成一个整体。如果是一条语句，则这一对花括

号可以省略。

if 语句结构的执行流程如图 2-2 所示。

例题 2-5 封装了 if 语句结构的程序。

```
//Test2_5.java
public class Test2_5 {
    public static void main(String[] args){
        TestGrade tGrade=new TestGrade();
        //下面两条语句可以分别注释，以测试不同情况
        tGrade.print60(70);
        tGrade.print60(50);
    }
}
/*
*TestGrade.java
*本程序给定一个成绩，划分通过还是不通过等级。当成绩大于或等于 60 时，输出“通过”和成绩，
*否则只输出成绩
*/
public class TestGrade {
    public void print60(int grade){
        if(grade>=60){
            System.out.print("通过，成绩为：");
        }
        System.out.println(grade);
    }
}
```

2．if-else 语句结构

if-else 语句是 Java 语言中最常用的条件控制语句，它的一般书写格式为

```
if(<逻辑值或条件表达式>){
  <语句 1 或语句体 1>
} else {
  <语句 2 或语句体 2> }
```

当“逻辑值或条件表达式”的结果为 true 时，程序执行分支“语句 1 或语句体 1”，跳过 else 和分支“语句 2 或语句体 2”，然后继续向下执行；否则程序跳过分支“语句 1 或语句体 1”，执行 else 和分支“语句 2 或语句体 2”，然后继续向下执行。

说明：else 子句不能单独作为语句使用，它必须与 if 子句成对使用。

if-else 语句结构的执行流程如图 2-3 所示。

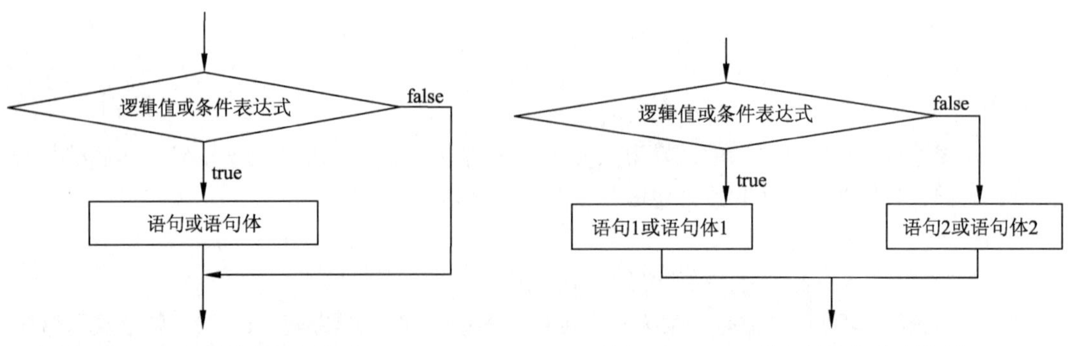

图 2-2 if 语句结构的执行流程　　图 2-3 if-else 语句结构的执行流程

例题 2-6　封装了 if-else 语句结构的程序。

```
//Test2_6.java
public class Test2_6 {
    public static void main(String[] args){
        TestPassGrade tGrade=new TestPassGrade();
        //下面两条语句可以分别注释，以测试不同情况
        tGrade.print(70);
        tGrade.print(50);
    }
}
/*
*TestPassGrade.java
*本程序给定一个成绩，划分通过还是不通过等级。当成绩大于或等于 60 时，输出“通过”和成绩，
*否则输出“不通过”和成绩
*/
public class TestPassGrade {
    public void print(int grade){
        if(grade>=60){
            System.out.println("通过，成绩为: "+grade);
        }else{
            System.out.println("不通过，成绩为: "+grade);
        }
    }
}
```

3. if 语句和 if-else 语句的嵌套

在 Java 语言条件控制流程中，有时仅仅靠一个简单的逻辑条件并不能满足程序分支要求，而是需要多个逻辑条件的组合来决定执行不同的操作，利用 if 语句和 if-else 语句的嵌套可以实现较为复杂的条件控制流程。它的一般书写格式为

```
if(<逻辑值或条件表达式 1>) {
    <语句 1 或语句体 1>
}else{
    if(<逻辑值或条件表达式 2>){
        <语句 2 或语句体 2>
    }else{
        if(<逻辑值或条件表达式 3>){
            <语句 3 或语句体 3>
        }
    }
}
```

说明：除非用花括号括起来，else 子句一般是与最近的没有 else 子句的 if 语句匹配成一对。

例如：存在语句片段

```
if(ai!=0){
    if(aj<7){
        ak=3;
    }else{
        ak=2;
```

```
    }
}
```

可以看出，else 子句与第二个 if 语句匹配成一对。如果希望 else 子句与第一个 if 语句匹配成一对，则需要改成如下的语句片段：

```
if(ai!=0){
    if(aj<7){
        ak=3;
    }
}else{
    ak=2;
}
```

if 语句和 if-else 语句的嵌套结构的执行流程如图 2-4 所示。

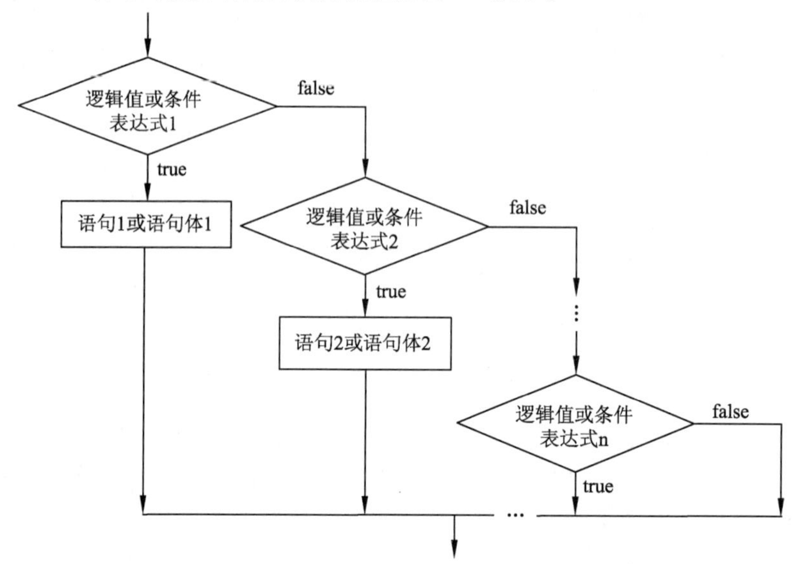

图 2-4 if 语句和 if-else 语句的嵌套结构的执行流程

例题 2-7 封装了 if 语句和 if-else 语句的嵌套结构的程序。

```
//Test2_7.java
public class Test2_7 {
    public static void main(String[] args){
        TestLevelGrade lGrade=new TestLevelGrade();
        //下面两条语句可以分别注释，以测试不同情况
        lGrade.print(70);
        lGrade.print(50);
    }
}
//TestLevelGrade.java，本程序给定一个百分制成绩，根据百分制成绩划分五分制等级。
public class TestLevelGrade {
    public void print(int grade){
        if(grade>=90){
            System.out.println("成绩：优秀");
        }else{
```

```
            if(grade>=80){
                System.out.println("成绩: 良好");
            }else{
                if(grade>=70){
                    System.out.println("成绩: 中等");
                }else{
                    if(grade>=60){
                        System.out.println("成绩: 及格");
                    }else{
                        System.out.println("成绩: 不及格");
                    }
                }
            }
        }
        System.out.println("成绩:"+grade);
    }
}
```

4．switch 语句结构

当程序需要从多个分支中选择一个分支执行时，虽然可以使用 if-else 语句和 if 语句的嵌套来实现，但是嵌套层太多会导致程序结构烦琐，可读性差。Java 语言提供了一种 switch 语句，可以根据表达式的指定整数值从多个分支中选择一个来执行，它的一般书写格式为

```
switch (<表达式>) {
    case 值 1: <语句 1 或语句体 1>;
            break;
    case 值 2: <语句 2 或语句体 2>;
            break;
    …
    case 值 n: <语句 n 或语句体 n>;
            break;
    [default: <语句 n+1 或语句体 n+1>;]
}
```

说明：

（1）表达式的值只能是 byte、short、char 和 int，不允许为 long、float、double、boolean 等。

（2）case 后面的值 1，值 2，…，值 n 必须是常量，它们彼此的值应不相同，但与表达式的类型相同。

（3）当表达式的值与某个 case 后面的值相同时，就执行该 case 子句后的语句或语句体，此处的语句体可以不用花括号（{ }）括起来。

（4）break 语句的作用是用来在执行完一个 case 分支后，使程序跳转出 switch 语句，即终止 switch 语句的执行。如果没有 break 语句，当程序执行完匹配的 case 后面语句或语句体后，会继续执行其余的 case 子句，而不再判断 case 子句是否与表达式的值匹配，起不到条件控制的作用，除非编程用户有特殊要求。

（5）在某些情况下，多个相邻的 case 子句执行一组完全相同的语句或语句体，此时，这些相同的语句或语句体只需要书写在最后一个 case 子句中即可。

（6）default 子句是可选的，可以要也可以不要。如果存在 default 子句，当表达式的值与任何一个 case 后面的值都不同时，程序就执行 default 后面的语句或语句体。如果不存在 default 子句，当表达式的值与任何一个 case 后面的值都不同时，程序就直接跳转出 switch 语句。

switch 语句结构的执行流程如图 2-5 所示。

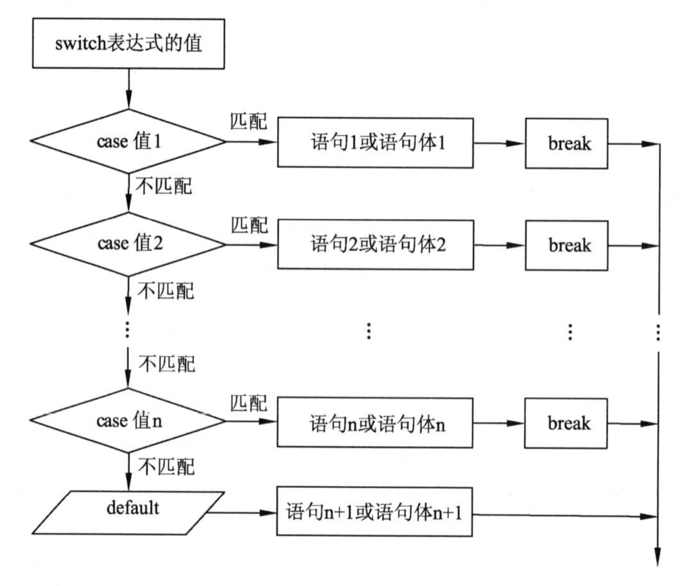

图 2-5　switch 语句结构的执行流程

例题 2-8　封装了 switch 语句结构的程序。

```
//Test2_8.java
public class Test2_8 {
    public static void main(String[] args){
        TestSwitchGrade sGrade=new TestSwitchGrade();
        //下面两条语句可以分别注释，以测试不同情况
        sGrade.print(79);
        sGrade.print(53);
    }
}
/*
*TestSwitchGrade.java
*本程序给定一个百分制成绩，根据百分制成绩划分五分制等级，由 switch 语句结构实现
*/
public class TestSwitchGrade {
    public void print(int grade){
        int level=grade/10;
        switch(level){
            case 10:
            case 9:
                System.out.println("成绩：优秀");
                break;
            case 8:
```

```
                System.out.println("成绩: 良好");
                break;
            case 7:
                System.out.println("成绩: 中等");
                break;
            case 6:
                System.out.println("成绩: 及格");
                break;
            default:
                System.out.println("成绩: 不及格");
        }
        System.out.println("成绩为: "+grade);
    }
}
```

2.3.3　循环控制语句

Java 语言程序设计中，循环控制语句可以反复执行一段程序代码，直到满足终止条件为止，实现程序重复操作的功能。它根据初始化语句设置循环控制的初始条件，循环执行一段语句或语句体，或者先执行一段语句或语句体后判断循环控制的初始条件。在重复执行下一段语句或语句体之前都需要修改循环控制的迭代条件，用迭代条件与终止条件进行匹配。如果不满足终止条件，程序继续下一个循环；如果满足终止条件，则终止循环，跳转到循环体的后面程序继续执行。

Java 语言提供了三种循环控制语句：for 语句结构、while 语句结构和 do-while 语句结构。

1．for 语句结构

for 语句是 Java 语言中常用的循环控制语句，通常用于已经确定循环次数的情况。它的一般书写格式为

```
for([初始化部分];[判断终止条件部分];[迭代因子部分]){
    <语句或语句体>
}
```

说明：

（1）初始化部分设置控制循环变量的初始值。初始化部分可以省略，但分号不能缺少，此时应该在 for 语句之前设置控制循环变量的初始值。例如：for (; aint<=10; aint++)。初始化部分可以包含多条语句，它们之间以英文半角的逗号分隔。例如：for (int aint=10,double bdouble=2.9; aint<=10;aint++)。

（2）判断终止条件部分设置控制循环是否终止的条件。判断终止条件部分可以省略，但分号不能缺少，如果没有在其他地方设置终止条件，就相当于不判断终止条件，循环无休止地进行下去，又称“死循环”。例如：for (int aint=10,double bdouble=2.9; ; aint++) 。

（3）迭代因子部分设置控制循环变量递增或递减，以改变判断终止条件部分的状态。迭代因子部分可以省略，此时应该在 for 循环的其他部分设置迭代因子部分，改变判断终止条件状态，保证循环正常结束。例如：for (int aint=0; aint<=10;)。迭代因子部分可以包含多条语句，它们之间以英文半角的逗号隔开。例如：for (in taint=0, double bdouble=2.9; aint<=10;

aint++,bdouble=bdouble+2)。

（4）for 语句结构的三部分都可以省略，如果省略了所有的条件表达式，这样的循环是没有作用的。例如：for (; ;)。

for 语句结构的执行流程如图 2-6 所示。

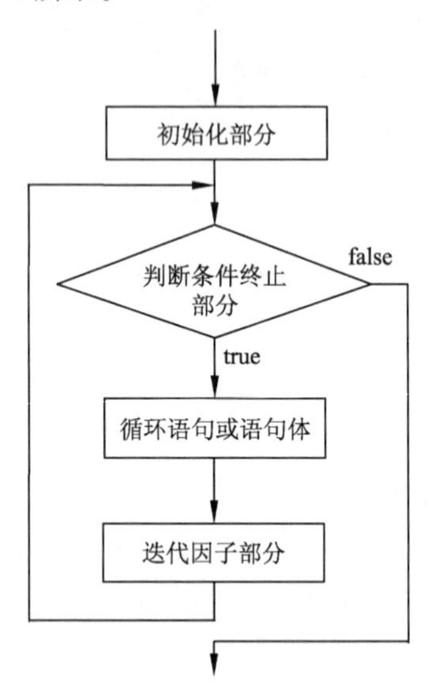

图 2-6　for 语句结构的执行流程

例题 2-9　封装了 for 语句结构的程序。

```
//Test2_9.java
public class Test2_9 {
   public static void main(String[] args){
      SumNumber sNumber=new SumNumber();
      //求自然数 1~100 之间的偶数之和
      int sEven=sNumber.sumEven(0,100);
      System.out.println("偶数之和="+sEven);
      //求自然数 1~100 之间的奇数之和
      int sOdd=sNumber.sumOdd(1,100);
      System.out.println("奇数之和="+sOdd);
   }
}
/*
*SumNumber.java
*该程序使用 for 循环实现求出任意两个自然数之间的偶数之和、奇数之和
*/
public class SumNumber {
   //判断某数是否是偶数的功能方法
   public boolean isEven(int aNumber){
      if(aNumber%2==0){
         return true;
      }else{
         return false;
      }
```

```
    }
    //求出任意两个自然数之间的偶数之和
    public int sumEven(int start,int end){
        int sum=0;
        if(!isEven(start)){
            start=start+1;
        }
        for(int i=start;i<=end;i=i+2){
            sum=sum+i;
        }
        return sum;
    }
    //求出任意两个自然数之间的奇数之和
    public int sumOdd(int start,int end){
        int sum=0;
        if(isEven(start)){
            start=start+1;
        }
        for(int i=start;i<=end;i=i+2){
            sum=sum+i;
        }
        return sum;
    }
}
```

2．while 语句结构

while 语句是 Java 语言中常用的循环控制语句，既可以用于已经确定循环次数的情况，也可以用于提前不确定循环次数的情况。它的一般书写格式为

```
while (<判断终止条件部分>) {
    <语句或语句体>
}
```

说明：

（1）循环初始化部分通常放在 while 语句结构之前或者省略。

（2）while 语句结构首先执行“判断终止条件部分”，当条件结果为 true 时，执行循环体内的语句或语句体；当条件结果为 false 时，不执行循环体内的语句或语句体。

（3）在能够提前确定循环次数的情况下，while 语句结构和 for 语句结构可以互相替换。

while 语句结构的执行流程如图 2-7 所示。

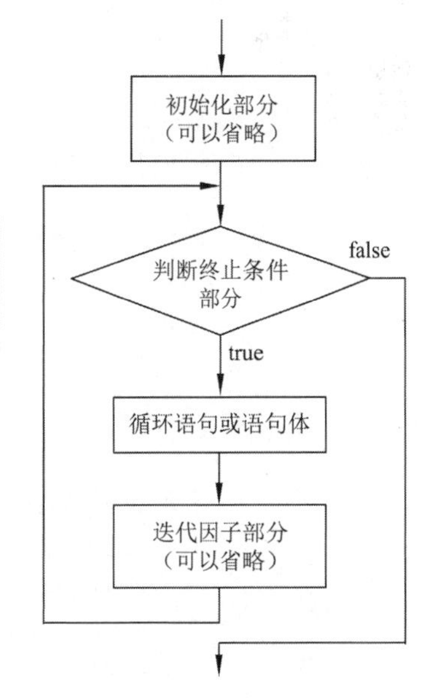

图 2-7　while 语句结构的执行流程

例题 2-10　封装了 while 语句结构的程序。

```
//Test2_10.java
public class Test2_10 {
    public static void main(String[] args){
```

```
        SumNumberWhile sNumber=new SumNumberWhile();
        //求自然数 1~100 之间的偶数之和
        int sEven=sNumber.sumEven(0,100);
        System.out.println("偶数之和="+sEven);
        //求自然数 1~100 之间的奇数之和
        int sOdd=sNumber.sumOdd(1,100);
        System.out.println("奇数之和="+sOdd);
    }
}
/*
*SumNumberWhile.java
*该程序使用 while 循环实现求出任意两个自然数之间的偶数之和、奇数之和。
*验证了在能够提前确定循环次数的情况下，while 语句结构和 for 语句结构可以互相替换
*/
public class SumNumberWhile {
    //判断某数是否是偶数的功能方法
    public boolean isEven(int aNumber){
        if(aNumber%2==0){
            return true;
        }else{
            return false;
        }
    }
    //求出任意两个自然数之间的偶数之和
    public int sumEven(int start,int end){
        int i=0,sum=0;
        if(!isEven(start)){
            start=start+1;
        }
        i=start;  //初始化部分放到了 while 语句结构的外面
        while(i<=end){
            sum=sum+i;
            i=i+2; //迭代因子部分放到了 while 语句结构的内部
        }
        return sum;
    }
    //求出任意两个自然数之间的奇数之和
    public int sumOdd(int start,int end){
        int i=0,sum=0;
        if(isEven(start)){
            start=start+1;
        }
        i=start;  //初始化部分放到了 while 语句结构的外面
        while(i<=end){
            sum=sum+i;
            i=i+2; //迭代因子部分放到了 while 语句结构的内部
        }
        return sum;
```

```
    }
}
```

3．do-while 语句结构

do-while 语句是 Java 语言中常用的循环控制语句，它的一般书写格式为

```
do{
  <语句或语句体>
} while (<判断终止条件部分>);
```

说明：

（1）循环初始化部分可以放在 do-while 语句结构之前，也可以放在 do-while 语句结构之内，还可以省略。

（2）do-while 语句结构首先执行一次循环体内的语句或语句体，再执行“判断终止条件部分”。当条件结果为 true 时，循环执行循环体内的语句或语句体；当条件结果为 false 时，不再执行循环体内的语句或语句体。do-while 语句结构循环体内的语句或语句体至少被执行一次，而 while 语句结构循环体内的语句或语句体可能一次不被执行，这是 do-while 语句和 while 语句的最大区别。

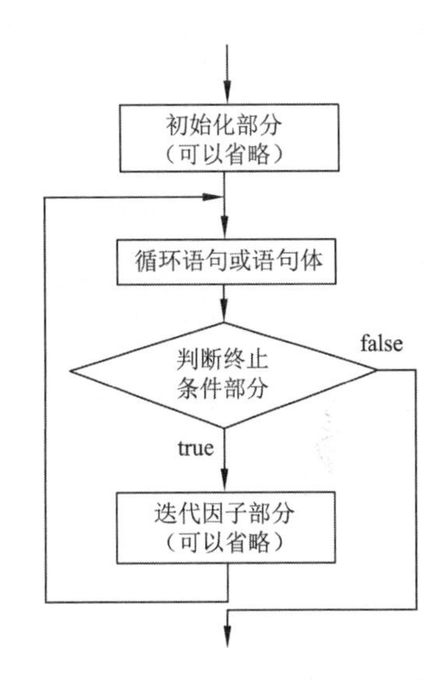

图 2-8　do-while 语句结构的执行流程

do-while 语句结构的执行流程如图 2-8 所示。

例题 2-11　封装了 do-while 语句结构的程序。

```
//Test2_11.java
public class Test2_11 {
    public static void main(String[] args){
        SumNumberDoWhile sNumber=new SumNumberDoWhile();
        //求从自然数 5 开始的连续自然数之和，如果其和刚超过指定数值就结束循环
        sNumber.sum(5,200);
    }
}
/*
*SumNumberDoWhile.java
*本程序计算从任意自然数开始的连续 n 个自然数之和，使其和正好超过指定数值时结束。
*/
public class SumNumberDoWhile {
    public void sum(int start,int end){
        int n=0,sum=start;
        do{
            sum=sum+n;
            n++;
        }while(sum<=end);
        System.out.println("连续"+n+"个自然数");
        System.out.println("自然数之和="+sum);
    }
}
```

4．循环的嵌套

循环的嵌套是指在一个循环语句结构中又包含循环语句结构的程序结构。Java 语言的三种循环语句结构可以互相嵌套，无论哪种嵌套结构都必须保证自身嵌套结构的完整性，不能出现循环结构的交叉，即一个循环结构应该完整地包含在另一个循环结构体内。含有循环嵌套结构的程序在执行时应该先执行内层循环再执行外层循环。

例题 2-12 封装了循环语句嵌套结构的程序。

```
//Test2_12.java
public class Test2_12 {
   public static void main(String[] args){
      NestLoop nLoop=new NestLoop();
      nLoop.print(10);                //输出 10 层数字的三角形
   }
}
//NestLoop.java，本程序使用循环语句结构的嵌套实现数字三角形的形状
public class NestLoop {
   public void print(int level){
      for(int i=1;i<=level;i++){      //外层 for 循环开始
         int j=1;
         while(j<=level+1-i){         //内层 while 循环
            System.out.print("  ");//内层 while 循环的语句体，输出两个空格
            j++;
         } //内层 while 循环结束
         for(int m=1;m<=i;m++){       //内层 for 循环开始，与 while 循环层次并列
            if(i>=level){
         System.out.print(+i+"  ");//连接内层 while 循环的语句输出数字连接两个空格
            }else{
         System.out.print(+i+"   ");//连接内层 while 循环的语句输出数字连接三个空格
            }
         } //内层 for 循环结束
         System.out.println(" "); //输出换行
      } //外层 for 循环结束
   }
}
```

2.3.4 跳转语句

无论是顺序结构、条件控制语句，还是循环控制语句，在程序执行过程中根据具体情况总会跳过某些语句或语句体，从而改变程序的执行流程。Java 语言提供了三种常用的跳转语句：break 语句、continue 语句和 return 语句。

1．break 语句

break 语句可以用在 switch 语句结构中，表示退出 switch 语句结构，执行 switch 语句结构后面的语句。它的一般书写格式为

```
break; //break 单独作为一条语句
```

break 语句可以用在循环语句结构中，表示强制退出循环结构。如果 break 语句所处的位置是单重循环程序代码，则表示终止循环，使程序跳转到循环语句结构的后面语句，它的一般书写格

式为

```
break; //break单独作为一条语句
```

如果break语句所处的位置是循环嵌套结构中的内层循环，执行单独的break语句时，只能退出当前内层循环，不能退出外层循环。如果想退出外层循环，可使用带有标号的break语句，它的一般书写格式为

```
break label;  //label是自定义的标号，label在其位置处后跟英文半角的冒号（:）
```

例如：

```
aLabel:  //表示当遇到break aLabel语句时，跳转到此处执行程序
   for(int i=0;i<=100;i++){
       while(aint<=50){
           if(aint*i==200){
             break aLabel; //表示终止当前循环，退出到aLabel标号处，重新开始循环
           }
       }
   }
```

2. continue语句

continue 语句只能出现在循环语句结构中，表示终止本次循环，跳过循环体中下面还没执行的语句或语句体，使程序跳转到下一次循环，它的一般书写格式为

```
continue; //continue单独作为一条语句
```

如果continue语句所处的位置是循环嵌套结构中的内层循环，执行单独的continue语句时，只能退出当前内层结构的本次循环。如果想退出外层结构的当前循环，可使用带有标号的continue语句，它的一般书写格式为

```
continue label; //label是自定义的标号，label在其位置处后跟英文半角的冒号（:）
```

例如：

```
//表示当执行continue aLabel语句时，跳转到此处执行下一次循环程序，而不是重新开始程序
aLabel:
   for(int i=0;i<=100;i++){
       while(aint<=50){
           if(aint*i==200){
               //表示终止外部的本次循环，退出到aLabel标号处,继续下一次循环
               continue aLabel;
           }
       }
   }
```

3. return语句

return 语句是程序执行控制流程中不可缺少的跳转语句，它一般用在方法程序代码中，表示当程序执行到return语句时，终止当前方法的执行，返回到调用该方法的语句处，从下一条语句继续执行。

如果方法的定义返回类型为void，表示调用此方法时不返回任何值，在此方法的定义最后应有一条单独的return语句，它的一般书写格式为

```
return;  //return 单独作为一条语句
```

当 return 单独作为一条语句时，Java 语言程序中通常省略该语句，但并不代表 return 语句不存在，只是 Java 语言把它作为默认语句存在了。

如果方法的定义类型不是 void，表示调用此方法时返回一个与方法定义类型相同的一个结果，在此方法的定义最后应有一条带表达式的 return 语句，表达式的结果与方法定义类型必须相同，它的一般书写格式为

```
return <表达式>;
```

当带有表达式的 return 语句存在时，Java 语言程序中是不允许省略该语句的。

2.4 递　　归

如果一个对象部分地包含它自己，或用它自己给自己定义，则称这个对象是递归（Recurve）的，如果一个方法直接或间接地调用自己，则称这个方法是递归的方法。递归是 Java 语言程序设计中常用的算法，它能够把复杂问题简单化，可以应用在数据结构与算法中解决一些比较复杂的问题，如搜索、排序等。

递归的基本思想是分治法，对于一个较为复杂的问题，将其分解成几个相对简单而且方法相同或类似的问题，当同性质的问题被简化得足够简单时，将可以直接获得问题的答案，就不必再调用自己了，此时，递归方法就要有递归结束条件。

例题 2-13　封装了一个递归应用的程序。

```
//Test2_13.java
public class Test2_13 {
    public static void main(String[] args){
        MyFactorial mFactorial=new MyFactorial();
        int n=6;
        long myfactorial=mFactorial.getFactorial(n);//求 6 的阶乘
        System.out.println(n+"!= "+myfactorial);
    }
}
//MyFactorial.java，本程序用递归的方法实现某个数值的阶乘
public class MyFactorial {
    public long getFactorial(int n){
        if(n==0||n==1){
            return 1;  //终止递归的条件
        }else{
            //递归过程
            return n*getFactorial(n-1);
        }
    }
}
```

用递归解决问题使得程序结构简洁，但是递归占用大量的内存，尤其是当递归层次较多时，程序的运算速度比使用循环结构要慢得多。

例题 2-14　封装了利用递归和循环两种方法求解问题的程序。

```
//Test2_14.java
```

```
public class Test2_14 {
    public static void main(String[] args){
        MyFibonacci mFibonacci=new MyFibonacci();
        int recurveF=mFibonacci.getFibonacciRecurve(6);
        int loopF=mFibonacci.getFibonacciLoop(6);
        System.out.println("递归计算斐波那契="+recurveF);
        System.out.println("循环计算斐波那契="+loopF);
    }
}
/*
*MyFibonacci.java
*本程序使用递归和循环两种方法解决斐波那契数列的问题。
*斐波那契数列是指这样一个数列 1, 1, 2, 3, 5, 8, …这个数列从第3项开始，每一项都等于
*前两项之和
*/
public class MyFibonacci {
    //用递归方法封装斐波那契数列
    public int getFibonacciRecurve(int n){
        if(n<=2){
         return 1;
         }else{
          return getFibonacciRecurve(n-1)+getFibonacciRecurve(n-2);
        }
     }
     //用循环方法封装斐波那契数列
     public int getFibonacciLoop(int n){
        if(n<=2){
         return 1;
         }
        int n1=1,n2=1,sum=0;
        for(int i=0;i<n-2;i++){
         sum=n1+n2;
         n1=n2;
         n2=sum;
       }
       return sum;
    }
}
```

拓 展 阅 读

程序设计是一种具有创造性的行为。有人认为程序设计只是把需求符号化了而已，其实不然。程序设计不是机械性的劳动，它需要创造力和技艺。另外，基本设计、详细设计、编程、测试和调试都是程序设计中不可分割的任务，将这些任务分割开并不是明智之举。学好基于面向对象思想的Java语言程序设计，形成高内聚低耦合的编程理念，可以为Java Web和移动开发打下坚实的基础，是增强软件鲁棒性、站稳软件市场和创新软件开发的有力保障。

习　题

1. 下列哪些标识符是合法的？哪些是 Java 语言的关键字？

apps，class，applet，Applet，a++，5#Y，hint++，--hint，$56，#67，public，width

2. 封装一个类 Runner，按照以下步骤写出 Java 语言代码。

（1）声明一个名为 miles 且不初始化的 double 类型变量。

（2）声明一个名为 KILOMETER_PRE_MILE 值为 1.557 的 double 类型常量。

（3）声明一个名为 run 返回类型为 void 的方法，为该方法设计一个名为 kilometer 的 double 类型形参。

（4）在 run()方法内将 kilometer 和 KILOMETER_PRE_MILE 相乘的结果赋值给 miles。

（5）在 run()方法内将 miles 的值显示在控制台上。

3. 封装一个类 MyComputer，其有两个功能方法，一个方法 getCircleArea()通过参数半径 radius 可以计算圆的面积，一个方法 getCylinderVolume()通过参数高和半径 radius 可以计算圆柱体的体积，其中，圆周率用 Math.PI 表示。封装执行主类测试结果。

4. 封装一个类 SumDigits，其有一个功能方法 sum()，通过一个参数 int 类型整数，将该整数的各位数字相加。其中，利用操作符%分解数字，利用操作符/去掉分解出来的数字。例如：整数位 932，各位数字之和为 14。封装执行主类测试结果。

5. 封装一个类 YearandDays，其有一个功能方法 computerTimes()，通过一个参数 int 类型整数表示分钟数，传递分钟数（如 100 000），计算这些分钟代表多少天和多少年。为简化问题，假设一年有 365 天。例如：1 000 000 000 分钟大约是 1 902 年和 214 天。封装执行主类测试结果。

6. 封装一个类 PrintASCII，其有一个功能方法 print()，通过一个参数 int 类型整数（0~128），得到该数代表的 ASCII 码。例如传递参数 97，得到字符为 a。可以使用强制类型转换进行计算。封装执行主类测试结果。

7. 封装一个类 ComputeEquation，其有一个功能方法 computeRoot()求解一元二次方程 $ax^2+bx+c=0$ 的根，通过三个参数 float 类型实数代表 a、b 和 c，基于方程判别式得到两个根、一个根或无根。其中，$\sqrt{x}$ 用 Math.pow(x,0.5)表示。封装执行主类测试结果。

8. 封装一个类 LookDivision，其有两个功能方法，一个方法 getExact()通过两个参数 int 类型整数 a 和 b，输出 100～1 000 之间所有能被 a 或 b 整除的数，每行显示 10 个。另一个方法 getDoubleExact()通过两个参数 int 类型整数 a 和 b，输出 100~1 000 之间所有能被 a 或 b 整除，但不能被两者同时整除的数，每行显示 10 个。封装执行主类测试结果。

9. 封装一个类 MyHanoi，输出 3 根柱子和 3 个盘子的汉诺塔移动过程。

10. 封装一个类 NumberChange，将十进制数转换为十六进制数。

第 3 章　面向对象程序设计

众所周知，程序设计是采用计算机程序设计语言利用现有信息设计出实现特定功能的程序的过程。随着计算机体系结构的发展，计算机程序设计语言也经历了机器语言、汇编语言、面向过程的高级语言和面向对象的高级语言的发展过程。最初的计算机程序设计语言将现有信息和实现功能分隔开，形成一个一个的执行过程。随着程序解决问题的复杂性不断提高，程序设计中模块化集成的思想不断得到强化，将现有信息和实现功能组装在一起，形成了面向对象程序设计方法。

3.1 概　　述

当采用面向对象程序设计的思想进行编程时，首先对问题进行面向对象分析（Object Oriented Analysis，OOA），它是从世界观的角度去分析问题，认为世界是由各种各样具有自己的运动行为和内部状态的对象所组成，不同对象之间的相互作用和通信构成了完整的世界。了解该问题所涉及的对象、对象之间的关系和作用，抽象该问题的对象模型，使这个对象模型能够真实反映出问题的本质。针对不同的问题性质选择不同的抽象层次，了解和解决问题的本质属性。接着进行面向对象设计（Object Oriented Designing，OOD），它是从方法论的角度去设计对象模型，围绕世界中的对象构造系统，而不是围绕功能构造系统。根据所应用的面向对象软件开发环境不同，在对问题的对象模型分析的基础上，对其进行修正，在软件系统内设计各个对象、对象之间的关系和通信方式等。最后进行面向对象程序设计（Object Oriented Programming，OOP），它是从程序实现的角度去解决问题，程序对象应该是将组成对象的状态数据代码和对象具备的行为功能代码封装成一个整体，符合强内聚和弱耦合的原则。实现对象的内部功能，确定对象的哪些功能在哪些类中描述，确定并实现程序的界面、输出形式及其他控制机构等，完成在面向对象设计阶段所规定的各个对象应该完成的任务。

3.1.1　面向对象程序设计的基本概念

1. 对象与实例

顾名思义，面向对象的程序设计是以对象（Object）为核心，以对象所拥有的数据状态和功能行为为工具解决特定问题。对象是理解面向对象技术的关键，现实世界中到处存在对象的例子，例如：一只猫、一辆汽车、一台电视机等。每个对象都有两个属性：状态（State）和行为（Behavior）。例如：猫具有名字、颜色和是否饥饿等状态以及跑动和抓老鼠等行为。汽车具有当前速度、当前挡位和当前油量等状态以及加速、换挡和加油等行为。这些对象的状态和行为还有可能包含其他对象，例如：猫抓老鼠的行为中包含了老鼠对象。

如果把现实世界中的对象转化到面向对象编程的世界中，就概念化为软件对象。与现实世界中的对象概念相对应，软件对象也具有状态和行为两个属性，对象把它的状态存储在数据字段（Field）（有些程序设计语言笼统地称为变量）中，通过方法（Method）（有些程序设计语言笼统地称为函数）操作它的功能行为。仅仅使用状态和行为并不能区分不同的对象，例如：两只同一厂商出产的座钟指示相同的时间时，就很难区分它们。为此，在软件对象的属性中加入标识（Identifier）来区分不同的对象，每个对象都仅有属于它自己的唯一的标识，软件对象通常用对象名来表示。

总之，面向对象程序设计中的对象具有标识、状态和行为三个属性，有些程序设计语言笼统地分别用对象名、变量和方法来表示。在使用面向对象的程序设计语言编程时，只要定义了对象名、对象的内部变量和方法，就可以创建一个对象。

实例（Instance）是对象的具体体现，是对象在现实世界的具体事物。当把某一类对象创建出来以后，对应的每一个实际事物就称为该对象的实例化。

2. 类与抽象

在现实世界中，许多对象个体其实都是同一种类型。例如：可能有成千辆汽车，它们的制造商和型号都相同，每辆汽车都出于相同的制造模型，因此包含相同的组件。在面向对象的理论上，“汽车”就可以被称为“汽车类”的一个实例对象，“类”就是创建对象个体的制造模型，它是同类对象的集合与抽象。

面向对象程序设计就是从大量的实际对象中抽象出它们的共同点，这些共同点称为“类（Class）”，让这些类成为通用的程序模板，把它们组合起来设计通用软件解决现实世界的复杂问题。从这个意义上来说，类是一种抽象的数据类型，它是所有具有一定共性的对象的抽象，而属于类的某一个对象则是类的一个实例。实际上，在程序中编写的都是用户定义的类，即定义同类对象公共的属性，然后再用对象名创建类的实例——对象。

3. 消息

在面向对象程序设计过程中，对象在完成特定功能时，以及对象与对象之间进行联系时，都是通过消息传递来实现的。消息（Message）用来请求对象执行某一处理或回答某些信息的要求，它统一了数据流和控制流。某一对象在完成特定功能时，如果需要，它可以通过传递消息请求其他对象完成某些处理工作或回答某些信息。其他对象在执行所要求的处理活动时，同样可以通过传递消息与其他对象联系。因此，程序的执行是依赖对象之间传递消息完成的。

发送消息的对象称为发送者，接收消息的对象称为接收者。一个消息通常包含三个方面的内容：接收消息对象的名称、接收对象应完成的操作方法、方法所需要的参数。消息中只包含发送者的要求，它告诉接收者需要完成哪些处理，但并不关心接收者应该怎样完成这些处理。一个对象能够接收不同形式、不同内容的多个消息，相同形式的消息可以传递给不同的对象，不同的对象对于形式相同的消息可以得出不同的结果。对于传递来的消息，对象可以返回相应的应答信息，这种返回不是必需的。

当一个面向对象的程序运行时，通常要完成三个步骤：首先，根据需要创建对象；其次，当程序处理信息或响应来自用户的输入时，要从一个对象传递消息到另一个对象（或从用户到对象）；最后，当不再需要该对象时，应删除它并回收它所占有的内存单元。

3.1.2　面向对象程序设计的特点

1. 封装

通过公共的方法操作对象的内部私有数据字段，并且作为对象传递消息的主要机制，隐藏内部数据字段，要求所有交互操作都通过对象的方法来实现，称为数据封装（Encapsulation）。封装反映了事物的独立性，现实世界中的一切实体对象几乎都是封装的，一般情况下，只能看到这些实体的外壳而不能看到其内部结构，所以每个实体对象都是封装好的、内聚性很强的个体。

在面向对象程序设计中，封装的原则就是将对象的内部结构对外做信息隐藏，让外部不可访问，但提供一系列的公有接口，用来与其他对象进行消息传递。封装的特点如图 3-1 所示。

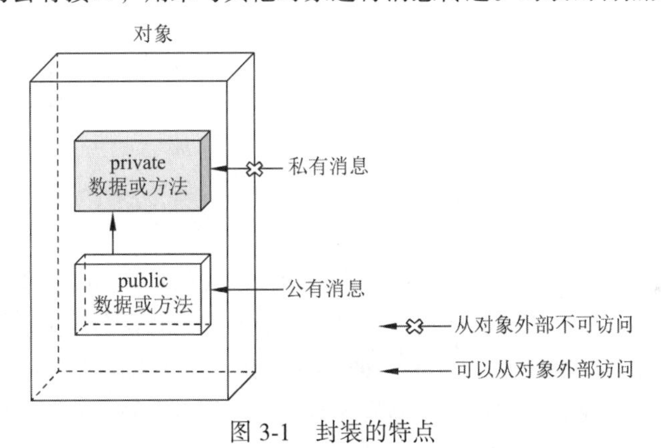

图 3-1　封装的特点

2. 继承

不同类型的对象相互之间经常具有某些共性。例如：轮船和客轮是两种类型，轮船具有吨位、时速等数据字段，具有行驶、停止等功能方法；客轮具有轮船的全部属性，又有自己的特殊数据（载客量）和功能方法（供餐）。当轮船类型已知时，描述客船时就可以将轮船的属性全部照搬过来，只需要添加自己的特殊属性即可，此时可称客船继承了轮船的特征。

在面向对象程序设计中，继承（Inheritance）是存在于两个类之间的一种关系，当一个类拥有另一个类的所有数据和方法时，就称这两个类之间具有继承关系，被继承的类称为超类或父类，继承了超类或父类所有属性的类称为子类。使用继承能够使得程序结构清晰，降低程序编写和维护的工作量。

在面向对象的继承特征中，有多重继承和单重继承之分。多重继承是指一个类可以有一个以上的直接超类或直接父类，它的数据和功能从所有这些超类或父类中继承，这种继承层次是复杂的网状结构。单重继承是指任何一个类只能有一个直接超类或直接父类，这种继承层次是单纯的树状结构。单重继承示意图如图 3-2 所示。

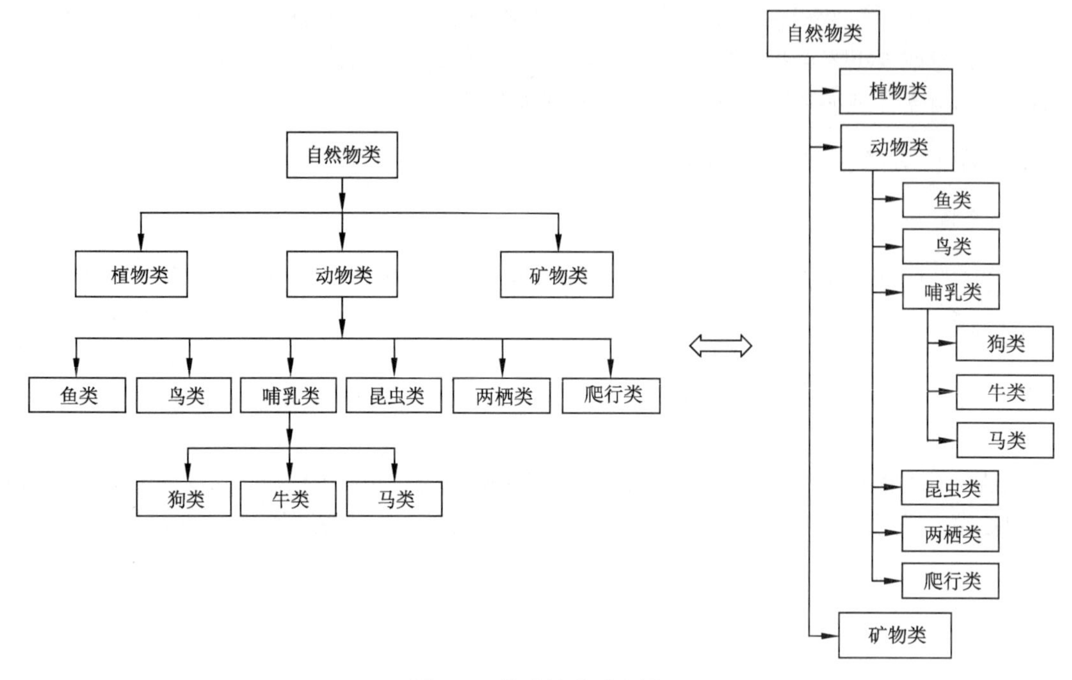

图 3-2 单重继承示意图

3. 多态

在面向过程程序设计中，主要是编写一个一个的过程或函数，这些过程和函数各自对应一定的功能，它们是不能重名的，否则在使用过程名或函数名调用时就会产生歧义或错误。在面向对象程序设计中，“重名”现象却成为一个有力的工具。例如：“启动”功能是所有交通工具都具有的操作，但不同的交通工具，其“启动”操作的具体实现是不同的，汽车“启动”是“发动机点火—启动发动机”，轮船“启动”是“发动机点火—起锚”，热气球“启动”是“充气—解缆”。如果不允许这些目标和功能相同的程序使用相同的名字，就必须分别定义“汽车启动”、“轮船启动”和“热气球启动”等多个方法，程序代码就会出现重复的情况，也就失去了继承特点的优势。为了解决这个问题，面向对象程序设计思想中提出了多态的概念。

多态（Polymorphism）是指一个程序中功能方法名字相同但实现结果不同的情况。在面向对象程序设计中，一种多态是通过子类对超类或父类方法的重写（Override）实现，另一种多态是通过在一类中定义同名方法参数不同的重载（Overload）实现。

为了实现多个功能方法应用到不同的对象上，这些方法只有在程序运行时才确定具体的对象，这样不用修改源程序就可以让同名的功能方法绑定到不同的类实现上，此时把这些方法封装到一个接口中形成规范，它允许多个方法使用同一个接口，从而导致在不同的上下文中对象的执行代码可以不一样。例如：汽车类、轮船类和热气球类都具有启动操作、加速操作和转向操作，方法名字相同，但具体实现不同。接口多态示意图如图 3-3 所示。

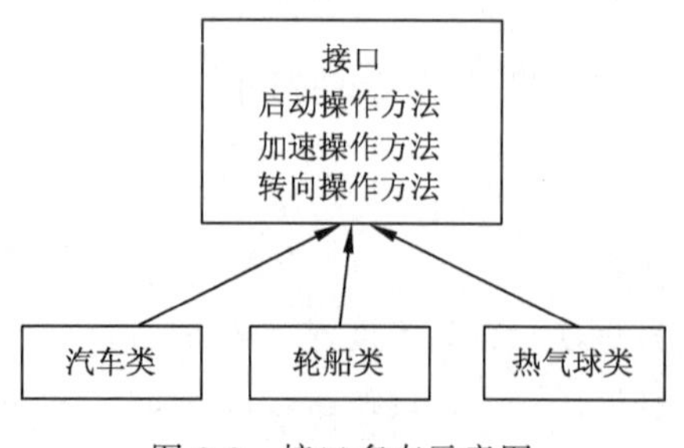

图 3-3 接口多态示意图

总之，面向对象的问题求解就是力图从实际问题中抽象出这些封装了数据字段和方法的对象，通过定义属性变量和方法来表述它们的特征和功能，通过继承定义它们的属性扩展，通过定义接口来描述它们的多态属性及与其他对象的关系，最终形成一个广泛联系的可理解、可扩充、可维护和更接近于问题本来面目的动态对象模型系统。

3.2　类、对象和包

Java 语言是利用面向对象程序设计的思想进行编程的计算机高级语言，面向对象的程序设计方法把程序看成由若干类对象组成的，而每个对象又包含自己的数据字段和操作方法。具有同样属性的对象进行抽象得到 Java 类，将每个 Java 类进行实例化得到具体的 Java 对象。

3.2.1　类

在 Java 语言程序设计中，类是创建对象的模板，是面向对象程序设计的基本单元，所有对象抽象的数据字段和操作方法都是封装在类中，通过设计类来实现封装、继承和多态。Java 语言中的类定义由类声明和类体两部分组成，它的一般书写格式为

```
[类修饰符] class 类名 [extends 超类名] [implements 接口名列表] { 类体的内容 }
```

例如：

```
public class MyClass extends MySuper implements Myable,Yourable{
    …
}
```

说明：

（1）[…]表示为可选项。关键字 class 是类定义的开始，类名应该符合 Java 标识符命名规则，类名的第一个字母通常要大写。与文件名的命名规则类似，类名通常与所封装的内容有联系。

（2）类修饰符是指类的访问控制符和类型说明符，主要有省略、public、abstract 和 final 等四种。省略修饰符（又称 friendly）是指没有类修饰符，例如：class MyClass {　}。public 修饰符是指该类为公共类，例如：public class MyClass {　}。Java 语言规定包含 main()方法的类必须声明为 public 类。abstract 修饰符是指该类为抽象类，不能被实例化为对象，例如：abstract class MyClass {　}。final 修饰符是指该类为最终类，不能被定义为超类，例如：final class MyClass { }。

（3）extends 子句是指该类的直接超类，例如：class MyClass extends MySuperClass {　}。如果没有该子句，则 Java 编译器默认将 Object 类作为该类的直接超类。

（4）implements 子句是指该类实现的一个或多个接口，例如：class Myclass implements MyInterface {　}。

（5）类体是类封装的核心部分，用一对英文半角的花括号将所有代码括起来，主要包括类数据成员、类成员方法和构造方法等。类数据成员是类成员方法操作的基础，是类功能实现的存储部分。类成员方法是类的功能实现过程，类的所有语句（包括方法的调用语句）都必须书写在类成员方法体中。构造方法是对象初始化的实现方法，对象初始化时的所有语句都必须书写在构造方法体中。

1. 类的数据成员

一旦封装了一个类，就必须要在该类中定义相应的数据成员，Java 语言中的数据成员又称字段

（Field）。Java 语言类体中的数据成员包括成员变量（Member Variable）和常量（Constant）两种。

常量是程序运行时不能改变的量，它在定义时必须同时进行初始化，在整个类体范围内有效。具体见 2.1.3 节中的自定义常量部分。

成员变量是指在类中定义的变量，包括成员实例变量（Instance Variable）和成员类变量（Static Variable）两种。

1）成员实例变量

成员实例变量是指在类中定义，属于每一个被实例化对象的变量，它的一般书写格式为

```
[修饰符] 类型 变量名[=初始值] [,变量名[=初始值] … ] ;
```

例如：

```
private int aint,bint=4,cint;
```

说明：

（1）成员实例变量可以是 Java 语言的八个基本数据类型，也可以是 Java 语言的引用数据类型。

（2）成员实例变量名必须是 Java 语言合法的标识符，通常与表示的内容相关，如果是拉丁字母，第一个字母一般要小写。

（3）成员实例变量通常在赋值后才可以使用。在定义时可以先声明，在后面的语句中赋值。也可以在声明的同时初始化。

（4）变量修饰符是指变量的访问控制符和类型说明符，主要有缺省、public、private、protected、static、final、transient 和 volatile 等。按照面向对象程序设计的要求，建议成员实例变量使用 private 修饰，以提高程序的内聚程度。

2）成员类变量

成员类变量是指在类中定义，属于同类的所有对象共有的变量，它的一般书写格式为

```
[修饰符] static 类型 变量名[=初始值] [,变量名[=初始值] … ] ;
```

例如：

```
public static int sint=4, sint2;
```

说明：

（1）建议修饰符使用 public。

（2）其他说明与成员实例变量相同。

例题 3-1 封装了一个只具有数据成员的类，该类除了保存数据之外没有其他用处，要想让其发挥作用，必须扩充相应的操作方法。

```
//OnlyDataClass.java
public class OnlyDataClass {
    public static final float A_CONSTANT=7.8;    //合法，定义 float 类型常量
    private int aint;             //合法，仅仅定义 int 类型成员实例变量，不初始化
    private double adouble=9.2;  //合法，定义 double 类型成员实例变量的同时初始化
    private boolean aboolean;    //合法，仅仅定义 boolean 类型成员实例变量，不初始化
    aboolean=true;             //非法，赋值操作语句不能作为类的成员，应该放在成员方法中
    public static char achar='k';//合法，定义 char 类型的成员类变量
}
```

2. 类的成员方法

类的封装中仅仅有数据成员是不能满足程序设计要求的，大量的操作都是封装在类的功能里。许多程序设计语言用函数（Function）来描述功能，Java 语言使用成员方法（Member Method）来表示某一类的操作功能。Java 语言的成员方法决定了一个对象能够接收什么样的消息，方法的基本组成部分包括返回类型、方法名、参数和方法体等。Java 语言成员方法包括成员实例方法（Instance Method）和成员类方法（Static Method）两种。

1）成员实例方法

成员实例方法是指在类中定义，属于每一个被实例化对象的方法，它的一般书写格式为

```
[修饰符] 返回类型 方法名(形式参数列表) [throws 异常类列表] { 方法体 }
```

例如：

```
public int getValue(double d, int y) throws IOExeption,SQLException{
    …
}
```

说明：

（1）修饰符是指该方法的访问控制符和类型说明符，主要有缺省、public、private、protected、static、abstract、final、native 和 synchronized 等。按照面向对象程序设计的要求，建议成员实例方法使用 public 修饰，以提供对象间消息传递的接口。

（2）返回类型是指该方法执行结束后会返回一个此类型的值，返回类型可以是 Java 语言的基本数据类型，也可以是 Java 语言的引用数据类型。返回的值必须由方法体中的 return 语句显式标出，如果返回类型为 void，表示返回值为 null，即不返回任何值，此时 return 语句可以缺省。

（3）方法名必须是 Java 语言合法的标识符，通常与表示的内容相关，如果是拉丁字母，第一个字母一般要小写。

（4）形式参数列表是指该方法所需要的参数，可以有 0 个或多个。如果有多个参数，它们之间用英文半角的逗号隔开，形式参数一定要写在方法名后的小括号内，无论有没有参数，方法名后的一对小括号是不可缺少的，它是判断方法是否合法的关键。

（5）throws 异常列表是指该方法在被调用时可能会产生的异常类型，需要编写程序时提前指明。

（6）方法体是方法功能实现的核心，它用一对英文半角的花括号将属于该方法的所有语句括起来，在方法体的最后通常是 return 语句，用来表示方法执行结束后返回程序调用处，继续执行程序后面的代码。

2）成员类方法

成员类方法是指在类中定义，属于同类的所有对象共有的方法，它的一般书写格式为

```
[修饰符] static 返回类型 方法名(形式参数列表) [throws 异常类列表] { 方法体 }
```

例如：

```
public static void setValue(double d, int y) throws IOExeption,SQLException{
    …
}
```

说明：

（1）建议修饰符使用 public。

（2）其他说明与成员实例方法相同。

无论是类的实例方法还是类方法，都需要操作类的成员数据，即类的常量、实例变量和类变量。顾名思义，类的常量、实例变量和类变量的作用范围在整个类内有效，而在方法体或方法参数中定义的变量称为局部变量（Local Variable），局部变量的作用范围只在定义它的方法内有效。例如：

```
public class ShowMethodClass {
    private int distance;          //定义实例变量
    distance=10;                   //非法，赋值语句需要写在方法体内
    public int showDistance(){     //定义实例方法
        int aint=10;               //定义局部变量
        distance=aint;             //合法，distance 在整个类内有效
        return distance;
    }
    public void showLocal(){
        int y;
        y=aint;                    //非法，aint 是 showDistance()方法的局部变量
    }
}
```

如果局部变量的名字与成员变量的名字相同，在局部变量的方法体内，成员变量将被隐藏，即这个成员变量在这个方法内暂时失效。例如：

```
public class MyClass {
    private int aint=100,bint;//定义成员变量
    public void aMethod(){
        int aint=6;           //定义与成员变量同名的局部变量
        bint=aint;            //bint 的值为 6，而不是 100。如果没有 int aint=6;，
                              //bint 的值应该为 100
    }
}
```

如果局部变量的名字与成员变量的名字相同，在局部变量的方法体内，成员变量将被隐藏。此时想在方法体内继续使用该成员变量，就必须用到 Java 语言的关键字 this。例如：

```
public class MyClass {
    private int aint=100,bint;   //定义成员变量
    public void aMethod(){
        int aint=6;              //定义与成员变量同名的局部变量
        bint=aint;               //bint 的值为 6，而不是 100
        bint=this.aint;          //bint 的值为 100
    }
}
```

Java 语言中的 this 是指一个对象，它表示引用对象自己。当一个对象创建好后，Java 编译器就会给它分配一个引用自身的 this 标记。在使用对象的成员变量和成员方法时，如果没有指定相应的对象引用，则默认使用的就是 this 引用。this 关键字可以出现在实例方法和构造方法中，但不可以用在类方法中。

说明：

（1）在类的构造方法中，通过 this 语句可以调用这个类的另一个构造方法，具体见 3.2.1 节中的构造方法部分。

（2）在类的实例方法中，如果局部变量或形参变量与成员变量同名，此时成员变量被隐藏，此时想在方法体内继续使用该成员变量，就要使用"this.成员变量名"（如 this.aint）来显式指明该成员变量。

（3）在一个方法调用中，可以使用 this 将当前实例对象的引用作为实际参数进行传递，例如：my.callMethod(this)。

例题 3-2　封装了一类具有成员变量和成员方法的程序。

```
//Test3_2.java
public class Test3_2 {
    public static void main(String[] args){
        //创建一个矩形对象
        MyRectangle mRectangle=new MyRectangle();
        mRectangle.setWidth(6.5);           //绘制矩形的宽
        mRectangle.setHeight(7.8);          //绘制矩形的高
        System.out.println("当前矩形的宽为: "+mRectangle.getWidth());
        System.out.println("当前矩形的高为: "+mRectangle.getHeight());
        System.out.println("当前矩形的面积为: "+mRectangle.getArea());
        System.out.println("当前矩形的周长为: "+mRectangle.getPerimeter());
    }
}
/*
*MyRectangle.java
*封装一类矩形，描述实例变量、类变量、实例方法、类方法、this 关键字的使用。
*实例变量通常用 private 修饰，对其修改时应该使用对应的 set***()方法和 get***()方法。
*类变量、实例方法、类方法通常用 public 修饰，提供对象调用时的对外接口。
*/
public class MyRectangle{
    private double width,height;        //定义成员变量
    //修改和设置矩形宽度的方法
    public void setWidth(double width){
        this.width=width;               //局部变量与成员变量同名时的 this 用法
        return;                         //return 语句可以省略
    }
    //修改和设置矩形高度的方法
    public void setHeight(double height){
        this.height=height;             //局部变量与成员变量同名时的 this 用法
        return;                         //return 语句可以省略
    }
    //获得矩形宽度的方法
    public double getWidth(){
        return this.width;              //return 语句不可以省略，this 可以省略
    }
    //获得矩形高度的方法
    public double getHeight(){
        return height;                  //return 语句不可以省略，this 可以省略
```

```
    }
    //求矩形面积的方法
    public double getArea(){
        return width*height;           //return语句不可以省略
    }
    //求矩形周长的方法
    public double getPerimeter(){
        return (width+height)*2;       //return语句不可以省略
    }
}
```

3. 方法的重载

在面向对象程序设计中，通过合理的方法名可以大体知道该方法的操作过程，所以编程时经常会遇到同名的不同方法共存的情况。这些方法同名的原因是它们的最终功能和目的都相同，但是由于在完成同一功能时可能遇到不同的具体情况，因此需要定义不同的具体内容的方法，来代表多种具体实现形式，这种形式就是面向对象程序设计中的多态。例如：许多平面图形都有求面积的方法，此时方法名应该都取 getArea()，但不同的图形，其 getArea()方法体的内容是不同的。Java 语言主要提供方法的重载和方法的重写两种多态实现方式。方法的重写具体见 3.3 节。

当在同一类中定义了多个方法名相同而参数不同的方法时，称为方法的重载（Overload）。重载的方法主要通过形式参数列表中参数的个数、参数的数据类型和参数的顺序等方面的不同来区分，Java 编译器通过检查每个方法所用的参数个数和类型来调用正确的方法。

例题 3-3 封装了一类重载的方法程序。

```
//Test3_3.ajava
public class Test3_3{
    public static void main(String[] args){
        ShapeArea sArea=new ShapeArea();
        sArea.getArea();
    System.out.println("调用只有一个参数的重载方法，圆的面积="+sArea.getArea(5));
    System.out.println("调用只有两个参数的重载方法，矩形的面积="+sArea.getArea(5,6));
    System.out.println("调用只有三个参数的重载方法,三角形的面积="+sArea.getArea
(5,6,7));
    }
}
//ShapeArea.java，该类封装了getArea()方法的重载功能
public class ShapeArea {
    //无参数的getArea()方法
    public void getArea(){
        System.out.println("无参数的getArea()");
    }
    //带一个参数的getArea()重载方法，模拟由半径求圆面积
    public double getArea(int radius){
        return Math.PI*radius*radius;
    }
    //带两个参数的getArea()重载方法，模拟由长和宽求矩形面积
    public double getArea(double width,double height){
        return width*height;
    }
```

```
    //带三个参数的 getArea()重载方法，模拟由三条边求三角形面积
    //testTriangle()方法用来判断三条边能否构成三角形
    public int testTriangle(int a,int b,int c){
      int k=a+b;
      if(k>c)
          return 1;
      else
          return 0;
     }
    public double getArea(int aside,int bside,int cside){
if(testTriangle(aside,bside,cside)+ testTriangle (aside,cside,bside)+ testTriangle
(bside,cside,aside)==3){
            int p=(aside+bside+cside)/2;
            return Math.sqrt(p*(p-aside)*(p-bside)*(p-cside));
        }
        else{
            System.out.println("不能构成三角形");
            return 0;
        }
    }
}
```

4. 构造方法

Java 语言基本数据类型的变量必须初始化后才可以使用，类似地，Java 类也必须初始化成对象后才能够体现面向对象技术的特点。Java 语言规定，对象的初始化必须由构造方法完成。构造方法（Constructor）是 Java 语言封装类中的一种特殊方法，它用来定义对象的初始状态，由方法名、参数和方法体等组成。构造方法的方法名必须与其封装的类名相同，它没有返回类型，不能被对象直接调用，只能通过关键字 new 引用。它的一般书写格式为

```
[修饰符] 类名(形式参数列表) [throws 异常类列表] { 方法体 }
```

例如：

```
public class ShapeClass  {
    public ShapeClass() {   //构造方法，没有返回类型，名字与类型相同
        ...
    }
    public void print() {   //成员方法，必须有返回类型
        ...
    }
}
```

说明：

（1）构造方法名必须与类名相同，所以成员方法首字母小写的规则对其不适用。

（2）构造方法没有返回类型。

（3）构造方法不能被对象调用，只能对对象进行初始化。

（4）如果程序中没有显式地编写构造方法，Java 编译器会自动生成一个空的，没有方法体的构造方法。

（5）如果程序中编写了一个或多个构造方法，Java 编译器就不会自动生成一个空的、没有方

法体的构造方法，在初始化对象时就必须使用被编写的构造方法。

（6）程序可以重载多个构造方法，初始化对象时按参数决定使用哪个构造方法。

（7）在一个类中，如果一个构造方法中调用另一个构造方法，就必须显式地使用 this 关键字，并且 this 语句必须放在构造方法的第一条语句位置。例如：this();。

例题 3-4 封装了一类构造方法的程序。

```
/*
*ShapeClass.java
*该类没有显式地编写构造方法，Java 编译器会自动生成一个空的，没有方法体的构造方法。
*/
public class ShapeClass {
    public void printShape(){
        System.out.println("My shape");
    }
}
/*
*AnotherShapeClass.java
*该类显式地编写了 3 个构造方法，这 3 个构造方法实现了重载。那个由 Java 编译器自动生成的空的、
*没有方法体的构造方法就自动消失了。在这种情况下，如果想使用一个空的、没有方法体的构造方法，
*必须显式地编写它
*/
public class AnotherShapeClass {
    int aint=9;
    //无参数的构造方法
    public AnotherShapeClass(){
        System.out.println("无参数的构造方法");
    }
    //在此构造方法中，成员变量和局部变量同名，成员变量被隐藏时，this 关键字的使用
    public AnotherShapeClass(int aint,double bdouble){
        this.aint=aint;
        aint=10;
        System.out.println("带两个参数的构造方法"+aint+bdouble+this.aint);
    }
    //在此构造方法中，使用 this 调用了无参数的构造方法
    public AnotherShapeClass(int aint){
        this(); //此语句必须放在第一条语句位置
        aint=10;
        System.out.println("带一个参数的构造方法"+aint);
    }
    //此方法不是构造方法，即使方法名与类名相同，但有了返回类型，就不符合构造方法的规则，
    //成为了普通的成员方法
    public void AnotherShapeClass(int aint,double adouble,int y){
        System.out.println("这是一个成员方法"+aint+adouble+y);
    }
}
```

3.2.2 对象

在 Java 语言中，对象是由类创建的，一个对象就是某个类的一个实例。对类实例化，可以创

建多个对象，通过这些对象之间的消息传递进行交互，就可完成复杂的程序功能。对象在计算机内存中的生命周期可分为对象的创建、使用和清除。

1. 对象的创建

对象是一组相关变量、常量和相关方法的封装体，是类的一个实例。对象体现了对象的标识、状态和行为。对象的创建包括声明、实例化和初始化三部分，它的一般书写格式为

```
类型 对象名 [=new 构造方法];
```

例题 3-5　封装了一类对象的程序。

```
//Test3_5.java
public class Test3_5 {
   public static void main(String[] args){
      ARectangle myRectangle,yourRectangle;//声明对象
myRectangle=new ARectangle();//使用 new 和构造方法为对象实例化和初始化，即分配内存
      yourRectangle=new ARectangle(30,40);
      //声明对象的同时，使用 new 和构造方法为对象实例化和初始化，即分配内存
      ARectangle hisRectangle=new ARectangle(100,200,0,0);
   }
}
//ARectangle.java，封装一类矩形，实现对象的使用
public class ARectangle {
   int width,height,x,y;
   public ARectangle(){
      width=0;
      height=0;
   }
   public ARectangle(int width, int height){
      this.width=width;
      this.height=height;
   }
   public ARectangle(int width, int height, int x, int y){
      this.width=width;
      this.height=height;
      this.x=x;
      this.y=y;
   }
   public int getArea(){
      return width*height;
   }
}
```

说明：

（1）“类型 对象名;”是指对象的声明，类型是类的引用类型，对象名必须是 Java 语言合法的标识符，通常与表示的内容相关，如果是拉丁字母，第一个字母一般要小写。声明对象后，该对象就在内存中还没有任何数据，它还不能被使用。例如：ARectangle myRectangle;。

（2）关键字 new 是指对象的实例化，它的作用是实例化一个对象，给对象分配内存，它的后面只能跟构造方法，返回对象的引用地址。例如：myRectangle=new ARectangle();，程序执行该语句时，就会为 width、height、x、y 这四个变量分配内存，然后执行构造方法中的语句，为 width

和 height 赋值为 0。

（3）构造方法是用来对对象的初始化，它可以进行重载，按照不同类型和个数的参数调用不同的构造方法，从而初始化不同的对象。例如，Rectangle 类中重载了三个构造方法：

```
public Rectangle();
public Rectangle(int width, int height);
public Rectangle(int width, int height, int x, int y);
```

在使用 new 实例化对象后，可以得到三个不同的实例化对象：

```
Rectangle myRectangle=new Rectangle();
Rectangle yourRectangle=new Rectangle(100,200);
Rectangle hisRectangle=new Rectangle(100,200,0,0);
```

这些对象将被分配在不同的内存空间，因此改变其中一个对象的状态不会影响其他对象的状态。它们的引用内存如图 3-4 所示。

如果在程序中出现一条语句：

```
myRectangle=yourRectangle;
```

这条语句表示把 yourRectangle 的引用赋值给 myRectangle，此时 yourRectangle 和 myRectangle 本质上是一样的，虽然在源代码中这是两个名字，但对 Java 系统来说它们的引用是一个 0x1211，系统将释放分配给 myRectangle 的内存引用。它们的引用内存如图 3-5 所示。

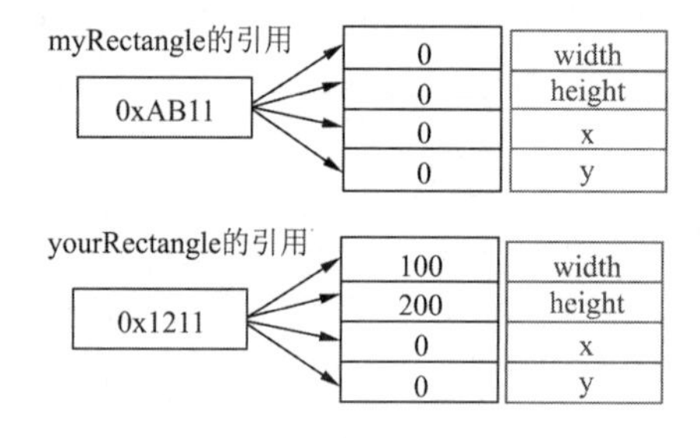

图 3-4　同类的多个对象内存引用

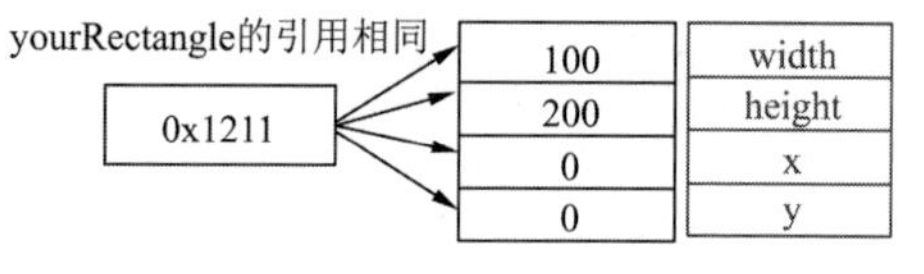

图 3-5　同一内存引用多个对象

2. 对象的使用

对象的使用原则是先创建后使用。对象的使用包括引用数据成员和调用成员方法、对象作为类的成员和对象作为方法参数（或返回值）等。

Java 语言通过引用操作符“.”实现对数据成员和成员方法的引用，它的一般书写格式为

```
对象名.成员变量名
对象名.成员方法名([参数列表])
```

例如：

```
aDog.run();
```

数据成员包括常量、实例变量和类变量等，所以在对象引用数据成员时就会有所区别。前面提到，一个类通过使用关键字 new 可以创建多个不同对象，这些对象被分配不同的内存空间。换句话说，不同对象的实例变量将分别属于相应的内存空间，这些实例变量通过“对象名.实例变量名”被引用。例如：如果 number 是实例变量，则 aDog.number=20;是合法的。

类变量由 static 修饰符修饰，它由同类的所有对象共有，即同类的所有对象的这个类变量都

分配相同的一块内存空间，改变其中一个对象的这个类变量会影响其他对象的这个类变量。因此，类变量可以通过“对象名.类变量名”被引用，也可以通过“类名.类变量名”被引用。例如：如果 number 是类 Dog 的类变量，则存在 Dog 的一个对象 aDog，aDog.number=20;是合法的，同时 Dog.number=20;也是合法的。

例题 3-6　封装了实例变量和类变量被引用的程序。

```
//Test3_6.java
public class Test3_6 {
    public static void main(String[] args){
        MyLadder aLadder=new MyLadder(3.0f,10.0f,20);
        MyLadder bLadder=new MyLadder(2.0f,3.0f,10);
        MyLadder.bottomSide=200;      //类名引用类变量
        System.out.println("aLadder 对象的下底为: "+aLadder.getBottomSide());
        System.out.println("bLadder 对象的下底为: "+aLadder.getBottomSide());
        bLadder.setBottomSide(60);    //对象名引用类变量
        System.out.println("aLadder 对象的下底为: "+aLadder.getBottomSide());
        System.out.println("bLadder 对象的下底为: "+aLadder.getBottomSide());
    }
}
/*
*MyLadder.java
*该类封装了 Ladder 类，表示实例变量和类变量的引用异同。
*两个 MyLadder 对象共有一个 bottomSide 类变量。
*/
public class MyLadder {
    private float aboveSide,height; //实例变量
    public static float bottomSide; //类变量
    public MyLadder(float x,float y, float h){
        aboveSide=x;
        bottomSide=y;
        height=h;
    }
    public float getBottomSide(){
        return bottomSide;
    }
    public void setBottomSide(float b){
        bottomSide=b;
    }
}
```

类的成员方法包括实例方法和类方法，所以在对象引用成员方法时就会有所区别。实例方法通过“对象名.实例方法名”被引用。当某个对象调用实例方法时，该实例方法中出现的数据成员是分配给该对象的数据成员，包括类变量，所以，实例方法既可以操作实例变量，也可以操作类变量，还可以操作其他实例方法和类方法。而类方法由 static 修饰符修饰，类方法可以通过“对象名.类方法名”被调用，也可以通过“类名.类方法名”被调用。由于类方法中出现的数据成员必须是所有对象共有的类变量，所以类方法中只能操作类变量，不能操作实例变量，而且类方法只能操作类方法，不能操作实例方法。

例题 3-7 封装了实例方法和类方法被引用的程序。

```
//Test3_7.java
public class Test3_7 {
    private int aint=10;//实例变量
    public static int bint=9;                    //类变量
    public void setValue() {                     //实例方法
        aint=20;                                 //实例方法操作实例变量，合法
        bint=30;                                 //实例方法操作类变量，合法
        setAnother();                            //实例方法操作类方法，合法
        //通过类名引用 max()方法，说明 max()方法在 Math 类中定义时一定是用 static
        //修饰的类方法
        double aDouble=Math.max(aint,100);
    }
    public static void setAnother() {            //类方法
        aint=100;                                //类方法操作实例变量，非法
        bint=100;                                //类方法操作类变量，合法
    }
    public static void main(String[] args) { //类方法
        setValue();                              //类方法操作实例方法，非法
        setAnother();                            //类方法操作类方法，合法
        Test3_7 test=new Test3_7();
        test.setValue(); // 类方法 main()中通过对象引用实例方法，合法
        System.out.println("Hello World!"); //类方法 main()中通过对象引用实例方法，合法
    }
}
```

无论是实例方法还是类方法，在定义时按照要求可以有形式参数也可以没有形式参数。当被对象或类引用时，如果没有形式参数则不用传递实际参数，但小括号不能省略；如果有形式参数则必须传递实际参数，实际参数与形式参数的个数应相等，类型应匹配，实际参数与形式参数按顺序对应，一对一地传递数据。在 Java 语言中，方法的所有参数都是按值传递的。对于基本数据类型的形式参数，它所接收到的值是传递的实际参数值的副本，方法改变形式参数的值，不会影响实际参数的值。对于引用数据类型的形式参数，它所接收到的值是传递的实际参数的引用值，而不是实际参数的内容，方法改变形式参数的引用值，就会影响到实际参数的引用值。

Java SE 的 JDK 5.0 版本以后增加了针对方法参数的一项新功能，称为可变参数。可变参数是指在定义方法时不用明确参数的名字和个数，但这些参数的类型必须相同。对于类型相同的参数，如果参数的个数需要灵活的变化，使用可变参数可以使方法的调用更加方便。它的一般书写格式为

```
[修饰符] 返回类型 方法名(形式参数列表) [throws 异常类列表] { 方法体 }
```

如果形式参数列表中存在可变参数，使用“...”表示不确定的参数个数。如果有多个形式参数，可变参数必须是最后一个形式参数。例如：

```
//该方法只有一个形式参数，该形式参数的个数不确定，但都是 int 类型
public void myMethod(int … x) { 方法体 }
//该方法有两个形式参数，第一个形式参数是 double 类型，第二个形式参数是可变参数，必须是
//最后一个
public void myMethod (double d, int … x,) { 方法体 }
//该方法有三个形式参数，第一个形式参数是 double 类型，第二个形式参数是 boolean 类型，
//可变参数必须放在最后一个
public void myMethod (double d, boolean b, int … x) { 方法体 }
```

例题 3-8　封装了可变参数的程序。

```
//Test3_8.java
public class Test3_8 {
    public static void main(String[] args){
        VariableArgument va=new VariableArgument();
        //调用具有可变参数的方法，仍然遵循参数传递的原则
        //可变参数前面的参数个数、类型、顺序必须一一对应
        //求三个 int 类型值的和
        va.printSum("100,1001,200 的和=","是正确的",100,1001,200);
        //求四个 int 类型值的和
        va.printSum("100,1001,200，300 的和=","是正确的",100,1001,200,300);
    }
}
/*
*VariableArgument.java,该类封装了具有可变参数的方法。参数传递仍然要遵循形参和实参个数、
*类型和顺序一一对应的关系
*/
public class VariableArgument {
    //形式参数中的可变参数用 x 表示不确定个数的参数名。该方法中有三个形式参数,
    //可变参数必须放在最后一个
    public void printSum(String s1,String s2,int … x){
        int sum=0;
    //x.length 表示传递的实际参数的个数
    //x 可以通过索引来表示实际参数，即 x[0],x[1], …,x[m]表示第 1 个到第 m 个参数
        for(int i=0; i<x.length;i++){
            sum=sum+x[i];
        }
        System.out.println(s1+sum+s2);
    }
}
```

将一个对象声明为类的成员时，在使用前必须对该对象实例化和初始化，即分配内存，它的使用方式类似于普通的成员变量。

在方法中使用对象作为参数时，采用引用值被调用。

例题 3-9　封装了对象的程序。

```
public class Test3_9 {
    //aBird 对象作为 Dog 类的数据成员，是引用数据类型
    private Bird aBird=new Bird();
    int y=10;          //y 也是 Dog 类的数据成员，是基本数据类型
    //Bird 类的对象 b 作为 move 方法的形式参数，传递实参时必须是提前初始化好的
    //Bird 对象
    public void move(Bird b){
        b.run();        //Bird 类的一个对象引用自己的 run()方法
    }
}
```

3．对象的清除

当一个对象不再为程序使用时，应该将它释放并回收内存空间以供其他新对象使用。为了清

除对象，有的面向对象程序设计语言要求单独编写程序以回收其内存空间。Java 语言具有自动回收垃圾功能，它会周期性地回收一些长期不用的对象占用的内存，从而不用单独编写回收垃圾内存的程序。

Java 系统对闲置内存采用自动垃圾回收机制可以在程序设计时不必跟踪每个对象，不必过多考虑内存管理工作，同时也避免了在管理内存时由于错误的操作而造成系统的崩溃。

3.2.3 包

包（Package）是组织一组相关类和接口的名称空间。从概念上说，包类似于计算机中的目录或文件夹。例如：图片存放在一个文件夹中，应用程序存放在另一个文件夹中，HTML 页面文件又存放在另一个文件夹中。因为 Java 语言编程实现的软件可能由成百上千个独立的类构成，把相关的类和接口存放在包中，非常有利于组织这些内容。

Java 语言将每个类生成一个字节码文件，该文件名与类名相同，不同的 Java 源文件中有可能出现名字相同的类，如果想区分这些类，就需要使用包名。当不同 Java 源文件中两个类名字相同时，它们可以通过标识隶属于不同的包来相互区分。

1. 包的创建

Java 语言使用关键字 package 声明包语句，它的一般书写格式为

```
package 包名;
```

说明：

（1）package 语句必须作为 Java 源文件的第一条有效语句，为该源文件中定义的类指定包名。

（2）包名必须是 Java 语言合法的标识符，包名的所有字母通常全部小写。如果包与包之间有嵌套关系，父包与子包之间用英文半角的“.”分隔。例如：

```
package mypackage; // 该包名没有嵌套
//该包名中 subpackage 是 sspackage 的父包，mypackage 是 subpackage 的直接父包，是
//sspackage 的间接父包
package mypackage.subpackage.sspackage;
```

创建包名的目的是用来有效地区分名字相同的类，但总会出现包名也重复的情况。为了避免这样的问题，许多公司建议使用全球唯一的域名逆序书写作为包名，从而减少包名和类名同时重名的极端情况。如将域名 www.mysite.com.cn 的逆序 cn.com.mysite 作为包名。

（3）如果用 package 语句指定一个包，则包的层次结构必须与源文件目录的层次结构相同。即 Java 源文件必须存放在包名指定的目录位置，否则 Java 虚拟机将无法加载这样的类。

（4）如果源程序中省略了 package 语句，Java 编译器会自动把这个类存放在缺省的无名包中，这个无名包对应的是源程序的当前工作目录。

例题 3-10 封装了带有包的类程序，它们对应的目录层次如图 3-6 所示。

```
//Teacher.java，在 cn 包中
package cn;
public class Teacher {
    private int number;
    public Teacher(){
    }
    public void speak(){
```

cn
com
mysite

图 3-6 包对应的目录层次

```
    }
}
//Student.java，在 cn.com 包中
package cn.com;
public class Student {
    private int number;
    public Student(){
    }
    public void speak(){
    }
}
//UniversityStudent.java，在 cn.com.mysite 包中
package cn.com.mysite;
public class UniversityStudent {
    private int number;
    public UniversityStudent(){
    }
    public void speak(){
    }
}
```

有了包和类的创建规则，结合类定义中的访问控制修饰符，就可以确定类中数据成员和成员方法的访问权限了。前面已经提到，Java 语言的访问控制修饰符包括 public、protected、缺省和 private，当修饰类和类中的成员定义时，访问权限见表 3-1。

表 3-1　访问控制修饰符访问权限

名　　称	修　饰　符	本　　类	子　　类	包内其他类	其他包的类
公共	public	允许	允许	允许	允许
保护	protected	允许	不允许	不允许	不允许
缺省		允许	部分允许	允许	不允许
私有	private	允许	不允许	不允许	不允许

说明：部分允许是指当子类访问被保护变量时，只有子类同其超类在同一个包中时才可以访问超类对象中的被保护变量。同样，子类对超类中的缺省修饰变量的访问也受到这种限制，它们必须位于同一个包内。

2. 包中类的导入

一个类可能需要另一个类的对象作为自己的成员或方法中的参数，如果这两个类在同一个包中，直接使用是没有问题的。例如：所有的类都在缺省的无名包中，它们存放在相同的目录下，就相当于在同一个包中。对于包名相同的类，它们必然按照包名的结构存放在相应的目录下。如果一个类想要使用的那个类和它不在同一个包中，就必须显式地导入才可以使用，此时要用到关键字 import，它的一般书写格式为

```
import 包名.类名;
```

说明：

（1）import 语句的功能是导入包中的类，但它并不将包实际读入，它只是指引编译器可以到指定的包中去寻找类、方法等，可以直接导入某一个具体的类，例如：

```
import java.util.Date; //导入java.util包中的Date类
```

也可以导入某个包中的全部类，例如：

```
import java.util.*; //*表示java.util包中的全部类
```

*号方式可能会增加编译时间，尤其是导入一个大包时，不过，*号方式对运行时间的性能或生成的类文件大小是没有影响的。

（2）根据实际需要，import 语句可以有多条，它们必须放在程序的 package 语句之后，所有其他语句之前。

（3）在编写源文件时，除了自己编写类之外，经常需要使用 Java 语言提供的类，这些类都存放在不同的包中。有效使用 Java 语言提供的包可以节省程序设计时间，避免一切从头开始，Java 语言常用的包有：

java.lang 包：包含所有的基本编程语言类。

javax.swing 包：包含一组容易使用的图形用户界面 GUI 类。

java.io 包：包含所有的输入输出类。

java.util 包：包含常用的使用工具类。

java.sql 包：包含有关数据库操作的类。

java.net 包：包含网络操作的类。

java.applet 包：包含实现 Java Applet 的类。

这些常用包中的类仅仅是 Java 语言提供的一部分，其中 java.lang 包是 Java 语言的核心类库，Java 编译器会自动将这个包中的所有类导入当前程序源文件，不需要使用 import 语句导入。也就是说，即使不写 import java.lang.*;语句，java.lang 包中的所有类也会缺省导入，这些类可以直接使用，编译器也不会报错。例如：System.out.println();语句中的 System 类就是 java.lang 包中的类，直接使用是完全正确的。

（4）import 语句在导入包中的类时，不满足嵌套关系。例如：java.util 包还存在很多子包，java.util.regex 包只是其中的一个。例如：

```
import java.util.*;
//只表示导入java.util包中的全部类，而不能导入java.util.regex包中的类
```

如果想导入 java.util.regex 包中的类，还必须再增加一条语句：

```
import java.util.regex.*; //导入java.util.regex包中的类
```

例题 3-11 封装了导入 Java 语言提供的包类程序。

```
//Test3_11.java
//缺省导入java.lang包中的所有类
import java.util.*;
public class Test3_11 {
   public static void main(String[] args){
       //如果没有 import 语句，编译器就会报错:"找不到符号，类 Date"
       Date mydate=new Date();           //java.util 包中的 Date 类
       System.out.println("系统时间:");   //System 类是 java.lang 包中的类
       //即使没有 import java.lang.*;语句，编译器也不会报错
       System.out.println(mydate);
   }
}
```

例题 3-12　利用包封装类的程序。

```
/*
*Test3_12.java
*该类没有 package 语句，表示存放在当前目录下，没有包名。
*该类与 MyTriangle 类不在同一个包中，必须显式导入 cn.com 包中的 MyTriangle 类。
*同时缺省导入 java.lang 包中的所有类
*/
import cn.com.*;
public class Test3_12 {
   public static void main(String[] args){
      MyTriangle tri=new MyTriangle(6,7,10);
      tri.getArea();
      tri.setSide(3,4,5);
      tri.getArea();
   }
}
/*
*MyTriangle.java
*该类存放在 cn.com 包中，也就是存放在当前目录下的 cn 目录的 com 子目录下
*/
package cn.com;//指定存放包
public class MyTriangle {
   private double sideA,sideB,sideC;
   private boolean isTriangle;
   public MyTriangle(double sideA,double sideB,double sideC){
      this.sideA=sideA;
      this.sideB=sideB;
      this.sideC=sideC;
      if(sideA+sideB>sideC&&sideA+sideC>sideB&&sideB+sideC>sideA){
         isTriangle=true;
      }else{
         isTriangle=false;
      }
   }
   public void getArea(){
      if(isTriangle){
         double p=(sideA+sideB+sideC)/2;
         double area=Math.sqrt(p*(p-sideA)*(p-sideB)*(p-sideC));
         System.out.println("该三角形的面积为: "+area);
      }else{
         System.out.println("该图形不是三角形，不能计算面积");
      }
   }
   public void setSide(double sideA,double sideB,double sideC){
      this.sideA=sideA;
      this.sideB=sideB;
      this.sideC=sideC;
      if(sideA+sideB>sideC&&sideA+sideC>sideB&&sideB+sideC>sideA){
         isTriangle=true;
      }else{
         isTriangle=false;
```

```
        }
    }
}
```

3. Java 类库

Java SE、Java ME 和 Java EE 平台分别提供了数量庞大的类库，也就是包的集合，用来组织应用程序的开发，这种库称为应用程序接口（Application Program Interface）。Java API 包含了和通用编程相关的最常见的封装类和接口，可以选择的类和接口有成百上千个。有了 API，使用 Java 语言编程时，就可以把精力集中于特定的应用程序设计，而不必在基础语言上浪费时间。Java SE 平台的 API 规范（Java SE Platform API Specification）包含了 Java SE 平台的所有包、类、接口及其数据字段和方法的详细清单，并且随着 Java JDK 版本的更新相应进行更新，它以 Web 页的方式分发出来。在浏览器中加载此页面即可使用，已经成为 Java SE 平台编程的重要参考文档。

3.3 继　承

在面向对象程序设计中，可以从已有的类派生出新类，这种机制称为继承（Inheritance）。继承是 Java 语言在软件重用方面一个重要且功能强大的特征。通过继承，可以由一个类派生出一个新类，这个新类不仅拥有原来类的数据成员和成员方法，并且可以增加自己的数据成员和成员方法。

3.3.1 概述

继承性是面向对象程序设计思想的一个重要特征，它可使代码重用，避免不必要的重复设计，降低程序的复杂性。被继承的类称为超类（Super Class）或父类（Parent Class），派生出来的新类称为子类（Sub Class）。Java 语言继承性支持单重继承，即一个超类可以派生出多个子类，子类还可以派生出新的子类，但一个子类只能有一个直接超类。Java 语言不支持多重继承。从图 3-2 中可以看出，Java 语言的单重继承机制又可以称为单根继承。现实世界中存在许多继承类的抽象实例，如在某公司工作的经理，其待遇和普通员工的待遇存在一定的差异，不过他们之间也存在着很多相同的地方，比如他们都领取薪水，只是普通员工在完成本职工作后仅仅领取薪水，而经理在完成预期的业绩之后还能得到奖金。将这个具体问题抽象成代码，可以封装一个员工类 Employee，再封装一个经理类 Manager，此时可以利用继承让 Manager 类作为 Employee 类的子类，Manager 类不仅拥有 Employee 类的所有代码而且还可以增加自己独有的代码。因此，在子类 Manager 类和超类 Employee 类之间存在着明显的 is-a 关系，每一名经理都是一名员工，is-a 关系是判断继承的一个明显标志。

Java 语言继承的一般书写格式为

```
[修饰符] class 子类名 extends 超类名{类体}
```

例如：

```
public class Manager extends Employee { … }
```

说明：

（1）子类可以继承其超类的代码和数据，即在子类中可以直接执行超类的方法和访问超类的数据。

（2）在子类中可以增加超类中没有的数据和方法。

（3）在子类中可以重新定义超类中已有的成员变量，即在子类中允许定义与超类同名的成员变量。

（4）在子类中可以重载超类中已有的方法，包括构造方法和成员方法。

（5）在子类中可以重新定义超类中已有的成员方法，实现同名方法的不同执行结果。

（6）在类的声明中如果没有显式地写出 extends 关键字，这个类被 Java 系统默认为是 Object 的子类。在 Java 语言中，Object 类是所有类的根类，是最终超类，它是 java.lang 包中的类。从 Object 类派生出若干子类，形成了 Java 平台的类层次结构，通过 Java SE 的 API 规范可以查询 Java 语言提供的每个类的继承或被继承关系。

例题 3-13　封装了继承关系的程序。

```
//Test3_13.java
import cn.com.mysite.*;
public class Test3_13 {
   public static void main(String[] args) {
       Employee first=new Employee();//员工对象初始化
       //继承自 People 类的字段初始化
       first.setWeight(73.8);
       first.setHeight(177);
       first.setName("John");
       //自己新增的字段初始化
       first.setSalary(4000);
       first.setHireDay(2016, 10, 20);
       //输出结果
       System.out.println("员工信息\t 姓名\t 身高\t 体重\t 月薪\t 入职时间");
       System.out.println("员工信息\t"+first.getName()+"\t"+first.getHeight()
+"\t"+first.getWeight()+"\t"+first.getSalary()+"\t"+first.getHireDay());
       Manager mfirst=new Manager();//经理对象初始化
       //继承自 People 类的字段初始化
       mfirst.setWeight(80.8);
       mfirst.setHeight(187);
       mfirst.setName("Jerry");
       //继承自 Employee 类的字段初始化
       mfirst.setSalary(8000);
       mfirst.setHireDay(2006, 7, 20);
       //自己新增的字段初始化
       mfirst.setBonus(10000);
       //输出结果
       System.out.println("经理信息\t 姓名\t 身高\t 体重\t 月薪\t 入职时间\t 奖金");
       System.out.println("经理信息\t"+mfirst.getName()+"\t"+mfirst.
       getHeight()+"\t"
+mfirst.getHeight()+"\t"+mfirst.getSalary()+"\t"+mfirst.getHireDay()+"\t"+
mfirst.getBonus());
   }
}
/*
*People.java
*该类封装了自然人的一般特征，它可以作为各种人类的超类，代码被重用
```

```
*People 类默认继承了 Object 类的代码，具有 Object 类的状态和行为
*/
package cn.com.mysite;  //存放包的位置
public class People {  //构造方法没有自定义，采用默认构造方法
   private String name;
   private double height,weight;
   public void setName(String name){
      this.name=name;
   }
   public void setHeight(double height){
      this.height=height;
   }
   public void setWeight(double weight){
      this.weight=weight;
   }
   public String getName(){
      return name;
   }
   public double getHeight(){
      return height;
   }
   public double weight(){
      return weight;
   }
}
/*
*Employee.java
*员工类封装了一般员工的特征，它可以作为各种员工类的超类，代码被重用。
*员工类是 People 类的直接子类，又是 Object 类的间接子类，它继承了 Object 类和 People 类
*的代码
*/
package cn.com.mysite;
import java.util.*;
public class Employee extends People{    //构造方法没有自定义，采用默认构造方法
   private double salary;                //增加了薪水字段
   private Date hireDay;                 //增加了雇佣时间字段
   public void setSalary(double salary){
      this.salary=salary;
   }
   public void setHireDay(int year,int month,int day){
      GregorianCalendar calendar=new GregorianCalendar(year,month-1,day);
      hireDay=calendar.getTime();
   }
   public double getSalary(){
      return salary;
   }
   public Date getHireDay(){
   return hireDay;
   }
   public void raiseSalary(double byPercent){ //增加了加薪的方法
```

```
        double raise=salary*byPercent/100;
        salary=salary+raise;
    }
}
/*
*Manager.java
*经理类封装了一般经理的特征，它可以作为员工类的子类，代码被重用。
*经理类是 Employee 类的直接子类，又是 Object 类和 People 类的间接子类。它继承了 Employee
*类、People 类和 Object 类的代码
*/
package cn.com.mysite;
public class Manager extends Employee {  //构造方法没有自定义，采用默认构造方法
    private double bonus;                  //增加了奖金字段

    public double getBonus() {
        return bonus;
    }

    public void setBonus(double bonus) {
        this.bonus = bonus;
    }

}
```

1. 继承中成员变量的隐藏

Java 语言继承中，子类可以继承超类所有非私有的成员变量，可以增加子类自己的成员变量。有时，被继承的超类的成员变量可能在子类中出现名字相同但性质不同的情况，这就需要在子类中对从超类继承而来的成员变量进行重新定义，称为变量的隐藏（Hidden）。当需要隐藏超类中的成员变量时，必须在子类中定义与超类同名的成员变量。这时，子类对象拥有了两个名字相同的变量（声明的类型可以不同），一个是继承自超类，另一个由自己定义。当子类对象执行继承自超类的方法时，处理的是继承自超类的成员变量。而当子类对象执行它自己定义的方法时，处理的则是它自己定义的变量，而把来自超类的变量隐藏起来。

例题 3-14　封装了隐藏成员变量的程序。

```
//Test3_14.java
public class Test3_14 {
    public static void main(String[] args){
        SubProducts sp=new SubProducts();
        //sp.weight=211.34;//非法，子类对象的 weight 是 int 类型，隐藏了超类的 double 类
        //型的同名变量
        sp.newSetWeight(211);
        System.out.println("子类对象 sp 的 weight 值为: "+sp.weight);
        System.out.println("子类对象自己增加的方法计算结果为: "+sp.newGetPrice());
        sp.oldSetWeight(211.34);//子类对象执行继承自超类的方法，处理的是超类的被隐
                                //藏的 double 类型的 weight
        System.out.println("子类对象调用超类的方法计算结果为: "+sp.oldGetPrice());
    }
}
//Products.java，该类封装了一个非私有的 double 类型成员变量和相应的操作方法
```

```
public class Products {
    public double weight;
    public void oldSetWeight( double weight){
        this.weight=weight;
        System.out.println("double 类型的 weight 值为: "+weight);
    }
    public double oldGetPrice(){
        return weight*10;
    }
}
//SubProducts.java，该类作为 Products 类的子类，实现变量隐藏的相应操作
public class SubProducts extends Products{
    public int weight; //定义与超类名字相同但类型不同的变量，隐藏了超类的同名变量
    public void newSetWeight(int weight){
        this.weight=weight;
        System.out.println("int 类型的 weight 值为: "+weight);
    }
    public int newGetPrice(){
        return weight*10;
    }
}
```

子类一旦隐藏了继承的非私有成员变量，那么子类对象就不再拥有该变量。要想使用该变量，可以让子类对象调用超类的方法对其操作，也可以在子类的成员方法中使用 super 关键字进行操作。

例题 3-15 封装了用 super 关键字操作被隐藏变量的程序。

```
//Test3_15.java
public class Test3_15 {
    public static void main(String[] args){
        AnotherSubProducts asp=new AnotherSubProducts();
        asp.setWeight(211,211.34);
        asp.printPrice();
    }
}
//Products.java，该类封装了一个非私有的 double 类型成员变量和相应的操作方法
public class Products {
    public double weight;
    public void oldSetWeight( double weight){
        this.weight=weight;
        System.out.println("double 类型的 weight 值为: "+weight);
    }
    public double oldGetPrice(){
        return weight*10;
    }
}
//AnotherSubProducts.java，该类作为 Products 类的子类，实现操作超类被隐藏变量
public class AnotherSubProducts extends Products{
    public int weight;   //定义与超类名字相同但类型不同的变量，隐藏了超类的同名变量
    public void setWeight(int w1,double w2){
        weight=w1;         //子类的 int 类型变量
        super.weight=w2; //super 关键字处理超类的同名变量
```

```
    }
    public void printPrice(){
        System.out.println("子类 int 类型变量的计算结果为: "+weight*10);
        System.out.println("超类的 double 类型变量的计算结果为: "+super.weight*10);
    }
}
```

2. 继承中构造方法的调用

由于构造方法的特殊性，Java 语言继承中构造方法是不能被继承的。但是当用子类的构造方法创建一个子类对象时，子类的构造方法总是默认在第一条语句处用 super 关键字调用超类的构造方法。也就是说，如果子类的构造方法没有显式地指明调用超类的哪个构造方法，子类就调用超类的不带参数的构造方法，即如果在子类的构造方法中省略了 super 关键字来调用某个构造方法，那么默认格式为 super();，且该语句必须位于子类构造方法的第一条语句处。

前面已经提到，如果一个类里定义了一个或多个构造方法，那么默认的无参数的构造方法就自动消失，因此，当在超类中定义多个构造方法时，这多个构造方法里一定要包含一个无参数的构造方法，以避免子类省略 super 关键字时出现编译错误。

例题 3-16　封装了构造方法在继承中 super 关键字的程序。

```
//Test3_16.java
public class Test3_16 {
    public static void main(String[] args){
        SubGoods sg=new SubGoods();
        System.out.println(sg.aint+"  "+sg.adouble+"  "+sg.bdouble);
        SubGoods sg2=new SubGoods(4.5,6.7);
        System.out.println(sg2.aint+"  "+sg2.adouble+"  "+sg2.bdouble);
        SubGoods sg3=new SubGoods(100,3.9,5.8);
        System.out.println(sg3.aint+"  "+sg3.adouble+"  "+sg3.bdouble);
    }
}

//Goods.java
public class Goods {
    int aint;//定义非私有的成员变量，用来被继承
            //由于定义了两个构造方法，无参数的构造方法不能缺省
    public Goods(){
        aint=0;
    }
    public Goods(int aint){
        this.aint=aint;
    }
}
//SubGoods.java
public class SubGoods extends Goods{
    double adouble,bdouble;
    public SubGoods(){
        this(11.2,44.6);//this 关键字调用自己的构造方法
    }
    public SubGoods(double adouble,double bdouble){
```

```
        this.adouble=adouble;
        this.bdouble=bdouble;
    }
    public SubGoods(int aint,double adouble,double bdouble){
        super(aint);//super 关键字调用超类的构造方法
        //尝试省略上述语句，查看程序的运行结果
        this.adouble=adouble;
        this.bdouble=bdouble;
    }
}
```

3. 继承中成员方法的重载

在一个类中定义多个方法名相同而参数不同的方法，称为方法的重载（Overload）。Java 语言继承中，超类的数据成员和成员方法相当于是子类自己的数据成员和成员方法，如果在超类中定义了一个方法或多个方法，那么在子类中就可以对这些方法进行重载编写，就像在一个类中进行重载一样，从而实现 Java 编译时的多态特征。

4. 继承中成员方法的重写

Java 语言继承中，如同子类可以定义与超类同名的成员变量，实现对超类成员变量的隐藏一样，子类也可以重新定义与超类同名且同参数的实例方法，以实现对超类方法的重写（Override），也可以称为方法覆盖。如果子类可以继承超类的某个实例方法，子类就可以重写这个方法。重写方法是指在子类中定义一个方法，该方法的返回类型和超类中同名方法的返回类型一致或者是超类方法返回类型的子类型（所谓子类型是指超类同名方法的返回类型是引用类型，允许子类重写的方法的返回类型可以是其子类），并且这个同名方法的参数个数、参数类型和超类的方法完全相同，但是方法体的实现内容不同。这个被重写的方法不能算为子类增加的新方法。

例题 3-17 封装了继承中重写方法的程序。

```
/*
*Test3_17.java
*该类测试公司入职的测试成绩，三门课的总成绩 300 分。一般公司的录取线为 200 分，
*大公司的录取线为 260 分。
*首先编写超类 Company，再编写子类 LargeCompany，重写其中的 applyRule()方法
*/
public class Test3_17 {
    public static void main(String[] args){
        double math=65,english=73.6,chinese=67;
        LargeCompany lc=new LargeCompany();
        //子类对象只能调用重写的方法，不能调用超类的同名方法
        lc.applyRule(math,english,chinese);
        math=95;
        english=93.6;
        chinese=97;
        //子类对象只能调用重写的方法，不能调用超类的同名方法
        lc.applyRule(math,english,chinese);
    }
}
//Company.java
```

```
public class Company {
    public void applyRule(double math,double english,double chinese){
        double total=math+english+chinese;
        if(total>=200){
            System.out.println("总成绩为: "+total+"达到了一般公司申请分数");
        }else{
            System.out.println("总成绩为: "+total+"未达到一般公司申请分数");
        }
    }
}
//LargeCompany.java
public class LargeCompany extends Company{
    //重写超类 Company 中的实例方法
    public void applyRule(double math,double english,double chinese){
        double total=math+english+chinese;
        if(total>=260){
            System.out.println("总成绩为: "+total+"达到了大公司申请分数");
        }else{
            System.out.println("总成绩为: "+total+"未达到大公司申请分数");
        }
    }
}
```

子类通过方法的重写机制可以隐藏继承超类的方法，把超类的状态和行为改变为子类自己的状态和行为。假如超类中有一个方法 myMethod()，一旦子类重写了超类的方法 myMethod()，就隐藏了继承的方法 myMethod()，子类对象在调用方法 myMethod()时，运行结果一定是重写了方法体的实现结果。重写方法既可以操作继承的成员变量和继承的成员方法，也可以操作子类新增加的成员变量和新增加的成员方法，但无法操作被子类隐藏的成员变量和成员方法。如果子类想操作被隐藏的成员变量和成员方法，就必须在子类的方法中调用而且同时使用关键字 super。

例题 3-18　使用 super 关键字对例题 3-13 进行改进。

```
//Test3_18.java
import cn.com.mysite.*;
public class Test3_18 {
    public static void main(String[] args) {
        //使用构造方法对员工对象初始化
        AnotherEmployee first=new AnotherEmployee("John",177,73.8,4000,2016,10,20);
        //输出结果
        System.out.println("员工信息\t 姓名\t 身高\t 体重\t 月薪\t 入职时间");
        System.out.println("员工信息\t"+first.getName()+"\t"+first.getHeight()
        +"\t"+first.getHeight()+"\t"+first.getSalary()+"\t"+first. getHireDay());
        //使用构造方法对经理对象初始化
        AnotherManager mfirst=new AnotherManager("Jerry",187,80.8,8000,2006,7,20);
        //自己新增的字段初始化
        mfirst.setBonus(10000);
        //输出结果,此时 mfirst.getSalary()方法的计算是调用重写的方法
        System.out.println("经理信息\t 姓名\t 身高\t 体重\t 月薪\t 入职时间\t 奖金");
        System.out.println("经理信息\t"+mfirst.getName()+"\t"+mfirst.getHeight()
+"\t"+mfirst.getHeight()+"\t"+mfirst.getSalary()+"\t"+mfirst.getHireDay()+
"\t"+mfirst.getBonus());
```

```
    }
}
/*AnotherPeople.java
*该类封装了自然人的一般特征，它可以作为各种人类的超类，代码被重用
*AnotherPeople 类默认继承了 Object 类的代码，具有 Object 类的状态和行为
*/
package cn.com.mysite;  //存放包的位置
public class AnotherPeople {
    private String name;
    private double height,weight;
    //由于定义了多个构造方法，所以无参数的构造方法不能缺省，避免在子类继承时出现错误
    public AnotherPeople() {
        name="no name";
        height=170;
        weight=70;
    }
    public AnotherPeople(String name,double height,double weight) {
        this.name=name;
        this.weight=weight;
        this.height=height;
    }
    public void setName(String name){
        this.name=name;
    }
    public void setHeight(double height){
        this.height=height;
    }
    public void setWeight(double weight){
        this.weight=weight;
    }
    public String getName(){
        return name;
    }
    public double getHeight(){
        return height;
    }
    public double weight(){
        return weight;
    }
}
/*
*AnotherEmployee.java
*员工类封装了一般员工的特征，它可以作为各种员工类的超类，代码被重用。
*员工类是 AnotherPeople 类的直接子类，又是 Object 类的间接子类，它继承了 Object 类
*和 AnotherPeople 类的代码，其中 geySalary()用于计算员工的薪水
*/
package cn.com.mysite;
import java.util.*;
public class AnotherEmployee extends AnotherPeople{
    private double salary;            //增加了薪水字段
```

```
    private Date hireDay;              //增加了雇佣时间字段
    //无参数构造方法
    public AnotherEmployee() {
    }
    public  AnotherEmployee(String  name,double  height,double  weight,double
salary,int year,int month,int day) {
        super(name,height,weight);    //调用超类的构造方法，必须放在第一条语句处
        this.salary=salary;
        GregorianCalendar calendar=new GregorianCalendar(year,month-1,day);
        hireDay=calendar.getTime();
    }
    public void setSalary(double salary){
        this.salary=salary;
    }
    public void setHireDay(int year,int month,int day){
        GregorianCalendar calendar=new GregorianCalendar(year,month-1,day);
        hireDay=calendar.getTime();
    }
    public double getSalary(){
        return salary;
    }
    public Date getHireDay(){
    return hireDay;
    }
    public void raiseSalary(double byPercent){ //增加了加薪的方法
        double raise=salary*byPercent/100;
        salary=salary+raise;
    }
}
/*
*AnotherManager.java
*经理类封装了一般经理的特征，它可以作为员工类的子类，代码被重用。
*经理类是 AnotherEmployee 类的直接子类，又是 Object 类和 AnotherPeople 类的间接子类。
*它继承了 AnotherEmployee 类、AnotherPeople 类和 Object 类的代码。
*由于经理的薪水计算方法与一般员工的计算方法不同，因此在该类中重写了 getSalary()方法，同时
*使用 super 关键字调用了超类中的 getSalary()方法
*/
package cn.com.mysite;
public class AnotherManager extends AnotherEmployee {
    private double bonus; //增加了奖金字段
    //无参数构造方法
    public AnotherManager() {
    }
    public  AnotherManager(String  name,double  height,double  weight,double
salary,int year,int month,int day) {
        super(name,height,weight,salary,year,month,day);
        bonus=0;
    }
    public double getBonus() {
        return bonus;
```

```
    }

    public void setBonus(double bonus) {
        this.bonus = bonus;
    }
    //重写了超类中的 getSalary()
    public double getSalary() {
        //不能直接使用 salary 变量，因为它是私有的，不能被继承
        //return salary+bonus;              //非法
        //不能直接调用 getSalary()
        //double baseSalary=getSalary(); //非法，因为自己调用自己会崩溃
        //调用超类中的 getSalary()
        double baseSalary=super.getSalary();
        return baseSalary+bonus;
    }
}
```

3.3.2 抽象类和最终类

Java 语言面向对象程序设计中，无论是封装还是继承，都会涉及对成员方法的重载和重写，这两种机制都是多态特征的体现。除了前面提到的封装、继承和多态，对类的封装性还有 abstract 和 final 两种修饰符。

1. 抽象类

在 Java 语言继承层次结构中，位于上层的类更具有通用性，甚至更加抽象，这些类封装的方法被重写的可能就更大。为了描述抽象的类封装，Java 语言用关键字 abstract 对类进行修饰和约束，称为抽象类，它的一般书写格式为

```
[访问控制符] abstract class 类名 { 类体 }
```

例如：

```
public abstract class MyClass {…}
```

说明：

（1）抽象类只能被当作超类，用来被继承，不能用 new 来创建和实例化为对象。

（2）在抽象类中定义成员方法时，可以在方法名字前用 abstract 来修饰方法，这个方法称为抽象方法，如 public abstract void myMethod(); 。抽象方法必须在子类中被重写，因此，在超类中定义抽象方法时不需要添加英文半角的花括号，只是对其声明即可。在被重写时必须给出方法体，即要有英文半角的花括号和相应的实现代码。

（3）在抽象类中也可以定义非抽象方法，这些方法就是普通的成员方法，可以被继承也可以被重写。但是，抽象方法必须被定义在抽象类中，也就是说，如果某个类中有抽象方法，这个类必须是抽象类。

例题 3-19 封装了抽象类和抽象方法的程序。

```
//Test3_19.java
public class Test3_19 {
    public static void main(String[] args){
        //MyAbstractClass amc=new MyAbstractClass();//非法，抽象类是不能实例化对象的
        SubAbstractClass sac=new SubAbstractClass();//抽象类的非抽象子类正常实例化对象
```

```
        int sum=sac.sum(40,50);//
        int sub=sac.sub(40,50);//
        System.out.println("加法的结果为: "+sum);
        System.out.println("减法的结果为: "+sub);
    }
}
/*
*MyAbstractClass.java
*该类定义为抽象类，只能当作超类，不能被实例化为对象。抽象类中可以有抽象方法也可以有实例
*方法
*/
public abstract class MyAbstractClass {
    //定义了抽象方法，抽象方法只能定义方法头，表示必须在其子类中实现方法体
    public abstract int sum(int aint,int bint);
    //定义了抽象方法，抽象方法只能定义方法头，表示必须在其子类中实现方法体
    public abstract int plus(int aint,int bint);
    //定义了实例方法，必须实现方法体，在其子类中可以被重载或重写
    public int sub(int aint,int bint){
        return aint-bint;
    }
    //定义了实例方法，必须实现方法体，在其子类中可以被重载或重写
    public int divide(int aint,int bint){
        return aint/bint;
    }
}
/*
*SubAbstractClass.java
*该类是MyAbstractClass的子类，对超类中的抽象方法必须实现方法体
*对超类中的实例方法进行了继承，也可以进行重载或重写
*/
public class SubAbstractClass extends MyAbstractClass {
    //必须对抽象方法进行方法体的实现，加上相应的语句
    public int sum(int aint,int bint){
        return aint+bint;
    }
    //必须对抽象方法进行方法体的实现，即使没有相应的语句，代表方法体的花括号也必须加上
    public int plus(int aint,int bint){
        return 0;
    }
    //对抽象超类中的实例方法进行了重载，子类对象会根据参数决定调用哪个方法
    public int sub(int aint,int bint,int cint){
        return aint-bint-cint;
    }
    //对抽象超类中的实例方法进行了重写，子类对象隐藏了超类中的同名方法
    public int divide(int aint,int bint){
        return aint/bint/10;
    }
}
```

2. 最终类

在 Java 语言继承层次结构中，越位于底层的类越具有具体性，甚至更加接近于某一具体事物，

这些类封装的方法几乎不可能被重写。为了描述更加具体的类封装，Java 语言提出了最终类的概念，使用关键字 final 对类进行修饰。前面已经提到，final 可以修饰 Java 语言常量，表示其数据量一旦被赋值就不能在其他地方被改变，按照这个意义，最终类的一般书写格式为

```
[访问控制符] final class 类名 { 类体 }
```

例如：

```
public final class MyClass {…}
```

说明：

（1）final 类不能当作超类，不能被继承，不能有子类，只能被实例化为对象。

（2）如果认为某些封装类中的数据和方法不能被隐藏或重载或重写时，可以将其定义为 final 类。最常见的是 Java API 提供的某些常用 final 类，如 String 类等。

（3）如果用 final 修饰超类中的一个方法，那么这个方法就不允许被子类重写，也就是说，子类是不能隐藏超类中的 final 方法的，只能对其进行继承。

（4）和 abstract 关键字不同，final 类中可以没有 final 方法，final 方法也不是必须定义在 final 类中。

例题 3-20 封装了 final 类和 final 方法的程序。

```
//Test3_20.java
public class Test3_20 {
   public static void main(String[] args){
      MyFinalClass mfc=new MyFinalClass();
      System.out.println(""+mfc.getArea(4.5));
      mfc.shout("哈哈");
   }
}
//MyFinalClass.java，该类被声明为最终类，是不能被继承的，不能当作超类
public final class MyFinalClass {
   public final double MYPI=3.1415;//自定义常量
   //在实例方法中定义 final 参数
   public double getArea(final double radius){
      return MYPI*radius*radius;
   }
   //定义 final 方法
   public final void shout(String s){
      System.out.println(s);
   }
}
```

3.3.3 对象的引用转型

在 Java 语言继承机制中，单根树结构是其层次结构的体现。在单根树结构中，一个子类只能有一个直接超类，一个超类可以有多个子类，它是符合 is-a 关系的一种结构。与基本数据类型的自动类型转换或强制类型转换类似，这种 is-a 结构可以有引用的向上转型和向下转型机制。

1. 对象的向上转型

在动物类的继承结构中，可以称鱼类是动物、鸟类是动物等，这种描述是在有意强调动物的

状态和行为，而忽略了鱼类独有的 swim()功能或鸟类独有的 fly()功能等，这种上溯类结构的方式应用到面向对象程序设计中称为对象的向上转型机制。

设 Animal 是 Bird 的超类，当用子类创建一个对象，并把子类对象的引用指向超类对象时，例如：

```
Animal anAnimal=new Bird();
```

或：

```
Animal anAnimal;
Bird aBird=new Bird();
anAnimal=aBird;
```

这时，对象 anAnimal 称为对象 aBird 的上转型对象，即 aBird is an Animal.。

从初始化语句可以看出，上转型对象的内存实体是由子类对象创建的，但上转型对象会丢失子类对象的一些数据或方法。上转型对象的特点如图 3-7 所示。

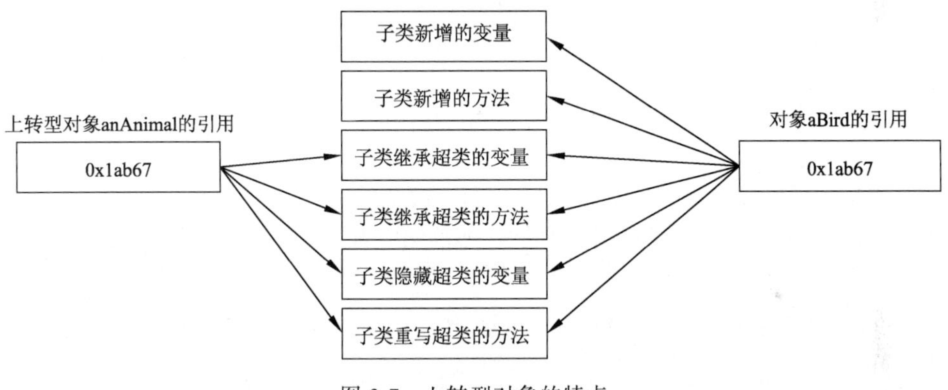

图 3-7　上转型对象的特点

说明：

（1）上转型对象不能操作子类新增的成员变量和成员方法（丢失了这部分属性和功能）。

（2）上转型对象可以访问子类继承或隐藏的成员变量，也可以调用子类继承或子类重写的实例方法。如果子类重写了超类的类方法（即 static 修饰的方法），那么子类对象的上转型对象不能调用子类重写的类方法，只能调用超类的类方法。

（3）不能把超类创建的对象引用赋值给子类对象，即不能说动物是鸟类。

（4）使用上转型对象机制的优点是体现了面向对象的多态，增强了程序的简洁性。

例题 3-21　封装了上转型对象的应用程序。

```
//Test3_21.java
public class Test3_21 {
    public static void main(String[] args) {
        SuperMyClass smc=new SubMyClass();     //向上转型
        smc.speak();
    }
}
//SuperMyClass.java
public class SuperMyClass {
public void speak() {
```

```
        System.out.println("Superclass");
    }
}
//SubMyClass.java
public class SubMyClass extends SuperMyClass {
    public void speak() {                        //覆盖超类方法
        System.out.println("Childrenclass");
}
     public void shout(){ }                      //定义了自己的新方法
}
```

程序输出的不是预期的 Superclass，而是 Childrenclass。这是因为 smc 实际上指向的是一个子类对象。Java 虚拟机会自动准确地识别出究竟该调用哪个具体的方法。不过，由于向上转型，smc 对象会丢失超类中没有的方法，例如 shout()。可能还会这样写：

```
SubMyClass smc = new SubMyClass();
smc.speak();
```

结果是一样的，而且更加有利于理解。但这样就丧失了面向对象程序设计的特点，降低了可扩展性。

例题 3-22 封装了向上转型对象增强程序简洁性的应用程序。

```
//Test3_22.java
public class Test3_22 {
public static void main(String[] args) {
       run(new LCDMonitor());
       run(new CRTMonitor());
       run(new PlasmaMonitor());
  }
  //重载 run()方法
  public static void run(LCDMonitor monitor) {
       monitor.displayText();
       monitor.displayGraphics();
  }
  //重载 run()方法
  public static void run(CRTMonitor monitor) {
       monitor.displayText();
       monitor.displayGraphics();
  }
  //重载 run()方法
  public static void run(PlasmaMonitor monitor) {
       monitor.displayText();
       monitor.displayGraphics();
  }
}
//SuperMonitor.java，该类是所有显示器类的超类
public class SuperMonitor{
  public void displayText()  { }
  public void displayGraphics() { }
}
//LCDMonitor.java
```

```
public class LCDMonitor extends SuperMonitor {
   public void displayText() {           //重写了超类方法
       System.out.println("LCD display text");
   }
   public void displayGraphics() {       //重写了超类方法
       System.out.println("LCD display graphics");
   }
}
//CRTMonitor.java
public class CRTMonitor extends SuperMonitor {
   public void displayText() {           //重写了超类方法
       System.out.println("CRT display text");
   }
   public void displayGraphics() {       //重写了超类方法
       System.out.println("CRT display graphics");
   }
}
//PlasmaMonitor.java
public class PlasmaMonitor extends SuperMonitor {
   public void displayText() {           //重写了超类方法
       System.out.println("Plasma display text");
   }
   public void displayGraphics() {       //重写了超类方法
       System.out.println("Plasma display graphics");
   }
}

//Test3_221.java
public class Test3_221 {
   public static void main(String[] args) {
       run(new LCDMonitor());         //向上转型
       run(new CRTMonitor());         //向上转型
       run(new PlasmaMonitor());      //向上转型
   }
  //超类实例作为参数
   public static void run(SuperMonitor monitor) {
       monitor.displayText();
       monitor.displayGraphics();
   }
}
```

比较 Test3_22.java 和 Test3_221. java，可以看出，Test3_22.java 有很多重复代码，而且也不易维护。有了向上转型，Test3_221.java 代码可以更为简洁。

2. 对象的向下转型

子类对象指向超类引用是向上转型，反过来说，超类对象指向子类引用就是向下转型。但是，向下转型可能会带来一些问题：可以说鸟类是动物，但不能说动物是鸟类。为了解决此问题，可以将上转型对象强制转换到一个子类对象，这时该子类对象又具有了子类所有的属性和功能。

例题 3-23 封装了向下转型的对象应用程序。

```
//Test3_23.java
public class Test3_23 {
    public static void main(String[] args) {
          ASuperClass asc=new ASubClass();        //向上转型
          asc.aMethod(); //调用超类 aMethod(), asc 丢失子类方法 bMethod1()、bMethod2()
          ASubClass bsc =(ASubClass)asc;     //向下转型，编译无错误，运行时无错误
          bsc.aMethod();     //调用继承自超类的方法
          bsc.bMethod1();    //调用子类新增的方法
          bsc.bMethod2();    //调用子类新增的方法
          ASuperClass sc12=new ASuperClass();   //初始化超类对象
          ASubClass bsc2=(ASubClass)sc12;   //向下转型，编译无错误，运行时将出错
          bsc2.aMethod();
          bsc2.bMethod1();
          bsc2.bMethod2();
    }
}
//ASuperClass.java
public class ASuperClass {
  public void aMethod() {
     System.out.println("ASuperClass method");
  }
}
//ASubClass.java
public class ASubClass extends ASuperClass {
 public void bMethod1() {  //子类新增的方法
     System.out.println("ASubClass method 1");
  }
  void bMethod2() {              //子类新增的方法
     System.out.println("ASubClass method 2");
  }
}
```

程序运行结果如下：

```
ASuperClass method
ASuperClass method
ASubClass method 1
ASubClass method 2
Exception in thread "main" java.lang.ClassCastException: ASuperClass cannot
be cast to ASubClass
   at Test3_23.main(Test3_23.java:11)
```

之所以会出现运行时错误，是因为 asc 指向一个子类 ASubClass 的对象，所以子类 ASubClass 的实例对象 bsc 当然也可以指向 asc。而 sc12 是一个超类对象，子类对象 bsc2 不能指向父类对象 sc12。想要避免在执行向下转型时发生运行时 ClassCastException 异常，可以使用操作符 instanceof。

```
//Test3_231.java
public class Test3_231 {
   public static void main(String[] args) {
```

```
        ASuperClass asc=new ASubClass();         //向上转型
        asc.aMethod(); //调用超类 aMethod(),asc 丢失子类方法 bMethod1()、bMethod2()
        ASubClass bsc=(ASubClass)asc;            //向下转型，编译无错误，运行时无错误
        bsc.aMethod();    //调用继承自超类的方法
        bsc.bMethod1();   //调用子类新增的方法
        bsc.bMethod2();   //调用子类新增的方法
        ASuperClass sc12=new ASuperClass();  //初始化超类对象
        if(sc12 instanceof ASubClass){      //用 instanceof 操作符判断对象隶属于哪一类
            ASubClass bsc2=(ASubClass)sc12;    //向下转型，编译无错误，运行时将出错
            bsc2.aMethod();
            bsc2.bMethod1();
            bsc2.bMethod2();
        }
    }
}
```

3.4　接　　口

在面向对象程序设计中，许多程序设计语言采用多重继承机制，一个类可以从多个超类中继承相似的操作，从而在编程时可以灵活地设计程序，但是许多数据结构是不采用多重继承的，这容易使内存开销增大，给系统的维护和移植带来很大的不便。Java 语言支持单重继承，为了兼容多重继承的优势，引入了接口的概念。比如编程时经常提到计算机实现了显示器接口、鼠标接口等，而不能说计算机继承了显示器接口、鼠标接口等。

3.4.1　概述

1. 接口的定义

接口（Interface）是指一系列常量和方法协议的集合，它提供了多个类共同行为的方法，但并不限制这些类如何实现这些方法。Java 语言使用 interface 关键字定义接口，它的一般书写格式为

```
[修饰符] interface 接口名 [extends 接口名列表] { 接口体 }
```

例如：

```
public interface Comparable {
  public static final double MYCONST=9.8;
  public abstract void aMethod();
}
```

说明：

（1）接口声明中的修饰符一般为 public 或者缺省。

（2）接口体中通常只包含常量的定义和抽象方法的声明。常量的定义有缺省、public、static 和 final 修饰符，抽象方法的定义有缺省、public 和 abstract 修饰符。

（3）接口体中可以有多个常量的定义和多个抽象方法的声明。例如：

```
public interface Printable{
  double MAX_VALUE=200.78; //等价于 public static final double MAX_VALUE=200.78;
  int MIN=200;            //等价于 public static final int MIN=200;
  void aMethod();         //等价于 public abstract void aMethod();
```

```
    float bMethod(int aint,int bint );     //等价于public abstract float
                                           //bMethod(int aint,int bint );
}
```

（4）接口名和类名的命名规则相同，第一个字母通常要大写。接口可以存放在由 package 语句指定的包中，源文件名与接口名相同，扩展名为.java。

（5）Java SE 的 API 提供了若干定义好的接口以方便程序设计，这些接口可存放在相应的包中，使用时必须要使用 import 语句将其导入。

（6）接口也可以实现继承，使用 extends 关键字声明一个接口是另一个或另一些接口的子接口。与类的单重继承不同，接口可以实现多重继承。由于接口中的常量和方法都是 public 修饰的，子接口将同时继承一个或多个超接口的全部常量和方法。例如：

```
public interface Printable extends SuperPrintable,AnotherPrintable {
  //除了自己定义的常量和抽象方法外，继承了两个超接口的全部常量和抽象方法
}
```

2. 接口的实现

一个接口只是声明了一系列常量和抽象方法，这些方法并不知道提供哪些功能，如果不实现它，该接口是没有意义的。这个任务由提供实例数据字段和实例方法的某一个类来实现，类通过关键字 implements 实现一个或多个接口。它的一般书写格式为

```
[修饰符] class 类名 implements 接口名列表 { 类体 }
```

说明：

（1）修饰符和前面提到的类的修饰符相同。

（2）接口名列表是指一个类可以同时实现一个或多个接口。当实现多个接口时，接口名之间以英文半角的逗号隔开。

（3）类体中必须实现该接口或其超接口中定义的所有方法，并可直接使用其中的所有常量。如果不实现其中的某个或多个方法，该类必须被声明为抽象类。

（4）在实现接口方法时，必须将方法修饰为 public，并且方法的名字、参数列表和返回类型应该与接口中定义的保持一致。

（5）如果超类实现了某个接口，其子类默认就实现了该接口，子类就不用再显式地使用 implements 来实现该接口了。

例题 3-24 封装了接口和实现接口的类的程序。

```
//Test3_24.java
public class Test3_24 {
    public static void main(String[] args){
        MyInterface mi=new MyInterface();
        System.out.println("两数相加的和为: "+mi.add(100,50));
        System.out.println("两数相减的差为: "+mi.sub(100,50));
        System.out.println("两数相乘的积为: "+mi.plus(100,50));
    }
}
//MyInterface.java，该类实现了 DemoInterface 接口，将该接口中的所有方法实现
import java.io.*;//将该包中的所有类和接口都导入
public class MyInterface implements DemoInterface{
```

```
    public int add(int aint,int bint){
        return aint+bint;
    }
    public int sub(int aint,int bint){
        return aint-bint;
    }
    public int plus(int aint,int bint){
        return aint*bint;
    }
    public int divide(int aint,int bint){
        //即使没有内容也要实现，即加上花括号
        return 0;
    }
}
//DemoInterface.java，该接口声明了四个方法协议，分别完成两个数的加、减、乘和除操作
public interface DemoInterface {
    int add(int aint,int bint);        //等价于public abstract int
                                       //add(int aint,int bint)
    int sub(int aint,int bint);        //等价于public abstract int
                                       //sub(int aint,int bint)
    int plus(int aint,int bint);       //等价于public abstract int
                                       //plus(int aint,int bint)
    int divide(int aint,int bint);     //等价于public abstract int
                                       //divide(int aint,int bint)
}
```

例题 3-25　封装了接口继承与实现的程序。除了接口的定义方法不同，执行入口类与例题 3-24 相同。

```
//MyInterface.java，该类实现了 AlgorithmInterface 接口，将该接口中的所有方法实现
import java.io.*;//将该包中的所有类和接口都导入
public class MyInterface implements AlgorithmInterface{
    public int add(int aint,int bint){
        return aint+bint;
    }
    public int sub(int aint,int bint){
        return aint-bint;
    }
    public int plus(int aint,int bint){
        return aint*bint;
    }
    public int divide(int aint,int bint){
        return aint/bint;
    }
}
//AddInterface.java，该接口只封装了一个抽象方法
public interface AddInterface {
    int add(int aint,int bint);
}
//SubInterface.java，该接口只封装了一个抽象方法
public interface SubInterface {
    int sub(int aint,int bint);
```

```
}
/*
*AlgorithmInterface.java
*该接口继承了AddInterface.java和SubInterface.java两个接口
*将这两个接口的所有常量和方法当作自己的内容
*/
public interface AlgorithmInterface extends AddInterface,SubInterface {
    int plus(int aint,int bint);      //自己新增的抽象方法
    int divide(int aint,int bint);   //自己新增的抽象方法
}
```

3. 接口与抽象类

从接口的定义上看，接口是一种引用数据类型，它的地位和class的地位是相同的。在实现方式上，接口是面向对象程序设计中典型的多态性，它完美诠释了多态的代码实现。

结合前面提到的抽象类来看，接口和抽象类在书写格式上有些类似。例如：

```
//Comparable.java，假设该抽象类中封装的全部都是抽象方法
public abstract class Comparable {
    public abstract void demo();
    public abstract int demo1();
}
//Comparable2.java
public interface Comparable2 {
   void demo(); //缺省了public abstract
   int demo1(); //缺省了public abstract
}
```

但二者是完全不同的两种引用类型：

（1）抽象类中的抽象方法修饰符public和abstract是不可缺省的；接口中可以缺省，默认是存在的。

（2）抽象类中既可以有常量也可以有变量；接口中只能有常量。

（3）抽象类中除了抽象方法外，还可以有非抽象方法；接口中只能有抽象方法。

（4）抽象类被继承时，只能在extends关键字后跟一个直接超类；接口被实现时，在implements关键字后可以同时跟多个接口，从形式上兼容了多重继承的优势。

例题3-26 对例题3-22中的SuperMonitor类修改成接口，CRTMonitor、PlasmaMonitor类的修改方法与LCDMonitor类似，而Test3_221可以不做任何修改。与类的向上转型对象相比，程序更容易表达面向对象的多态性，接口的通用性更强。

```
//SuperMonitor.java，将例题3-22中的SuperMonitor类修改成接口
public interface SuperMonitor {
    void displayText();
    void displayGraphics();
}
//LCDMonitor.java，将液晶显示器类LCDMonitor修改为实现SuperMonitor接口
public class LCDMonitor implements SuperMonitor {
   public void displayText() {
      System.out.println("LCD display text");
   }
   public void displayGraphics() {
```

```
        System.out.println("LCD display graphics");
    }
}
```

3.4.2　接口的回调

接口也是一种引用数据类型，它也可以声明对象，但由于接口没有构造方法，该对象不能用关键字 new 初始化，它只能存放实现该接口的类的一个实例的内存引用地址。

1．接口回调

接口回调类似于 C 语言中的指针回调，表示一个变量的地址在某一时刻存放在一个指针变量中，该指针变量就可以操作该变量中存放的数据。Java 语言中的接口回调是指把实现某一接口的类创建的对象引用赋值给该接口声明的对象，该接口对象就可以调用被类实现的接口方法。设 MyCom 是一个接口，MyImpleCom 是实现 MyCom 接口的一个类，有如下语句：

```
MyImpleCom mic=new MyImpleCom();     //创建 MyImpleCom 对象并实例化
//创建接口 MyCom 的对象 mc，但应该初始化为实现该接口的类的实例
MyCom mc=new MyImpleCom();
MyCom mc2=mic;                        //将 mic 的引用赋值给 mc2
```

对象 mic、mc 和 mc2 的内存引用如图 3-8 所示。

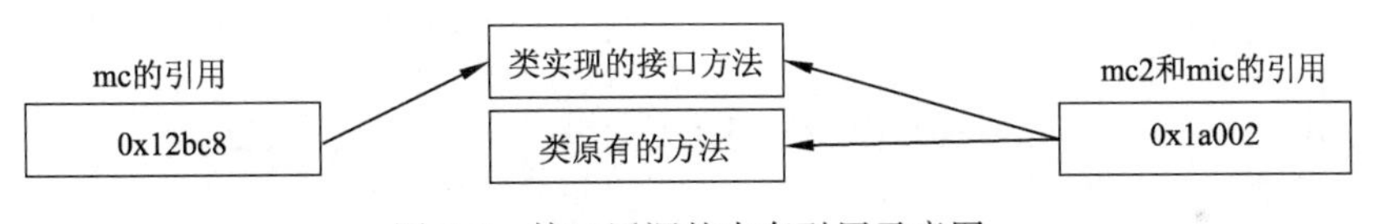

图 3-8　接口回调的内存引用示意图

与上转型对象的应用相类似，接口声明的对象只能调用类中实现的接口方法，不能调用类中其他非接口方法。

例题 3-27　封装了接口回调的程序。

```
//Test3_27.java
public class Test3_27 {
    public static void main(String[] args){
        ShowBrand show;                    //声明接口对象
        show=new TV();                     //存放实例对象的引用地址
        show.showMessage("液晶电视");      //接口回调方法
        show=new PC();                     //存放实例对象的引用地址
        show.showMessage("笔记本电脑");    //接口回调方法
        //show.play();                     //非法，不能调用非接口方法
    }
}
//ShowBrand.java，该接口封装了一个显示信息的抽象方法
public interface ShowBrand {
    void showMessage(String s);
}
//TV.java，实现了 ShowBrand 接口
public class TV implements ShowBrand {
    public void showMessage(String s){ //实现了接口方法
        System.out.println(s);
```

```
    }
}
//PC.java，实现了 ShowBrand 接口
public class PC implements ShowBrand {
    public void showMessage(String s){    //实现了接口方法
        System.out.println(s);
    }
    public void play(){                   //非接口方法
        System.out.println("haha");
    }
}
```

2. 接口回调的多态性

由接口产生的多态性是指不同的类在实现同一个接口时可能具有不同的结果，接口声明的对象在回调接口方法时就可能具有多种形态。

例题 3-28 封装了接口多态实现的程序。

```
//Test3_28.java
public class Test3_28 {
    public static void main(String[] args){
        ComputeAverage computer;            //声明接口对象
        computer=new MusicScore();          //接口对象引用，多态
        double result=computer.average(10,9.89,9.77,9.99,9.67,9.99);
        System.out.printf("选手最后得分为%5.3f\n",result);
        computer=new SchoolScore();         //声明接口对象
        result=computer.average(89,98,78,66,67,89,88);//接口对象引用，多态
        System.out.println("班级成绩平均分为"+result);
    }
}
//ComputeAverage.java，该接口封装了计算平均值的可变参数抽象方法
public interface ComputeAverage {
    double average(double ... x);
}
/*
*MusicScore.java，该类实现了 ComputeAverage 接口，通过去掉一个最高分和一个最低分再
*计算平均值
*/
public class MusicScore implements ComputeAverage{
    public double average(double ... x){
        int count=x.length;
        double aver=0,temp=0;
        for(int i=0;i<count;i++){
            for(int j=i;j<count;j++){
                if(x[j]<x[i]){
                    temp=x[j];
                    x[j]=x[i];
                    x[i]=temp;
                }
            }
        }
```

```
        for(int i=1;i<count-1;i++){
            aver=aver+x[i];
        }
        if(count>2){
            aver=aver/(count-2);
        }else{
            aver=0;
        }
        return aver;
    }
}
//SchoolScore.java，该类实现了 ComputeAverage 接口，直接计算全班平均成绩
public class SchoolScore implements ComputeAverage{
    public double average(double ... x){
        int count=x.length;
        double aver=0;
        for(double param:x){
            aver=aver+param;
        }
        aver=aver/count;
        return aver;
    }
}
```

3.5　嵌套类和匿名类

3.5.1　嵌套类

在一个类的类体中定义另一个类称为嵌套类（Nested Class），也可称为内部类（Inner Class）。包含嵌套类的类称为外嵌类。和类的数据成员和成员方法的地位相同，嵌套类也是其外嵌类的成员。和普通的类一样，嵌套类也具有自己的数据成员和成员方法，在外嵌类的类体中，可以通过创建嵌套类的对象，去访问嵌套类自己的数据成员和调用自己的成员方法。

例题 3-29　封装了嵌套类与外嵌类之间的关系的程序。

```
//Test3_29.java
public class Test3_29 {
    public static void main(String[] args){
        MyParcel myParcel=new MyParcel();
        myParcel.call("使用嵌套类");
    }
}
/*
*MyParcel.java
*该类封装了两个内部类: Contents 类和 MyDestination 类，编译成功后，除了会生成一个
*MyParcel.class 字节码文件外，还会在同一目录下同时生成 MyParcel$Contents.class
*和 MyParcel$MyDestination.class 两个字节码文件
*/
public class MyParcel {
    //嵌套类 Contents，同时是 MyParcel 类的成员
```

```
    public class Contents{
        private int aint=11; //aint 变量是 Contents 类的
        public int value(){  //value()方法是 Contents 类的
            return aint;
        }
    }
    //嵌套类 MyDestination，同时是 MyParcel 类的成员
    public class MyDestination{
        private String label; //Label 是 MyDestination 类的
        //嵌套类 MyDestination 的构造方法
        public MyDestination(String whereTo){
            label=whereTo;
        }
        //readLabel()方法是 MyDestination 类的
        public String readLabel(){
            return label;
        }
    }
    //外嵌类 MyParcel 的成员方法 call()，它的作用范围和类 Contents，MyDestination 相同
    //call()方法内部创建类 Contents，MyDestination 的对象，和普通的类创建对象完全相同
    public void call(String dest){
        Contents con=new Contents();
        MyDestination my=new MyDestination(dest);
        System.out.println(my.readLabel());
    }
}
```

例题 3-30 封装了嵌套类与外嵌类之间的另一种关系的程序。

```
//Test3_30.java，该类实现了在执行主类中创建嵌套类对象的功能
public class Test3_30 {
    public static void main(String[] args){
        AParcel ap=new AParcel();
        ap.call("使用嵌套类");
        AParcel ap1=new AParcel();
        //在 AParcel 类的外面创建嵌套类的对象，必须按照下面的语句书写
        AParcel.Contents ac=ap1.contents();
        AParcel.MyDestination am=ap1.to("输出结果");
    }
}
//AParcel.java，该类封装了两个内部类 Contents 类和 MyDestination 类
public class AParcel {
    //嵌套类 Contents，同时是 MyParcel 类的成员
    public class Contents{
        private int aint=11;      //aint 变量是 Contents 类的
        public int value(){       //value()方法是 Contents 类的
            return aint;
        }
    }
    //嵌套类 MyDestination，同时是 MyParcel 类的成员
    public class MyDestination{
```

```
    private String label;          //Label是MyDestination类的
    //嵌套类MyDestination的构造方法
    public MyDestination(String whereTo){
        label=whereTo;
    }
    //readLabel()方法是MyDestination类的
    public String readLabel(){
        return label;
    }
}
//外嵌类MyParcel的成员方法contents(),它的作用范围和类Contents,MyDestination相同,
//返回类型为Contents
public Contents contents(){
    return new Contents();
}
//外嵌类MyParcel的成员方法to(),它的作用范围和类Contents,MyDestination相同,
//返回类型为MyDestination
public MyDestination to(String s){
    return new MyDestination(s);
}
//外嵌类MyParcel的成员方法call(),它的作用范围和类Contents,MyDestination相同
//call()方法内部调用当前对象的contens()方法和to()方法
public void call(String dest){
    Contents con=this.contents();
    MyDestination my=this.to(dest);
    System.out.println(my.readLabel());
}
}
```

3.5.2　匿名类

匿名类（Anonymous Class）是指没有类名，不具有 static 和 abstract 修饰的属性，并且不能派生子类的类。既然匿名类没有名字，就不能显式地声明一个对象，它只能出现在一个已有类的内部，所以匿名类又称匿名嵌套类或匿名内部类。和普通类的类体相同，在匿名类的类体内可以定义数据成员和成员方法。由于没有类名，生成匿名类对象时只能用关键字 new 借助于超类或接口实现。如果程序中对某个类的对象仅仅使用一次时，采用匿名类的方式可以大大节省编写代码的时间，提高编程效率。

1. 继承超类的匿名类

如果没有显式地声明一个类的子类，而又想创建该子类的一个对象，只能借助于超类的构造方法加上类体去实现，该子类就是继承超类的匿名类。设 MyClass 是一个类，利用 MyClass 创建一个匿名类的一般书写格式为

```
new MyClass ( [构造方法的参数列表] ) { 匿名类的类体 }; //此处的分号不可缺少
```

说明：

（1）MyClass 的构造方法在 MyClass 中已经定义，构造方法的参数列表是指要与 MyClass 中已有的构造方法相匹配。

（2）匿名类的类体可以继承超类的方法也可以重写超类的方法。

（3）使用匿名类时，一定是在某个类的内部直接用匿名类创建对象，因此，匿名类一定是嵌套类，

它可以访问外嵌类的成员变量和方法，但不可以在匿名类的类体中声明静态类变量和静态类方法。

例题 3-31 封装了继承超类的匿名类的程序。

```
//Test3_31.java
public class Test3_31 {
    public static void main(String[] args){
        //AnoClass 是抽象类，是不能被实例化的，要想实现其抽象方法，创建了如下一个匿名类
        //对象，这个匿名类是 AnoClass 的子类，ac 是 AnoClass 类型
        AnoClass ac=new AnoClass(5) {      //调用了超类的相应构造方法
            public void mMethod()  {       //重写了超类的抽象方法
                System.out.println("mData="+mData);
            }
        };                                 //此处的分号不可缺少
        ac.mMethod();                      //ac 并不是匿名类的对象名
    }
}
//AnoClass.java，该类是一个抽象类，只能被继承，不能实例化
public abstract class AnoClass {
    public int mData;                      //声明成员变量
    //声明了一个带参数的构造方法，无参数的构造方法就自动消失了
    //其子类的构造方法中就不能自动调用无参数的构造方法了
    public AnoClass(int aint){
        mData=aint;
    }
    //声明了一个抽象方法，其子类必须实现该方法
    public abstract void mMethod();
}
```

例题 3-32 将例题 3-31 中的匿名类转换成名字的类进行对照。超类 AnoClass 内容不变。

```
//Test3_32.java
public class Test3_32 {
    public static void main(String[] args){
        //ac 是 SubAnoClass 的实例对象，它又是上转型对象
        //SubAnoClass 是有实体内容的有名字的类
        AnoClass ac=new SubAnoClass(5);
        ac.mMethod();
    }
}
//SubAnoClass.java，该类显式定义为 AnoClass 的子类
public class SubAnoClass extends AnoClass{
    public SubAnoClass(int aint){     //构造方法
        super(aint);                  //此处写 super()是错误的
    }
    //重写了超类的抽象方法
    public void mMethod(){
        System.out.println("mData="+mData);
    }
}
```

2. 实现接口的匿名类

由于接口也是一种引用数据类型，形式上类似于多重继承，类实现接口时也可以粗略理解为类是接口的子类。按照继承超类的匿名类的概念，Java 语言允许直接使用接口名和一个类体创建一个匿名类对象。设 MyInterface 是一个接口，利用 MyInterface 创建一个匿名类的一般书写格式为

```
new MyInterface () { 匿名类的类体 }; //此处的分号不可缺少
```

说明：

（1）匿名类的类体必须全部重写接口中的方法。

（2）如果某个方法的参数是接口类型，可以使用接口名和类体组合创建一个匿名类对象传递方法的参数，类体必须重写接口中的全部方法。如存在一个方法 void myMethod(MyInteface m)，其中 m 是接口类型 myInterface 的形参，在调用 myMethod 方法时，传递的实参应该是实现了接口 myInterface 的一个类的实例对象，如果该类没有创建，则只能使用匿名类对象。例如：

```
hong.myMethod(new myInterface () { 实现接口的匿名类的类体 } ); //此处分号不可缺少
```

例题 3-33　封装了实现接口的匿名类的程序。

```
//Test3_33.java
public class Test3_33 {
   public static void main(String[] args){
      WelcomeMachine wm=new WelcomeMachine();
      //实例对象调用实例方法，实例方法的参数是实现了接口的匿名类对象
      wm.turnOn(new SpeakHello(){
      //必须将接口 SpeakHello 中的全部方法实现重写
      public void speak(){
         System.out.println("You are welcome!");
        }
      }); //此处分号不可缺少
      wm.turnOn(new SpeakHello(){
      //必须将接口 SpeakHello 中的全部方法实现重写
      public void speak(){
         System.out.println("欢迎光临!");
        }
      }); //此处分号不可缺少
   }
}
//SpeakHello.java，封装一个接口
public interface SpeakHello {
   void speak();
}
//WelcomeMachine.java
public class  WelcomeMachine{
   //定义了一个 turnOn 方法，该方法的参数是接口 SpeakHello
   //只有实现了该接口的类的对象才可作为实参传递
   public void turnOn(SpeakHello sHello){
      sHello.speak(); //接口回调
   }
}
```

3.6 Java 面向对象思想进阶

除了前面提到的 Java 语言面向对象程序设计的基本思想外，Java 系统还是一个具有许多功能且用途很广的技术平台。其中借助于 Class 类可以实现反射机制，Java 注解功能以及应用程序的部署、反编译和文档生成都是常用的 Java 高级主题。

3.6.1 反射

反射（Reflection）是 Java 语言独有的一项技术。它是一个在当前 Java 虚拟机（JVM）中支持类和对象内省的、小型的、类型安全的、可靠的 API。反射允许正在执行的程序进行自我反省或自我检查，还允许操作该程序的内部数据字段和方法。例如：可以获得某个类的所有成员的名称等。使用反射功能，可以动态地加载类、查找其用途并适当地使用它。

Java 语言面向对象程序设计中，类是初始化对象的模板，在运行时，对象会相互交互以实现计算目标。程序员可以手动查阅 API 提前知道某个类中封装了哪些合法的数据成员和成员方法，但是在程序运行过程中，程序员和用户无法知道也无法干预对象是否调用了合法的数据成员和成员方法，当希望类在运行时进行自我计算和自我检查等反射机制时，Java 语言会通过 java.lang 包中的 Class 类和 java.lang.reflect 包中的相应类来实现此功能。

Class 类包含有描述 Java 语言类型的信息。Java 语言中的每一个类型（包括基本数据类型和引用数据类型）都有一个相应的 Class 对象，通过该 Class 对象，可以实现生成对象、获得类的成员信息等工作。获得 Class 类的一个对象的方法有如下五种方式：

（1）在一个对象中使用 Object 类的 getName()方法获得该对象的 Class 对象。

（2）使用 Class 类的 forName()方法，用类的名字获得一个 Class 对象。

（3）使用 java.lang 包中的 ClassLoader 类的一个对象加载一个新类。

（4）使用类型引用获得一个对象。例如：Socket.class 获得引用数据类型 Socket 类所对应的 Class 对象，int.class 获得基本数据类型 int 所对应的 Class 对象。

（5）对于基本数据类型来说，每一个对应包装的数据类型类中都有一个常量数据成员 TYPE，它代表了该基本数据类型的 Class 对象。例如：Integer.TYPE 等价于 int.class。

Class 类中的常用方法见表 3-2。

表 3-2 Class 类中的常用方法

方　法	说　明
static Class forName(String className)	根据 className 所提供的类全名返回相应的 Class 对象
Class getSuperClass()	返回超类的 Class 类
Constructor getConstructors()	返回 Constructor 对象
Field getFields(String name)	返回类中数据成员的 Field 对象
Method getMethods()	返回类中成员方法的 Method 对象
int getModifiers()	返回类的修饰符
String getName()	返回当前 Class 对象所表示的类和接口的全名
Object newInstance()	创建当前 Class 对象所表示类的一个对象

例题 3-34　封装了显示任何给定类中的方法的程序。

```
//Test3_34.java
import java.lang.reflect.*;  //导入反射包
public class Test3_34 {
    public static void main(String[] args){
        //将代码放进异常处理的语句体内
        try{
        //通过main()方法的参数获得给定类，如java.util.Stack
            Class cbj=Class.forName(args[0]);
            Method[] method=cbj.getDeclaredMethods();//获得在给定类中定义的方法全称
            for(int i=0;i<method.length;i++){
                System.out.println(method[i].toString());
            }
        }catch(Throwable e){
            System.err.println(e);
        }
    }
}
```

3.6.2　注解

Java 注解，从名字上看是注释、解释，但功能却不仅仅是注释那么简单。注解（Annotation）为在代码中添加信息提供了一种形式化的方法，让程序可以在后期某个时刻方便地使用这些数据（通过解析注解来使用这些数据），常见的作用有以下几种：

（1）生成文档。这是最常见的，也是 Java 语言最早提供的注解。

（2）跟踪代码依赖性，实现替代配置文件功能。

（3）在编译时进行格式检查。

注解是 Java SE 5.0 被引入 Java 语言中的一种新特性，它主要提供一种机制，允许程序员在编写代码的同时可以直接编写元数据。所谓元数据就是描述数据自身的数据。注解就是代码的元数据，它们包含了代码自身的信息。注解可以被用在包、类、方法、变量和参数身上。

1．注解的定义

声明一个注解需要使用“@”作为前缀，以便向 Java 编译器说明该元素为注解。例如：

```
@Annotation
public void annotatedMethod() { 方法体 }
```

上述的注解名称为 Annotation，它正在注解 annotatedMethod()方法，Java 编译器会处理它。注解可以以键/值对的形式拥有许多元素，即注解的属性。

2．Java 语言的内建注解

Java 语言自带了一系列的注解，称为内建注解。

（1）@Override：向编译器说明被注解元素是重写的超类的一个元素。在重写超类元素的时候此注解并非强制性的，不过可以在重写错误时帮助编译器产生错误以提醒用户。例如：子类方法的参数和父类不匹配，或返回值类型不同。

（2）@Retention：这个注解用在其他注解上，并用来说明如何存储已被标记的注解。这是一种元注解，用来标记注解并提供注解的信息。可能的值是：

SOURCE：表明这个注解会被编译器忽略，并只会保留在源代码中。

CLASS：表明这个注解会通过编译驻留在CLASS文件，但会被JVM在运行时忽略，正因为如此，其在运行时不可见。

RUNTIME：表明这个注解会被JVM获取，并在运行时通过反射获取。

（3）@Target：这个注解用于限制某个元素可以被注解的类型。例如：

ANNOTATION_TYPE：表示该注解可以应用到其他注解上。

CONSTRUCTOR：表示可以使用到构造方法上。

FIELD：表示可以使用到域或属性上。

LOCAL_VARIABLE：表示可以使用到局部变量上。

METHOD：表示可以使用到方法级别的注解上。

PACKAGE：表示可以使用到包声明上。

PARAMETER：表示可以使用到方法的参数上。

TYPE：表示可以使用到一个类的任何元素上。

（4）@Documented：被注解的元素将会作为Javadoc产生的文档中的内容。在默认情况下，注解不会成为文档中的内容。这个注解可以对其他注解使用。

（5）@Inherited：在默认情况下，注解不会被子类继承。被此注解标记的注解会被所有子类继承。这个注解可以对类使用。

（6）@Deprecated：说明被标记的元素不应该再次使用。这个注解会让编译器产生警告消息。可以使用到方法、类和域上。

（7）@SuppressWarnings：说明编译器不会针对指定的一个或多个原因产生警告。

（8）@SafeVarargs：断言方法或者构造方法的代码不会对参数进行不安全的操作。在Java语言的后续版本中，使用这个注解时，将会使编译器产生一个错误，以防止在编译期间出现潜在的不安全操作。

3.6.3 Java应用程序常用工具

1. Java程序生成JAR文件包

JAR（Java Archive File）文件是Java语言的一种文档格式。JAR文件非常类似ZIP文件，准确地说，它就是ZIP文件，所以称为文件包。JAR文件与ZIP文件唯一的区别就是在JAR文件的内容中包含了一个META-INF/MANIFEST.MF文件，这个文件是在生成JAR文件的时候自动创建的。

Java程序是由若干个.class文件组成的。这些.class文件必须根据它们所属的包不同而分级分目录存放，运行前需要把所有用到的包的根目录指定给CLASSPATH环境变量或者java命令的-cp参数；运行时还要到控制台下去使用java命令来运行，如果需要直接双击运行必须写Windows的批处理文件（.bat）或者Linux的Shell程序。因此，制作一个可执行的JAR文件包使用起来就方便了。在Windows下安装JRE（Java Runtime Environment）的时候，安装文件会将.jar文件映射给javaw.exe打开。那么，对于一个可执行的JAR文件包，只需要双击它就可以运行程序了，和阅读.chm文档一样方便。

创建可执行的 JAR 文件包，需要使用 Java JDK 提供的带 cvfm 参数的 jar 命令，它的一般书写格式为

```
jar { ctxuf } [vme0Mi] [-C 目录] 文件名列表
```

假设存在一个 test 目录，命令如下：jar cvfm test.jar manifest.mf test。这里 test.jar 和 manifest.mf 两个文件，分别是对应的参数 f 和 m。因为要创建可执行的 JAR 文件包，仅指定一个 manifest.mf 文件是不够的。MANIFEST 是 JAR 文件包的特征，可执行的 JAR 文件包和不可执行的 JAR 文件包都包含 MANIFEST。一个 manifest.mf 文件的实例如下：

```
Manifest-Version: 1.0
Ant-Version: Apache Ant 1.9.7
Created-By: 1.8.0_131-b11 (Oracle Corporation)
Class-Path:
X-COMMENT: Main-Class will be added automatically by build
Main-Class: calculator.Calculator
```

当打包好一个 JAR 文件后，在 Windows 中双击这个 JAR 文件之后发现，有时并不能运行，这是因为打包成为 JAR 文件之后只有可视化的窗体程序才能看到效果，对于命令行程序需要在命令行中输入下面指令：

```
java -jar 打包成的jar包名.jar
```

才可以在命令行下看到程序的运行结果。

目前，许多 Java 集成开发环境工具都具有生成 JAR 文件的功能，这种可视化的方式可以大大提高程序封装 JAR 文件的效率。

2. Java 反编译

反编译是一个对目标可执行程序进行逆向分析，从而得到原始代码的过程。由于 Java 语言是运行在虚拟机上的编程语言，更容易进行反编译得到封装好的源代码框架。当然，也有一些商业软件，对其程序进行了混淆加密，因此很难用工具反编译。

使用 JDK 提供的反编译器命令 javap.exe 可以将字节码反编译成源代码，查看源代码类中的 public 成员方法名字和 public 成员变量的名字。通过它，可以对照源代码和字节码，从而了解很多编译器内部的工作。它的一般书写格式为

```
javap [命令选项] 类名
```

例如：

```
javap java.util.Stack
```

将列出 Stack 类中的 public 成员方法和 public 成员变量。再如：

```
javap -private javax.swing.JLabel
```

将列出 JLabel 类中的全部成员方法和成员变量。

3. Java 文档生成器

就如 Java 语言提供的 API 文档格式一样，使用 Java JDK 提供的命令 javadoc.exe 可以将封装好的 Java 源文件向外提供字节码文件的查阅文档，制作成相应的 HTML 文件。它的一般书写格式为

```
javadoc [命令选项] [包名 ] [源文件列表 ] [ 注解文件列表 ]
```

假设当前目录下存在一个 MyClass.java 源文件，使用 javadoc 命令生成 MyClass.java 的 HTML 文档的命令为

```
javadoc MyClass.java
```

在当前目录下将生成若干个有依赖关系的 HTML 文档，查看这些文档就可以知道源文件中类的组成结构。

目前，许多 Java 集成开发环境工具都具有生成 Java 源文件查阅文档的功能。这种可视化的方式可以大大提高程序转换为查阅文档的效率。

拓展阅读

面向切面编程（Aspect Oriented Program，AOP）是通过预编译和运行期间动态代理来实现程序功能统一维护的一种技术。AOP 思想是 OOP 思想的扩展。在 OOP 中，类（Class）是程序设计的基本单元，而切面（Aspect）是 AOP 中的基本单元，AOP 是目前软件开发行业的热点，也是 Spring 框架中的一个重要内容，是函数式编程的一种延伸范式。如果说 OOP 是程序设计中的基础研究，那么 AOP 就是对基础研究的创新性进展。

习　题

1. 如何定义类？如何创建一个对象？描述对象和它的定义类之间的关系。
2. 描述构造方法和普通的成员方法之间的区别。
3. 描述类体中数据域封装成 private 的优点。获取数据和修改数据的方法的命名习惯是什么？
4. 封装一个类 MyStock 存放在 cn.com.my 包中。这个类包括：

（1）一个名为 id 的 int 数据字段表示股票代码。

（2）一个名为 name 的字符串数据字段表示股票名称。

（3）一个名为 previousPrice 的 double 类型数据字段表示前一日的股票价格。

（4）一个名为 currentPrice 的 double 类型数据字段表示当前的股票价格。

（5）一个有特定代码和名称的股票构造方法。

（6）一个名为 getPriceChange 的方法返回从给定的前一日股票价格变化到当前股票价格的百分比。

封装执行主类，创建一个 MyStock 对象，设置股票代码、股票名称、给定前一日收盘价和当前市值，输出市值变化的百分比。

5. 封装一个类 MyAccount 存放在 cn.com.my 包中。这个类包括：

（1）一个名为 id 的 int 类型，初始值为 0 的私有账户数据字段。

（2）一个名为 balance 的 double 类型，初始值为 0 的私有数据字段。

（3）一个名为 annualRate 的 double 类型，初始值为 0 的私有数据字段存储当前利率。

（4）一个名为 dateCreated 的 Date 类型，私有数据字段存储账户的开户日期。

（5）一个能创建默认账户的无参数构造方法。

（6）一个能创建带特定 id 和初始余额的账户的构造方法。

（7）id、balance 和 annualRate 的获取方法和修改方法。

（8）dateCreated 的获取方法。

（9）一个名为 getMonthRate 的方法返回月利率。

（10）一个名为 withDraw 的方法从账户提取指定数额，返回余额。

（11）一个名为 deposit 的方法向账户存储指定数额，返回余额。

封装执行主类，创建一个 MyAccount 对象，模拟银行操作。

6. 封装一个类 MyPoint 存放在 cn.com.my 包中，这个类包括：

（1）两个 double 类型的私有坐标点 x 和 y。

（2）两个数据字段 x 和 y 的 set 方法和 get 方法。

（3）一个创建点（0,0）的无参数构造方法。

（4）一个创建指定坐标点的构造方法。

（5）一个名为 distance 的方法，返回 MyPoint 类型的两个点之间的距离。

（6）一个名为 distance 的方法，返回指定 x 和 y 坐标的两个点之间的距离。

封装执行主类，模拟坐标点的距离计算。

7. 封装一个类 Person 和它的两个子类：Student 和 Employee。Employee 又有两个子类：教师 Teacher 和职工 Staff。每个 Person 都有姓名、地址、电话号码和电子邮件地址，每个 Student 有常量班级 ID（大一、大二、大三或大四），每个 Employee 都有办公室、工资和聘任日期。封装一个 MyDate 类，包含数据字段：year、month 和 day。每个 Teacher 都有办公时间和职称级别。每个 Staff 都有职务名称。每个类都重写 toString()方法，显示相应的类名和人名。封装执行主类，输出每个人的信息。

8. 封装一个抽象类 Shape，其中包括求形状面积的抽象方法 getArea()和求形状周长的非抽象方法 getPerimeter()。继承该抽象类定义三个类：Triangle、Rectangle 和 Circle，分别重写和重载继承方法。封装执行主类，分别创建一个 Triangle、Rectangle 和 Circle 对象，将各类形状的面积和周长输出。

9. 在 cn.com.my 包中，封装一个接口 Sortable，包括一个抽象方法 int compare(Sortable s)，表示需要进行比较大小，返回正数则表示大于，返回负数则表示小于，返回 0 则表示等于。封装一个类 Student，要求实现此接口，必须重写接口中的抽象方法。Student 类中包括 score 属性，重写 public String toString()方法，在比较大小时按照成绩的高低比较。封装一个类 Rectangle，要求实现此接口，必须重写接口中的抽象方法。Rectangle 类中包括 length、width 属性，同时包括相应的成员方法 int area()，重写 public String toString()方法，在比较大小时按照面积的大小进行比较。封装一类 Sort 类，其中定义方法 public static void selectSort(Sortable [] a)，按照选择方法进行降序或升序排序。封装执行主类，测试程序。

10. 封装一个接口 Instrument，包括一个抽象方法 void play()；封装一类 MyInstrument，包括一个方法 void playInstrument(Instrument ins)，使用匿名类对象实现 play 方法。封装执行主类，测试程序。

第4章　常　用　类

Java语言已经为程序设计提供了许多经过测试成功的类，利用这些类作为基础将大大提高程序设计的效率。Java SE API规范针对不同版本的JDK不断进行更新类库，扩展了Java程序设计的基础平台。

4.1　字　符　串

如果想表示一串字符，可以将char类型的字符存储在字符数组里，Java语言还提供了引用类型的字符串对象来表示。字符串是一串字符数据，Java 软件包用 java.lang.String、java.lang.StringBuffer 和 java.lang.StringBuilder 这三个封装类实现各种字符串的对象创建和使用。由于java.lang包的类被默认导入，程序可以直接使用这三个类创建对象。

4.1.1　String类

通过Java SE的API规范可知，String类声明为final类，不能被继承，即不能创建其子类。String 类的对象在被创建后不允许再做修改和变动，因此称为字符串常量。Java 语言中引用类型String 类的对象使用非常普遍，它与基本数据类型的字符常量完全不同。字符常量是用英文半角的单引号括起的单个字符，字符串常量是用英文半角的双引号括起的字符序列。

1．String类对象的创建

java.lang包中String类的对象是包含一个字符序列的引用数据类型。创建String类的对象通常有四种方法。

（1）直接使用英文半角的双引号括起来。例如：

```
String s="abcdef";
String s1="Java字符序列";          //最直接的创建对象方式
```

（2）通过String类的构造方法并使用new关键字初始化。例如：

```
String s=new String();           //创建一个不包含任何字符的空字符串对象
String s1=null;                  //表示空引用，不指向任何一个字符串对象
```

通过Java SE的API规范可知，String类的常用构造方法见表4-1。

表4-1　String类的常用构造方法

构 造 方 法	说　　明
public String()	初始化一个新创建的 String 对象，使其表示一个空字符串

续表

构 造 方 法	说　　明
public String(char[] value)	利用已经存在的字符数组的内容创建一个新的 String 对象
public String(String original)	利用一个已经存在字符串常量 original 创建一个新的 String 对象，该对象的内容与 original 的内容一致
public String(StringBuffer buffer)	利用一个已经存在的 StringBuffer 对象 buffer 创建一个新的 String 对象，该对象的内容与 buffer 的内容一致
public String(StringBuilder builder)	利用一个已经存在的 StringBuilder 对象 builder 创建一个新的 String 对象，该对象的内容与 builder 的内容一致

（3）通过 String 类的静态类方法 valueOf()的各种重载形式，可以将基本数据类型和指定对象的数据转换成 String 类的对象。例如：

```
String s=String.valueOf(true);  //表示将 boolean 类型的 true 值转换成包含四个字符
                                //的"true"字符串
```

String 类的静态类方法 valueOf()的重载形式见表 4-2。

表 4-2　String 类的静态类方法 valueOf()的重载

构造方法	说　　明
public static String valueOf(boolean b)	将相应的 boolean 类型值转换为字符串对象
public static String valueOf(char c)	将相应的 char 类型值转换为字符串对象
public static String valueOf(int i)	将相应的 int 类型值转换为字符串对象
public static String valueOf(long l)	将相应的 long 类型值转换为字符串对象
public static String valueOf(float f)	将相应的 float 类型值转换为字符串对象
public static String valueOf(double d)	将相应的 double 类型值转换为字符串对象
public static String valueOf(Object o)	将所有 Object 类及其子类对象转换为字符串对象

（4）通过连接操作符（+）创建字符串对象。当连接操作符（+）两侧的操作数均为字符串对象且均不为 null 时，运算的结果将创建一个新的字符串对象，结果为两个字符串对象内容的连接。例如：

```
String s="123"+"abc";        //结果为 123abc
String s1="123"+123+123;     //结果为 123123123
String s2=123+123+"123";     //结果为 246123
```

2. String 类的常用方法

当创建了一个 String 类的对象并初始化后，就可以调用它的成员方法操作其属性了。在 String 类的对象中，每个字符的索引位置都是从 0 开始。String 类的常用方法见表 4-3。

表 4-3　String 类的常用方法

方　　法	说　　明
char charAt(int index)	返回字符串对象中指定索引处的字符
int compareTo(String anotherString)	按字典顺序与参数 anotherString 比较大小，若内容相同则返回 0；若内容大于 anotherString 则返回正值；若内容小于 anotherString 则返回负值

续表

方　法	说　明
int compareToIgnoreCase(String str)	忽略字母的大小写，按字典顺序与参数 anotherString 比较大小，若内容相同则返回 0；若内容大于 anotherString 则返回正值；若内容小于 anotherString 则返回负值
String concat(String str)	将参数 str 连接到当前字符串对象的末尾
boolean contains(CharSequence s)	判断当前字符串对象是否含有与参数 s 相同的子字符串
boolean endsWith(String suffix)	判断一个字符串的后缀是否与参数 suffix 字符串内容相同
boolean startsWith(String prefix)	判断一个字符串的前缀是否与参数 prefix 字符串内容相同
boolean equals(Object anObject)	比较当前字符串对象的内容是否与参数 anObject 对象的内容相同
boolean equalsIgnoreCase(String anotherString)	忽略字母的大小写，比较当前字符串对象的内容是否与参数 anotherString 对象的内容相同
int indexOf(int ch)	返回参数 ch 字符在字符串中首次出现的索引位置，索引值从 0 开始计算，如果找不到，则返回-1
int lastIndexOf(int ch)	返回参数 ch 字符在字符串中最后一次出现的索引位置，索引值从 0 开始计算，如果找不到，则返回-1
int indexOf(String str)	从当前字符串对象的 0 索引处检索参数字符串 str，返回字符串 str 首次出现的位置
int length()	返回当前字符串对象所含字符的个数，即字符串的长度
String replace(char oldChar,char newChar)	用参数字符 newChar 替换当前字符串对象中出现的所有 oldChar，返回一个新的字符串
String substring(int beginIndex)	从当前字符串对象的参数 beginIndex 索引处截取到最后所有字符，返回一个新的字符串
String toLowerCase()	将当前字符串对象中的所有字符都转换为小写，返回一个新的字符串
String toUpperCase()	将当前字符串对象中的所有字符都转换为大写，返回一个新的字符串
String trim()	将当前字符串对象中的前导空格和尾部空格去掉，返回一个新的字符串

例题 4-1　封装了 String 类常用方法的程序。

```
//Test4_1.java
public class Test4_1 {
   public static void main(String[] args){
      String aString="Java 世界";          //直接使用英文半角的双引号括起来创建
                                           //String 对象
      System.out.println(aString.charAt(4));    //从字符串索引 0 开始数到 4 的字
                                                //符是'世'
      String bString="abc",cString="aab",dString="abd";
      String eString=new String("abc");         //通过 String 类的构造方法并使用
                                                //new 关键字初始化 String 对象
      String fString=new String("ABC");
      System.out.println(bString.compareTo(cString));  //结果为正值
      System.out.println(bString.compareTo(dString));  //结果为负值
      System.out.println(bString.compareTo(eString));  //结果为 0
      System.out.println(bString.compareTo(fString));  //结果为正值
      System.out.println(bString.compareToIgnoreCase(fString));  //结果为 0
      String string1="abc",string3;
      String string2=String.valueOf(89.7f);//通过 String 类的静态类方法
                                           //valueOf(float f)创建字符串对象
```

```
    System.out.println(string1.concat(string2)); //string2 连接在
                                                 //string1 之后，只是输出，
                                                 //并没有创建新对象
    System.out.println(string1); //结果仍然是原来的内容 abc，没改变
    string3=string1+string2;     //通过连接操作符（+）创建字符串对象
    System.out.println(string3); //测试包含子字符串
    System.out.println(string1.contains("bc")+"\n"+string1.contains
    ("ac"));
                                 //测试子字符串前缀和后缀
    System.out.println(string1.startsWith("bc")+"\n"+string1.endsWith
    ("bc"));
    System.out.println(bString.equals(eString)); //比较两个对象的内容，
                                                 //结果为 true
    System.out.println(bString.equals(fString)); //比较两个对象的内容，
                                                 //结果为 false
    System.out.println(bString.equalsIgnoreCase(eString)); //比较两个
                                                 //对象的内容，结果为 true
       System.out.println(bString==eString); //比较两个对象的引用地址，
                                             //结果为 false
    System.out.println(aString.lastIndexOf((int)'a'));
                                 //字符 a 在 aString 对象中最后一次出现的位置为 3
    System.out.println("字符'a'在字符串"+aString+"中的正序位置：");
    int i=-1;
    do{
       i=aString.indexOf((int)'a',i+1);
       System.out.print(i+"\t");
    }while(i!=-1);
    System.out.println();
    System.out.println("字符串 aString 的字符个数，即长度为："+aString.length());
    System.out.println(aString.replace('a','A'));
                       //将字符串 aString 中的字符 a 用 A 替换，但没改变 aString 的内容
    System.out.println(aString.substring(2));    //将字符串 aString 中的索引
                                                 //2 处截取到尾部子串
    System.out.println(aString.toLowerCase());   //将字符串 aString 中的字
                                                 //母全部变成小写
    System.out.println(aString.toUpperCase());   //将字符串 aString 中的字
                                                 //母全部变成大写
    String s="  I am a student  ";
    System.out.println(s.trim());     //将字符串 s 中的前导空格和尾部空格删掉，但
                                      //中间空格不删
  }
}
```

3. String 池

String 类是 Java 语言使用频率非常高的一种对象类型，JVM 为了提升性能和减少内存开销，避免字符串的重复创建，为其维护了一块特殊的内存空间，称为字符串池（String Pool）。例如：

```
String str1="abc";
String str2="abc";
System.out.println(str1==str2); //判断 str1 对象和 str2 对象的引用，结果为 true
```

当直接使用英文半角的双引号括起来创建一个 String 对象（如"abc"）时，JVM 首先会去字符串池中查找是否存在"abc"这个对象，如果不存在，则在字符串池中创建"abc"这个对象，然后将池中"abc"这个对象的引用地址返回给字符串常量 str1，这样 str1 会指向池中"abc"这个字符串对象；如果存在，则不创建任何对象，直接将池中"abc"这个对象的地址返回，赋给字符串常量。创建字符串对象 str2 时，字符串池中已经存在"abc"这个对象，直接把对象"abc"的引用地址返回给 str2，这样 str2 指向了池中"abc"这个对象，也就是说 str1 和 str2 指向了同一个对象，因此语句 System.out.println(str1 == str2)输出为 true。再如：

```
String str3=new String("abc");
String str4=new String("abc");
System.out.println(str3==str4); //判断 str3 对象和 str4 对象的引用，结果为 false
```

当采用 new 关键字创建一个字符串对象（如"abc"）时，JVM 首先在字符串池中查找有没有"abc"这个字符串对象，如果有，则不在池中创建"abc"这个对象，直接在堆内存中创建一个"abc"字符串对象，然后将堆内存中的这个"abc"对象的地址返回赋给引用 str3，这样，str3 就指向了堆内存中创建的这个"abc"字符串对象；如果没有，则首先在字符串池中创建一个"abc"字符串对象，然后再在堆内存中创建一个"abc"字符串对象，并将堆内存中这个"abc"字符串对象的地址返回赋给引用 str3，这样，str3 指向了堆内存中创建的这个"abc"字符串对象。因为，采用 new 关键字创建对象时，每次 new 出来的都是一个新的对象，也就是说引用 str3 和 str4 指向的是两个不同的对象，因此语句 System.out.println(str3== str4)输出为 false。

字符串池的实现有一个前提条件，就是 String 对象是不可变的常量对象。这样可以保证多个引用同时指向字符串池中的同一个对象。如果字符串是可变的对象，那么一个引用操作改变了对象的值，对其他引用会有影响，这样显然是不合理的。

字符串池的优点是避免了相同内容的字符串的创建，节省了内存，省去了创建相同字符串的时间，同时提升了性能；字符串池的缺点是牺牲了 JVM 在常量池中遍历对象所需要的时间，不过其时间成本相比而言比较低。

4. 对象的字符串表示

除了 String.valueOf(Object obj)方法可以实现将一个对象数据转换成字符串外，Object 类提供了一个获得对象字符串表示的方法 toString()，一个对象调用 toString()返回的字符串的一般形式为

```
创建对象的类的名字@对象的引用地址的字符串表示
```

Java 语言中，Object 类的子类或间接子类都可以重写 toString()方法。

例题 4-2 封装了 toString()方法表示对象字符串的程序。

```
//Test4_2.java
import java.util.Date;
public class Test4_2 {
    public static void main(String[] args){
        Date mydate=new Date();
        System.out.println(mydate.toString());//调用 Date 对象重写的 toString()方法
        MyTV my=new MyTV("我的电视");
        System.out.println(my.toString());//调用 MyTV 类对象重写的 toString()方法
    }
}
```

```
/*
*MyTV.java
*该类重写了超类 Object 的 toString()方法，并调用了超类被隐藏的 toString()方法
*/
public class MyTV {                                 //隐式继承了 Object 类
    String name;
    public MyTV(){
    }
    public MyTV(String name){
        this.name=name;
    }
    public String toString(){                       //重写超类Object中的toString()方法
        String oldString=super.toString();          //调用超类中被隐藏的 toString()方法
        return oldString+"\n 这是"+name;
    }
}
```

4.1.2　StringBuffer 类和 StringBuilder 类

与实现字符串常量的 String 类不同，StringBuffer 类和 StringBuilder 类的对象在被创建后可以修改和改变其中的内容，因此被称为字符串变量。除了 StringBuilder 类和 StringBuffer 类在线程安全机制上有所区别外，它们在使用上几乎一样。本节以 StringBuffer 类为例进行介绍，StringBuilder 类的使用与其完全类似。

1．StringBuffer 对象的创建

由于 StringBuffer 类表示的是可修改和改变内容的字符串，在创建 StringBuffer 对象时并不一定要给出字符串初值。StringBuffer 类的常用构造方法见表 4-4。

表 4-4　StringBuffer 类的常用构造方法

构 造 方 法	说　　明
public StringBuffer()	创建一个不带字符的 StringBuffer 对象，等待以后扩充内容
public StringBuffer(int length)	创建一个不带字符，但具有指定初始容量长度为 length 的字符串缓冲区
public StringBuffer(String original)	创建一个内容初始化为指定的字符串内容 original 的字符串缓冲区

2．StringBuffer 类的常用方法

当创建了一个 StringBuffer 类的对象并初始化后，就可以调用它的成员方法操作其属性了。在 StringBuffer 类的对象中，每个字符的索引位置都是从 0 开始的。StringBuffer 类在查询字符串内容方面和 String 类的方法相同，但比 String 类扩充了增加、删除和修改内容的功能。StringBuffer 类的常用方法见表 4-5。

表 4-5　StringBuffer 类的常用方法

方　　法	说　　明
StringBuffer append(boolean b)	将一个 boolean 类型的值转换为字符串后追加到当前 StringBuffer 对象内容的尾部
StringBuffer append(String str)	将参数字符串 str 后追加到当前 StringBuffer 对象内容的尾部

续表

方　法	说　明
int capacity()	返回当前 StringBuffer 对象的容量
StringBuffer delete(int start, int end)	将当前 StringBuffer 对象中 start 开始的索引到 end 结束的索引表示的子字符串删除
StringBuffer insert(int offset, boolean b)	将一个 boolean 类型的值转换为字符串后插入到当前 StringBuffer 对象中由 offset 索引指定的位置
StringBuffer replace(int start, int end, String str)	将参数 str 替换当前 StringBuffer 对象由 start 开始的索引到 end 结束表示的子字符串
StringBuffer reverse()	将当前 StringBuffer 对象中的字符翻转
void setCharAt(int index, char ch)	将当前 StringBuffer 对象中 index 索引处的字符用参数 ch 替换
void setLength(int newLength)	设置当前 StringBuffer 对象的容量

例题 4-3 封装了 StringBuffer 类常用方法的程序。

```
//Test4_3.java
public class Test4_3 {
    public static void main(String[] args){
        StringBuffer string1=new StringBuffer();//创建一个不含字符的字符串对象
        string1.append("Java 世界");        //在空的字符串的尾部追加字符串，增加内容
        System.out.println("字符串内容为: "+string1);
        System.out.println("字符串的长度为: "+string1.length());    //结果为包含
                                                                    //字符的个数
        System.out.println("字符串的容量为: "+string1.capacity()); //结果为当前
                                                                    //对象的容量
        string1.setCharAt(0,'欢');                          //在指定索引处设置内容
        string1.setCharAt(1,'迎');
        System.out.println("字符串内容为: "+string1);
        string1.insert(2,"来到 Ja");                         //在指定索引处插入内容
        System.out.println(string1);
        int index=string1.indexOf("欢迎");
        string1.replace(index,index+2,"Welcome to"); //替换“欢迎”两个字
        System.out.println("字符串内容为: "+string1);
    }
}
```

4.1.3 正则表达式

正则表达式（Regular Expression）是一种可以用于模式匹配和替换的规范，一个正则表达式就是由普通的字符（如字符 a 到 z）及特殊字符（元字符）组成的文字模式，它用以描述在查找文字主体时待匹配的一个或多个字符串。正则表达式作为一个模板，将某个字符模式与所搜索的具体字符串进行匹配。

1. 正则表达式的使用

正则表达式定义了字符串的模式，用来搜索、编辑或处理文本，一个字符串就是最简单的正则表达式。Java 语言程序设计中正则表达式主要有四种常用的字符串处理方式：匹配字符串、分割字符串、替代字符串中的指定字符和获取指定字符串。Java 语言中的元字符就是一种通配符，

书写时都是以英文半角的“\”开头，按照转义字符的规则，要想让编译器认识“\”，必须在其前面再加上一个英文半角的“\”，即“\\”。Java语言中正则表达式的元字符见表4-6。

表4-6 正则表达式的元字符

Java元字符	Java代码的写法	说　明
.	.	英文半角的圆点，代表任意字符
\d	\\d	小写英文半角的d，代表数字0~9的任意一个数字
\D	\\D	大写英文半角的D，代表任意一个非数字字符
\s	\\s	小写英文半角的s，代表空格类字符，如' '、'\t'、'\n'、'\f'、'\r'等
\S	\\S	大写英文半角的S，代表非空格类字符
\w	\\w	小写英文半角的w，代表可用于表示的字符（不包括美元符号$）
\W	\\W	大写英文半角的W，代表不能用于标识的字符
\p{Lower}	\\p{Lower}	POSIX字符，代表小写字母[a~z]
\p{Upper}	\\p{Upper}	POSIX字符，代表大写字母[A~Z]
\p{ASCII}	\\p{ASCII}	POSIX字符，代表ASCII码字符
\p{Alpha}	\\p{Alpha}	POSIX字符，代表字母
\p{Digit}	\\p{Digit}	POSIX字符，代表数字字符[0~9]
\p{Alnum}	\\p{Alnum}	POSIX字符，代表字母或数字
\p{Punct}	\\p{Punct}	POSIX字符，代表标点符号!"#$%&'()*+,-./:;<=>?@[\]^_`{|}~
\p{Graph}	\\p{Graph}	POSIX字符，代表可见字符\p{Alnum}\p{Punct}
\p{Print}	\\p{Print}	POSIX字符，代表可打印字符\p{Graph}
\p{Blank}	\\p{Blank}	POSIX字符，代表空格或制表符[\t]
\p{Cntrl}	\\p{Cntrl}	POSIX字符，代表控制字符[\x00-\x1F\x7F]
\p{XDigit}	\\p{XDigit}	POSIX字符，代表十六进制数字[0-9a-fA-F]
\p{Space}	\\p{Space}	POSIX字符，代表空白字符[\t\n\x0\f\r]

说明：

（1）使用元字符作为字符串的一部分可以匹配指定的字符串。设存在字符串"\\dJava"，表示以任意一个数字开头的，以Java这四个字母结束的字符串都满足要求，如：3Java、1Java、0Java等。

（2）String类中的public boolean matches(String regex)方法可以判断当前字符串对象是否和参数regex指定的正则表达式匹配，返回boolean值。

（3）在正则表达式中可以用英文半角的中括号[ ]括起多个字符来表示元字符。中括号表示的元字符见表4-7。

表4-7 中括号表示的元字符

字　符	说明（中括号中的字母仅仅是示例，可以用其他字母代替）
[abc]	代表a、b、c中的任意一个，如"[16]ABC"可以表示"1ABC"、"6ABC"
[^abc]	代表除了a、b、c以外的任意字符
[a-zA-Z]	代表大写字母和小写字母中的任意一个

续表

字　符	说　明（中括号中的字母仅仅是示例，可以用其他字母代替）
[a-h]	代表小写字母 a 到 h 中的任意一个
[a-d[m-p]]	中括号的嵌套，代表 a 到 d 或 m 到 p 中的任意字符，或（并）运算
[a-h&&[c-p]]	中括号的嵌套，代表 a 到 h 与 c 到 p 之间共同的字符，与（交）运算
[a-h&&[^ac]]	中括号的嵌套，a 到 h 中不包含 a 和 c 的字符，差运算

（4）在正则表达式中可以使用限定修饰符，以约束正则表达式的表示。限定修饰符的含义见表 4-8。

表 4-8　限定修饰符的含义

字　符	说明（X，Y 表示正则表达式中的一个字符）	字　符	说明（X，Y 表示正则表达式中的一个字符）
X?	代表 X 出现 0 次或 1 次	X{n,}	代表 X 至少出现 n 次
X*	代表 X 出现 0 次或多次	X{n,m}	代表 X 出现 n～m 次
X+	代表 X 出现 1 次或多次	XY	代表 X 后跟 Y
X{n}	代表 X 恰好出现 n 次	X|Y	代表 X 或 Y

例题 4-4　封装了字符串正则表达式的程序。

```
//Test4_4.java
//该类使用 String 类的 matches()方法测试正则表达式
public class Test4_4 {
    public static void main(String[] args){
        RegexString rs=new RegexString();
        rs.print("1:"+"a".matches("."));              //测试.元字符
        rs.print("2:"+"aa".matches("aa"));            //正则表达式可以写正常的字符
        rs.print("3:"+"aaaa".matches("a*"));          //"*"代表的是 0 个或者多个
        rs.print("4:"+"aaaa".matches("a+"));          //"+"代表的是 1 个或者多个
        rs.print("5:"+"".matches("a*"));
        rs.print("6:"+"aaaa".matches("a?"));          //"?"代表的是 0 个或 1 个
        rs.print("7:"+"".matches("a?"));
        rs.print("8:"+"a".matches("a?"));
         // “{” 与 “}” 代表出现的次数（几次，至少几次，最多几次，最少几次）
        rs.print("9:"+"2342342432423234".matches("\\d{3,100}"));
        //最简单的检测 IP 地址的方式
        rs.print("10:"+"192.168.0.aaa".matches("\\d{1,3}\\.\\d{1,3}\\.\\
d{1,3}\\.\\d{1,3}"));
        rs.print("11:"+"192".matches("[0-2][0-9][0-9]"));// “[]” 代表一个范围
        //中括号及中括号的嵌套
        rs.print("12:"+"a".matches("[abc]"));
        rs.print("13:"+"a".matches("[^abc]"));
        rs.print("14:"+"A".matches("[a-zA-Z]"));
        rs.print("15:"+"A".matches("[a-z] | [A-Z]"));
        rs.print("16:"+"A".matches("[a-z[A-Z]]"));
        rs.print("17:"+"R".matches("[A-Z&&[RFG]]"));
        /*以下为注释部分
        * "."代表任何字符
```

```
        * "\d"代表[0-9]的数字
        * "\D"代表非[0-9]的数字[^\d]
        * "\s"代表空白字符（空格，Tab键\t，换行\n，Backspace退格键\x0B，制表符\f，
        * 回车符\r）
        * "\S"代表非“空白字符”[^\s]
        * "\w"代表单词字符[a-zA-Z_0-9]
        * "\W"代表非“单词字符”[^\w]
        */
        rs.print("18:"+" \n\r\t".matches("\\s{4}"));
        rs.print("19:"+" ".matches("\\S"));
        rs.print("20:"+"a_8".matches("\\w{3}"));
        rs.print("21:"+"abc888&^%".matches("[a-z]{1,3}\\d+[&^#%]+"));
        rs.print("22:"+"\\".matches("\\\\"));//在matches中，一个"\"要用"\\"来表示
        //POSIX字符
        rs.print("23:"+"a".matches("\\p{Lower}"));
        //边界匹配
        //"^"位于中括号里面的时候是取反的意思，位于外面代表的是输入的开头
        rs.print("24:"+"hello sir".matches("^h.*"));      //以"h"开头
        rs.print("25:"+"hello sir".matches(".*ir$"));     //以"ir"结尾
        rs.print("26:"+"hello sir".matches("^h[a-z]{1,3}o\\b.*"));
                                    //\b一个单词的边界（空格，空白字符，换行，特殊字符）
        rs.print("27:"+"hellosir".matches("^h[a-z]{1,3}o\\b.*"));
        //把空白行找出来
        rs.print("28:"+" \n".matches("^[\\s&&[^\\n]]*\\n"));
                                    //以空白字符开头，并且不是换行符，出现0次或多次
        //匹配email地址的正则表达式（有的email地址是含有横线和点号的）
        rs.print("29:"+"basdbjasbkja@dasbdn.com".matches("[\\w[.-]]+@[\\w
[.-]]+\\.[\\w]+"));
    }
}
//RegexString.java
//该类封装了专门输出正则表达式字符串对象的功能方法
public class RegexString {
    public  void print(Object object){    //方法参数使用了Object类，增强了通用性
        System.out.println(object);
    }
}
```

2. Pattern类和Matcher类

为了适应各种Java平台程序开发，Java语言的java.util.regex包提供了封装类Pattern、Matcher和PatternSyntaxException用来进行模式匹配的高效编程。

（1）模式类Pattern对象是正则表达式的已编译版本。它没有公共构造方法，只能通过传递一个正则表达式参数给公共静态方法 compile 来创建一个 pattern 对象。如果正则表达式语法不正确，将抛出PatternSyntaxException异常。例如：

```
Pattern pattern=Pattern.compile("Text\\w"); //使用正则表达式"Text\\w"创建一个
                                             //模式对象
//使用正则表达式"Text\\w"创建一个模式对象，且忽略大小写
Pattern pattern=Pattern.compile("Text\\w",Pattern.CASE_INSENSITIVE);
```

模式类 Pattern 的常用方法见表 4-9。

表 4-9　模式类 Pattern 的常用方法

方　法	说　明
static Pattern compile(String regex)	使用参数 regex 正则表达式创建 Pattern 对象
static Pattern compile(String regex, int flag)	使用参数 regex 正则表达式和 flag 标识创建 Pattern 对象
static boolean matches(String regex, CharSequence input)	判断参数 regex 正则表达式与指定字符序列是否匹配
String pattern()	返回当前 Pattern 对象的正则表达式
String[] split(CharSequence input, int limit)	按照当前 Pattern 对象的模式分隔指定字符序列，保存到字符串数组中

（2）匹配类 Matcher 是用来匹配输入字符串和创建的 Pattern 类实例 pattern 对象的正则引擎对象。这个类没有公共构造方法，只能用 pattern 对象的 matcher()方法，使用输入字符串作为参数来获得一个 Matcher 对象。然后使用 matches()方法，通过返回的布尔值判断输入字符串是否与正则表达式匹配。例如：

```
Pattern pattern=Pattern.compile("Text\\w"); //使用正则表达式"Text\\w"创建
                                            //一个模式对象
Matcher match=pattern.matcher("ex");//用待匹配字符序列创建匹配对象
```

如果正则表达式语法不正确，将抛出 PatternSyntaxException 异常。匹配类 Matcher 的常用方法见表 4-10。

表 4-10　匹配类 Matcher 的常用方法

方　法	说　明
boolean matches()	对整个输入字符串进行模式匹配
boolean lookingAt()	从输入字符串的开始处进行模式匹配
boolean find(int start)	从 start 处开始匹配模式
int groupCount()	返回匹配后的分组数目
String replaceAll(String replacement)	用给定的参数 replacement 全部替代匹配的部分
String repalceFirst(String replacement)	用给定的参数 replacement 替代第一次匹配的部分
Matcher appendReplacement(StringBuffer str,String replacement)	根据模式用 replacement 替换相应内容,并将匹配的结果添加到 str 当前位置之后
StringBuffer appendTail(StringBuffer str)	将输入序列中匹配之后的末尾字串添加到 str 当前位置之后

例题 4-5　封装了 Pattern 类和 Matcher 类的程序。

```
/**
* Test4_5.java
* 正则表达式主要用在四个方面：匹配、分割、替换、获取
* 它使用一些简单的符号来代表代码的操作
*/
import java.util.regex.Matcher;
import java.util.regex.Pattern;
public class Test4_5 {
  public static void main(String[] args) {
```

```
  //针对字符串处理
  Test4_5 reg=new Test4_5();
  //校验qq号的reg正则表达式
  //这里的“\w”是指的是[a-zA-Z0-9]，“?”表示出现1次或者1次都没有
  // “+”表示出现1次或者n次，“*”表示出现0次或者n次，
  //还有些特殊的写法“X{n}”表示恰好n次，“X{n,}”表示至少n次
  // “X{n,m}”表示n次到m次
  String mathReg="[1-9]\\d{4,19}";
  String divisionReg="(.)\\1+";
  // “\\b”表示边界值
  String getStringReg="\\b\\w{3}\\b";
  //字符串匹配（首位是除0的字符串）
  reg.getMatch("739295732",mathReg);
  reg.getMatch("039295732",mathReg);
  //字符串的替换，去除叠词
  reg.getReplace("12111123ASDASDAAADDD",divisionReg,"$1");
  //字符串的分割，切割叠词，重复的内容
  //这里要知道一个组的概念(.)，“\\1+”表示第二个和第一个值相同
  reg.getDivision("aaddddasdasdasaaaaaassssfq",divisionReg);
  //字符串的获取，现在取出三个字符串
  reg.getString("ming tian jiu yao fang jia le ",getStringReg);
}
  //获取查询的字符串，将匹配的字符串取出
  private void getString(String str,String regx) {
  //1.将正则表达式封装成Pattern类的对象来实现
  Pattern pattern=Pattern.compile(regx);
  //2.将字符串和正则表达式相关联
  Matcher matcher=pattern.matcher(str);
  //3.String 对象中的matches()方法就是通过matcher对象和pattern对象来实现
  System.out.println(matcher.matches());
  //查找符合规则的子串
  while(matcher.find()){
  //获取字符串
  System.out.println(matcher.group());
  //获取字符串的首位置和末位置
  System.out.println(matcher.start()+"--"+matcher.end());
  }
}
//字符串的分割
private void getDivision(String str,String regx) {
  String [] dataStr=str.split(regx);
  for(String s:dataStr){
    System.out.println("正则表达式分割++"+s);
  }
}
//字符串的替换
private void getReplace(String str,String regx,String replaceStr) {
  String stri=str.replaceAll(regx,replaceStr);
  System.out.println("正则表达式替换"+stri);
}
```

```
    //字符串匹配，使用 String 类中的 matches()方法
    public void getMatch(String str,String regx){
      System.out.println("正则表达匹配"+str.matches(regx));
    }
}
```

3. StringTokenizer 类

使用 String 类的 split(String s)方法按照正则表达式的规则可以分割指定的字符串，而 java.util 包中提供的 StringTokenizer 类可以不使用正则表达式做分隔标记，如可以使用空格或逗号等。StringTokenizer 类的构造方法见表 4-11。StringTokenizer 类的常用方法见表 4-12。

表 4-11 StringTokenizer 类的构造方法

构造方法	说明
public StringTokenizer(String str)	使用默认的分隔标记为参数 str 创建一个 StringTokenizer 对象，默认的分隔标记有空格符、换行符、回车符、Tab 符等
public StringTokenizer(String str, String delim)	使用参数 delim 作为分隔标记，为参数 str 创建一个 StringTokenizer 对象

表 4-12 StringTokenizer 类的常用方法

方法	说明
int countTokens()	返回在生成异常之前调用当前 StringTokenizer 对象的 nextToken()方法的次数
boolean hasMoreTokens()	判断当前 StringTokenizer 对象的字符串中是否还有更多的可用标记
String nextToken()	返回当前 StringTokenizer 对象的下一个默认标记
String nextToken(String delim)	返回当前 StringTokenizer 对象的下一个参数 delim 指定的标记

例题 4-6 封装了 StringTokenizer 对象的程序。

```
//Test4_6.java
//该类封装了使用 StringTokenizer 输出字符串中的单词，并统计单词的个数
import java.util.StringTokenizer;        //导入 StringTokenizer 类
public class Test4_6 {
   public static void main(String[] args){
       String str="Welcome to study Java(Thank you),we are fine.";
       //创建 StringTokenizer 对象，分隔标记采用英文半角的()、空格、圆点或逗号
       StringTokenizer analysis=new StringTokenizer(str,"(),.");
       int count=analysis.countTokens();
       while(analysis.hasMoreTokens()){
          String next=analysis.nextToken();
          System.out.print(next+"  ");
       }
       System.out.println("共有单词: "+count+"个");
   }
}
```

4.2 数 组

数组（Array）是一种引用数据类型，它是由一组相同类型的数据元素组成的集合。在内存中，数组中的所有数据占有一块连续的存储空间，并用一个数组名进行标识。数组中的每个数据元素具有相同的类型，数据元素可以是基本数据类型，也可以是引用数据类型。由于数组采用一个数组名，为了区分每个数组元素，就要对数组元素按照其在内存中的存放顺序进行编号，这个编号称为数组元素的索引或下标。当每个数组元素的类型不能再分解时，称为一维数组；当每个数组元素的类型又是数组类型时，就构成了多维数组。

4.2.1 一维数组

一维数组是指该数组的每个数据元素不可再分割的数组对象，它需要经过创建和分配数组元素两个步骤完成。

1. 一维数组的创建和分配数组元素

一维数组的创建需要经过声明数组和为数组分配元素两个步骤。声明数组的一般书写格式为

```
数组的元素类型 数组名[];
//或
数组的元素类型[] 数组名;    //Java 语言的通用写法
```

例如：

```
int[] myArray;              //声明 myArray 数组，其中每个元素为 int 类型的变量
Bird[] myBirdArray;         //声明 myBirdArray 数组，其中每个元素为 Bird 类的对象
```

说明：

（1）数组名就是一个对象名，必须是 Java 的合法标识名，通常第一个字母是小写。数组的元素类型可以是八个基本数据类型，也可以是引用数据类型，如类名、接口名等。

（2）声明数组时并没有给数组分配内存，所以对数组声明并不要求给出元素的个数，如果要使用数组，必须对数组元素分配内存。

为数组分配元素的过程是为数组确定元素个数的过程，也就是确定数组的长度，并为数组分配内存的过程，主要有两种方法：一种是通过 new 关键字实现，另一种是通过静态初始化方式实现。

通过 new 关键字实现数组元素个数分配的一般书写格式为

```
数组名=new 数组的元素类型[数组元素的个数];
```

例如：

```
myArray=new int[4];           //确定 myArray 数组的长度为 4，索引从 0 开始记
myBirdArray=new Bird[4];      //确定 myBirdArray 数组的长度为 4，索引从 0 开始记
```

说明：

（1）定义数组元素的个数就确定了整个数组的长度，也称数组的初始化，但数组中的每个元素还没有初始化，此时，数组元素还不能使用。使用数组名加索引号就可以表示每个数组元素了。例如：myArray[0]、myBirdArray[2]等。

（2）数组元素就是一个单独的变量或对象，要想使用数组元素，还要对数组元素进行初始化。例如：

```
myArray[0]=1;
myBirdArray[3]=new Bird();
```

（3）数组初始化后，就确定了该数组在内存中的存放位置，由数组名指定该数组的引用首地址。myArray=new int[4]的内存示意图如图 4-1 所示。

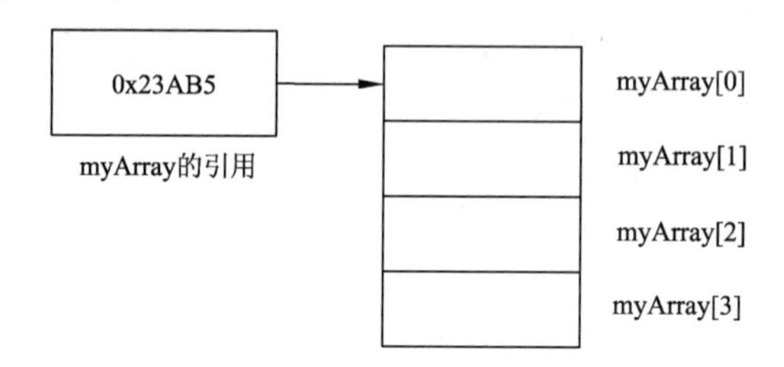

图 4-1　数组的内存示意图

通过 new 关键字实现数组元素个数分配，还可以实现声明数组和长度初始化同时进行。它的一般书写格式为

```
数组的元素类型 数组名[]=new 数组的元素类型[数组元素的个数];
//或
数组的元素类型[] 数组名=new 数组的元素类型[数组元素的个数]; //Java 语言的通用写法
```

例如：

```
int[] myArray=new int[4];
Bird[] myBirdArray=new Bird[4];
```

通过静态初始化方式为数组分配内存，可以将确定数组元素个数和数组元素初始化同时完成，它的一般书写格式为

```
数组的元素类型 数组名[]={数组元素 0,数组元素 1,…,数组元素 n-1};
//或
//Java 语言的通用写法
数组的元素类型[] 数组名={数组元素 0,数组元素 1,…,数组元素 n-1};
```

例如：

```
//数组名 myArray 的数组元素为 int 类型变量，包含四个元素且同时初始化元素的值
int[] myArray={1,2,5,6};
//myArray[0]=1,myArray[1]=2,myArray[2]=5,myArray[3]=6。
//数组名 myBirdArray 的数组元素为 Bird 类对象，包含 3 个元素且同时初始化对象
Bird[] myBirdArray={new Bird(),new Bird(3),new Bird()};
//myBirdArray[0]= new Bird(),myBirdArray[1]= new Bird(3),myBirdArray[2]= new Bird()
```

说明：

（1）静态初始化数组能够实现数组声明、数组长度和数组元素的初始化同步完成。

（2）英文半角花括号后的英文半角分号不能缺少。

例题 4-7　封装了数组创建的程序。

```
//Test4_7.java
//该执行类中封装了数组的创建和数组元素的初始化
public class Test4_7 {
   public static void main(String[] args){
```

```
        //声明基本数据类型元素的数组，但没有初始化数组长度和数组元素
        float[] floatArray;
        //初始化数组长度和数组元素必须在使用前完成，否则不能使用
        floatArray=new float[4];//初始化数组长度，即元素的个数
        //通过for循环实现对数组元素的初始化
        for(int i=0;i<4;i++){
            floatArray[i]=5.1f;
        }
        //通过for循环实现数组元素的遍历
        for(int i=0;i<4;i++){
            System.out.print(floatArray[i]+"\t");
        }
        System.out.println();
        //声明引用类型元素的数组声明的同时初始化数组长度
        Bird[] birdArray=new Bird[3];
        //初始化数组元素
        birdArray[0]=new Bird();              //创建Bird对象
        birdArray[1]=new Bird(5,6);           //创建Bird对象
        birdArray[2]=new Bird(5,6,7);         //创建Bird对象
        //通过for循环实现数组元素的遍历
        for(int i=0;i<3;i++){
            System.out.print(birdArray[i]+"\t");
        }
        System.out.println();
        //静态初始化数组，同时完成数组的名称、数组元素类型、数组长度和数组元素值的初始化
        int[] intArray={1,2,3,4,5};
        //通过for循环实现数组元素的遍历
        for(int i=0;i<5;i++){
            System.out.print(intArray[i]+"\t");
        }
        System.out.println();
    }
}
//Bird.java
public class Bird{
    public Bird(){
        System.out.println("无参数构造方法");
    }
    public Bird(int i,int k){
        System.out.println("2个参数的参数构造方法"+i+"和"+k);
    }
    public Bird(int i,int k,int p){
        System.out.println("3个参数的参数构造方法"+i+"和"+k+"和"+p);
    }
}
```

2．一维数组的使用

数组对象一旦创建成功，该对象的数组元素的个数即长度就已经固定，不能再发生改变。数组对象要使用之前必须对数组元素进行初始化，否则相应的数组元素不能使用。

（1）数组元素的使用。一维数组通过索引标识访问自己的元素，索引是数组元素在数组中位置的整数，索引标识从整数 0 开始到数组长度值减 1 结束，如果索引值小于 0 或不小于（大于或等于）数组长度，程序访问数组时，Java 编译器编译时不会报错，但在运行时会抛出 java.lang.ArrayIndexOutOfBoundsException 异常类的对象实例异常，显示数组索引越界，导致程序不能正常运行。访问数组元素的一般书写格式为

```
数组名[数组元素索引值]
```

例如：birdArray[0]、birdArray[1]等。

（2）数组对象的成员域 length。数组对象不仅包含一系列具有相同类型的数据元素，还含有一个成员域 length，用来表示数组的长度，返回一个 int 类型的整数值。它的一般书写格式为

```
int 变量名=数组名.length;
```

例如：

```
int i=birdArray.length; //获得数组 birdArray 的长度并赋值给 int 类型的变量 i
```

利用数组的 length 域可以将例题 4-7 中的 for 循环结束标志替换，实现灵活的数组元素访问。

3. 一维数组的遍历

由于数组中的所有元素都是同一类型而且数组的长度是固定的，当遍历查询数组元素时，使用 for 循环是最方便的方式，for 循环遍历数组元素时通常要使用数组元素的索引来确定数组元素的位置。JDK 5.0 以后的版本对 for 循环语句进行了扩充，称为 for 循环增强，它不使用数组元素的索引值标识元素位置，能有效地避免数组索引越界异常的发生，更快捷地遍历数组元素。

for 循环增强又称 for-each 循环，可以实现顺序依次地遍历数组元素。它的一般书写格式为

```
for(循环因子类型 循环因子: 数组名){ 循环体 }
```

例如：

```
for(int i: intArray) { … }
for(Bird b: birdArray) { … }
```

说明：

（1）循环因子的类型必须与数组中元素的类型相同。

（2）“循环因子类型 循环因子”必须是循环因子声明，不可以使用已经声明过的名字。例如：for(int i: intArray) { … }不可以写成 int i=0; for (i: intArray) { … }。

（3）for 循环增强只能顺序遍历整个数组的所有元素，当不想顺序遍历，不希望遍历数组中的每个元素或改变数组中的元素内容时，必须使用普通的 for 循环。

如果希望顺序输出数组中的元素，java.util 包中提供了 Arrays 类封装的静态类方法 toString() 的各种重载形式，可以方便地返回一个包含数组元素的字符串对象，这些元素被放在一对中括号内显示出来。

例题 4-8 封装了遍历数组元素的程序。

```
//Test4_8.java
import java.util.*;                              //导入 Arrays 类
public class Test4_8 {
   public static void main(String[] args){
      char[] achar={'a','b','c','d','e'};
```

```
        Bird[] aBird={new Bird(),new Bird(1,2),new Bird(4,5,6)};
        for(int i=0;i<achar.length;i++){        //普通 for 循环遍历数组
            System.out.println(achar[i]);
        }
        for(int i=0;i<aBird.length;i++){        //普通 for 循环遍历数组
            System.out.println(aBird[i]);
        }
        for(char c:achar){     //for 循环增强，循环因子 c 顺序取数组元素的内容
            System.out.println(c);
        }
        for(Bird b:aBird){          //for 循环增强，循环因子 b 顺序取数组元素的内容
            System.out.println(b);
        }
        //使用 java.util.Arrays 类的静态方法 toString()将数组元素显示在一对中括号内
        String s=Arrays.toString(aBird);
        System.out.println(s);
        /*
        *一种特殊情况，对于 char 类型的数组 achar，System.out.println(achar)不会输出
        *数组 achar 的引用地址而是输出数组 achar 的全部元素值。如果希望输出 char 类型数组
        *的引用地址，需要用字符串连接数组名
        */
        System.out.println(achar);          //输出数组 achar 的全部元素值
        System.out.println(""+achar);       //输出数组 achar 的引用地址
    }
}
```

4. 数组元素的复制和排序

由于数组是引用类型，如果两个类型相同的数组具有相同的引用，则它们指向的是同样的数组元素。设顺序执行如下语句：

```
int[] array1={1,2};
int[] array2;
array2=array1;
```

则 array1 和 array2 的引用是相同的，指向的是同一块内存空间，改变 array1 中的某个元素值，array2 中相应位置的值也同样发生改变。

如果希望把一个数组的元素内容复制到另一个同类型的数组中，其中一个数组原来内容的变化不会影响到另一个数组元素的内容，此时就不能复制数组引用地址，而是要单纯复制数组元素的内容。如果两个数组类型不同，是不能相互复制的。

（1）利用循环语句可以把一个数组元素的内容分别复制到另一个数组中相应的元素，这种方式涉及两个数组的索引值对应，要防止发生数组索引越界异常。

（2）java.lang 包中的 System 类封装了一个静态方法：

```
public static void arraycopy(Object src, int srcPos, Object dest, int destPos,
int length)
```

该方法可以将源数组 src 从索引 srcPos 开始后的 length 个元素中的数据复制到目标数组 dest 中，接收数据的目标 dest 数组从第 destPos 索引处开始存放这些数据。如果接收数据的目标数组 dest 的长度不足以存放下待复制的数据，程序运行时会抛出 java.lang.ArrayIndexOutOfBoundsException

异常类的对象实例异常，显示数组索引越界，导致程序不能正常运行。

（3）在使用 System 类封装的 arraycopy()方法时，源数组和目标数组必须要提前创建好，否则找不到相应数组，程序会抛出 NullPointerException 异常。java.util.Arrays 类封装了静态方法 copyOf()和 copyOfRange()的各种重载形式实现数组元素的复制，返回一个新的数组。copyOf()的重载方法实现从索引值 0 处开始复制，copyOfRange()的重载方法可以把数组中部分元素的内容复制到另一个同类型的数组中。

（4）利用循环语句可以把一个数组元素按照规则进行升序或降序排序，这种方式涉及数组元素索引标识，要防止发生数组索引越界异常。

（5）java.util.Arrays 类封装了静态方法 sort()的各种重载形式实现数组元素的排序，从而按照排序规则改变了源数组中数组元素的位置。

例题 4-9 封装了数组元素复制的程序。

```
//Test4_9.java
public class Test4_9 {
    public static void main(String[] args){
        char[] achar={'J','a','v','a','世','界'},bchar={'欢','迎','J','a', 'v','a'};
        int[] aint={1,2,3,4,5,6},bint={10,20,30,40,50,60};
        MyArrayCopy mac=new MyArrayCopy();
        mac.copyCharArray(achar,bchar);        // 复制 char 类型的数组
        mac.copyIntArray(aint,bint);
        int[] cint=mac.copyOfArray(aint);      //复制 int 类型的数组
        char[] cchar=mac.copyOfRangeArray(achar);
        System.out.println("源数组中各元素的内容: ");
        for(char c:achar){                     //for 循环增强
            System.out.print(" "+c);
        }
        System.out.println();
        System.out.println("目标数组中各元素的内容: ");
        for(char c:cchar){                     //for 循环增强
            System.out.print(" "+c);
        }
        System.out.println();
        System.out.println("源数组中各元素的内容: ");
        for(int a:aint){                       //for 循环增强
            System.out.print(" "+a);
        }
        System.out.println();
        System.out.println("目标数组中各元素的内容: ");
        for(int a:cint){                       //for 循环增强
            System.out.print(" "+a);
        }
        System.out.println();
    }
}
/*
*MyArrayCopy.java
*该类封装了数组元素复制的三种方式
*/
```

```
import java.util.*;                              //导入 Arrays 类
public class MyArrayCopy {
   //使用 arraycopy 方法必须要提前创建好源数组和目标数组，而且两者的数组元素类型必须
   //一致，这种方法要注意数组元素索引越界的问题
   public void copyCharArray(char[] a,char[] b){
      System.arraycopy(a,0,b,0,a.length);
      System.out.println("源数组中各元素的内容: ");
      System.out.println(Arrays.toString(a));
      System.out.println("目标数组中各元素的内容: ");
      System.out.println(Arrays.toString(b));
   }
   public void copyIntArray(int[] a,int[] b){
      System.arraycopy(a,2,b,2,a.length-3);
      System.out.println("源数组中各元素的内容: ");
      System.out.println(Arrays.toString(a));
      System.out.println("目标数组中各元素的内容: ");
      System.out.println(Arrays.toString(b));
   }
   //使用 copyOf 和 copyOfRange 方法会返回一个新的数组，而且两者的数组元素类型一致
   public int[] copyOfArray(int[] a){
      int[] b=Arrays.copyOf(a,8);               //产生的数组元素个数是 8 个
      return b;
   }
   public char[] copyOfRangeArray(char[] a){
      char[] b=Arrays.copyOfRange(a,3,5);
      return b;
   }
}
```

例题 4-10 封装了数组元素排序的程序。

```
//Test4_10.java
import java.util.*;//导入 Arrays 类
public class Test4_10 {
   public static void main(String[] args){
      double[] doubleArray={2.3,17,4,190,-0.5,-4.9,14.2,0.1,1997,145};
      System.out.println("未排序数组中各元素: ");
      System.out.println(Arrays.toString(doubleArray));
      MyArraySort mas=new MyArraySort();
      mas.sortForArray(doubleArray);
      System.out.println("选择排序后数组中各元素: ");
      System.out.println(Arrays.toString(doubleArray));
      double[] doubleArray2={12.1,34,9.5,23,45,8,2017,19,34};
      System.out.println("未排序数组中各元素: ");
      System.out.println(Arrays.toString(doubleArray2));
      mas.sortArrays(doubleArray2);
      System.out.println("Arrays 类调用 sort 方法排序后数组中各元素: ");
      System.out.println(Arrays.toString(doubleArray2));
   }
}
/*
```

```
*MyArraySort.java
*该类封装了数组元素的两种升序排序方式，比较代码量的大小
*/
import java.util.*;                    //导入 Arrays 类
public class MyArraySort {
    //使用选择排序法对数组元素升序排序
    public void sortForArray(double[] d){
        int i,j,k;
        double min;
        for(i=0;i<d.length;i++){
            min=d[i];
            k=i;
            for(j=i+1;j<d.length;j++){
                if(d[j]<min){
                    min=d[j];
                    k=j;
                }
            }
            if(k!=i){
                d[k]=d[i];
                d[i]=min;
            }
        }
    }
    //使用 Arrays 类封装的 sort()方法对数组元素升序排序
    public void sortArrays(double[] d){
        Arrays.sort(d);
    }
}
```

5. 字符串与一维数组

如果一个一维数组元素是 char 类型，将其所有字符提取出来就形成字符串 String 类的一个对象；反之，一个字符串 String 类的对象也可以将字符串中的每个字符存放到一个 char 类型数组对象中。

（1）String 类的构造方法可以将 char 数组中的全部字符或部分字符创建字符串对象。

```
public String(char[] achar)
public String(char[] achar, int offset, int length)
```

（2）String 类封装的成员方法 toCharArray()可以将一个字符串中的全部字符存放到一个 char 数组中，该方法返回一个 char 数组，该数组的长度与字符串的长度相等，第 i 个索引处的字符恰好是当前字符串的第 i 个字符。

```
public char[] toCharArray()
```

（3）String 类封装的成员方法 getChars()可以将当前字符串中的一部分字符复制到指定的 char 数组中的指定位置，此时目标数组必须要提前创建好，否则找不到相应数组，程序会抛出 NullPointerException 异常。如果接收数据的目标数组的长度不足以存放下待复制的数据，程序运行时会抛出 java.lang.ArrayIndexOutOfBoundsException 异常类的对象实例异常，显示数组索引越界，导致程序不能正常运行。

```
public void getChars(int srcBegin, int srcEnd, char[] dst, int dstBegin)
```

例题 4-11 封装了字符串与一维数组相互操作的程序。

```
//Test4_11.java
public class Test4_11 {
    public static void main(String[] args){
        String cleartext="Java 世界";                //明文内容
        String ciphertext="欢迎";                    //密文内容
        EncryptAndDecrypt eac=new EncryptAndDecrypt();
        String secret=eac.encrypt(cleartext,ciphertext);
        System.out.println("密文: "+secret);
        String source=eac.decrypt(secret,ciphertext);
        System.out.println("明文: "+source);
    }
}
/*
*EncryptAndDecrypt.java
*该类模拟了加密和解密的运算过程，使用一个源字符串的字符与另一个密码字符串的字符进行相加
*得到密文，将密文与密码字符串的字符相减得到明文
*/
public class EncryptAndDecrypt {
    public String encrypt(String source,String password){//加密算法
char[] pArray=password.toCharArray(); //将一个字符串中的全部字符存放到一个 char 数组中
        int n=pArray.length;
        char[] cArray=source.toCharArray();
        int m=cArray.length;
        for(int k=0;k<m;k++){
            int pw=cArray[k]+pArray[k%n];       //相应字符相加，加密
            cArray[k]=(char)pw;                 //int 值转换成 char 值
        }
        return new String(cArray);              //字符数组转换成字符串，得到密文
    }
    public String decrypt(String source,String password){ //解密算法
char[] pArray=password.toCharArray();   //将一个字符串中的全部字符存放到一个 char
                                        //数组中
        int n=pArray.length;
        char[] cArray=source.toCharArray();
        int m=cArray.length;
        for(int k=0;k<m;k++){
            int pw=cArray[k]-pArray[k%n]; //相应字符相减，解密
            cArray[k]=(char)pw;           //int 值转换成 char 值
        }
        return new String(cArray);        //字符数组转换成字符串，得到明文
    }
}
```

6. 命令行参数

从所有 Java 语言程序的执行主类来看，它们都含有一个固定的静态类方法 public static void main(String[] args)，按照面向对象思想设计的程序都是从该方法开始执行，它具有一个 String 数组的参数 args，表示 main()方法就像一个带参数的普通方法，可以通过传递实参进行调用。

例题 4-12 封装了一个 main()方法作为普通的静态方法使用的程序。

```
//Test4_12.java
public class Test4_12 {
    public static void main(String[] args){
        String[] mystring={"Java","世界","欢迎您",};
        TestMain.main(mystring);                //类名调用类方法，不用创建对象实例
    }
}
/*
*TestMain.java
*该类中的main()方法作为普通的静态方法使用
*/
public class TestMain {
    public static void main(String[] args){ //args是String类型数组的名称
        for(String s:args){
            System.out.print(s);
        }
    }
}
```

除了像普通的方法一样可以被调用外，执行主类的 main()方法还可以从命令行接收参数，传递给 String 数组的参数 args，命令行上接收的所有内容都是字符串类型。例如，执行 Java 程序的命令为

```
java TestMain Java 世界
```

其中，java 是命令行指令，TestMain 是主类，“Java”和“世界”是字符串实参传递给 args 形参，在命令行中出现时，不用英文半角的双引号括起来，这些字符串用空格分隔。如果字符串中包含空格，就必须用英文半角的双引号括起来。例如，执行 Java 程序的命令为

```
java TestMain Java "是 个" 100 世界
```

其中，“Java”“"是 个"”“100”“世界”是字符串实参传递给 args 形参，因为“"是 个"”之间有空格，所以要用英文半角的双引号括起来，100 是当作字符串处理的，而不是数值。

当调用 main()方法时，Java 会创建一个数组存储命令行参数，然后将该数组的引用传递给 args，数组的长度根据输入的字符串的个数自动创建，一旦创建成功，该数组的长度就不会再发生改变了。

如果程序运行时没有传递字符串，Java 就会使用 new String[0]创建数组，在这种情况下，该数组是长度为 0 的空数组，args 是对这个空数组的引用，args 并不是 null。

例题 4-13 封装了一个从命令行接收参数的程序。

```
/*
*Test4_13.java
*该类实现了从命令行接收参数完成int类型数的算术运算
*程序接收三个参数：一个整数、一个算术操作符和另一个整数
*/
public class Test4_13 {
    public static void main(String[] args){
        if(args.length!=3){           //检查是否传递三个字符串参数
            System.out.println("使用： java Test4_13 操作数1 操作符 操作数2");
            System.exit(0);           //关闭程序退出
        }
```

```
        int result=0;
        //取出操作符，决定哪种算术运算
        //Integer.parseInt(String s)方法将字符串转换成数值
        //此处必须输入数字，否则程序会抛出异常，运行中断
        //输入*时，必须要给*加上英文半角的双引号，即"*"
        switch(args[1].charAt(0)){
            case '+':
                result=Integer.parseInt(args[0])+Integer.parseInt(args[2]);
                break;
            case '-':
                result=Integer.parseInt(args[0])-Integer.parseInt(args[2]);
                break;
            case '*':
                result=Integer.parseInt(args[0])*Integer.parseInt(args[2]);
                break;
            case '/':
                result=Integer.parseInt(args[0])/Integer.parseInt(args[2]);
                break;
        }
        System.out.println(args[0]+" "+args[1]+" "+args[2]+"="+result);
    }
}
```

4.2.2 多维数组

Java 语言中只有一维数组数据结构，没有多维数组。所谓多维数组，是指某个一维数组的元素又是一个数组，这种一维数组的嵌套就形成了多维数组。本节以二维数组为例学习，其他多维数组的封装形式与二维数组类似。

1. 二维数组的创建

二维数组是指某个一维数组的元素又是一个一维数组。和一维数组的创建相同，二维数组的创建也必须由一维数组开始。

（1）使用关键字 new 创建二维数组，它的一般书写格式为

```
数组的元素类型 数组名[][]=new 数组的元素类型[数组元素的个数][数组元素的个数];
//或
//Java 语言的通用写法
数组的元素类型[][] 数组名=new 数组的元素类型[数组元素的个数][数组元素的个数];
```

例如：int[][] myArray=new int[4][3]; 表示二维数组 myArray 是由四个长度为 3 的一维数组 myArray[0]、myArray[1]、myArray[2]和 myArray[3]构成，每个数组元素索引为

```
myArray[0][0]  myArray[0][1]  myArray[0][2]
myArray[1][0]  myArray[1][1]  myArray[1][2]
myArray[2][0]  myArray[2][1]  myArray[2][2]
myArray[3][0]  myArray[3][1]  myArray[3][2]
```

它的引用示意图如图 4-2 所示。

myArray[0] →	myArray[0][0]	myArray[0][1]	myArray[0][2]
myArray[1] →	myArray[1][0]	myArray[1][1]	myArray[1][2]
myArray[2] →	myArray[2][0]	myArray[2][1]	myArray[2][2]
myArray[3] →	myArray[3][0]	myArray[3][1]	myArray[3][2]

图 4-2 二维数组 int[][] myArray=new int[4][3]的引用示意图

创建二维数组的一维数组不一定非得有相同的长度，在创建二维数组时可以分别指定构成该二维数组的一维数组的长度，例如：

```
int[][] myArray=new int[3][];
```

表示创建了一个二维数组 myArray，它由三个一维数组 myArray[0]、myArray[1]和 myArray[2]构成，但它们的长度还没有确定，即这些一维数组还没有分配数组，必须还要创建它们的三个一维数组，例如：

```
myArray[0]=new int[4];
myArray[1]=new int[3];
myArray[2]=new int[5];
```

它的引用示意图如图 4-3 所示。

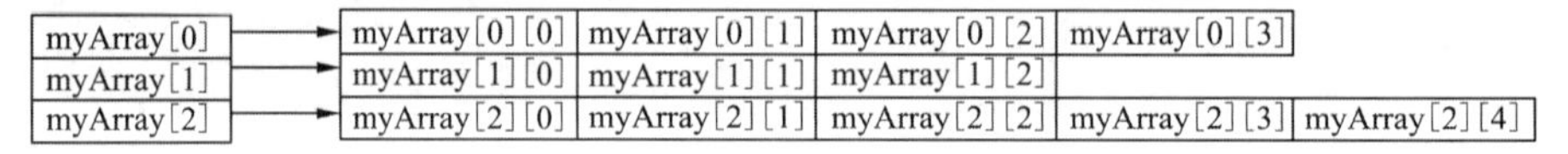

图 4-3 二维数组 int[][] myArray=new int[3][]的引用示意图

（2）使用静态初始化创建二维数组。使用 new 关键字创建好二维数组后，二维数组中的每个元素还没有初始化，只有对数组元素初始化后才能使用。通过静态初始化方式实现数组分配内存可以实现数组元素个数和数组元素初始化同时完成，它的一般书写格式为

```
数组的元素类型 数组名[][]={ {数组元素 0}, {数组元素 1}, …, {数组元素 n-1} };
//或
//Java 语言的通用写法
数组的元素类型[][] 数组名={ { 数组元素 0}, {数组元素 1}, …, {数组元素 n-1} };
```

例如，int[][] myArray={{1,2,5,6},{3,4,5},{1,2}}; 表示二维数组 myArray 是由三个长度不等的一维数组 myArray[0]、myArray[1]和 myArray[2]构成，每个数组元素的值为

```
myArray[0][0]=1  myArray[0][1]=2  myArray[0][2]=5  myArray[0][3]=6
myArray[1][0]=3  myArray[1][1]=4  myArray[1][2]=5
myArray[2][0]=1  myArray[2][1]=2
```

2. 二维数组的使用

二维数组对象一旦创建成功，该对象的数组元素的个数即长度就已经固定，不能再发生改变。数组对象在使用之前必须对数组元素进行初始化，否则相应的数组元素不能使用。

（1）数组元素的使用。二维数组通过两个索引标识访问自己的元素，索引标识从整数 0 开始到相应的一维数组长度值减 1 结束，如果索引值小于 0 或不小于（大于或等于）数组长度，程序访问数组时，Java 编译器编译时不会报错，但在运行时会抛出 java.lang.ArrayIndexOutOfBoundsException 异常类的对象实例异常，显示数组索引越界，导致程序不能正常运行。访问数组元素的一般书写格式为

```
数组名[数组元素索引值 1][数组元素索引值 2]
```

例如：birdArray[0][2]、birdArray[1][1]等。

（2）数组对象的成员域 length。二维数组对象的成员域 length 表示数组的长度，返回一个 int 类型的整数值。它有两个 length 值，一个是一维数组的长度，另一个是一维数组的数组长度。它们的一般书写格式为

```
int 变量名=数组名.length;
int 变量名=数组名[一维数组元素索引值].length;
```

设：

```
Bird[][] birdArray=new Bird[3][4];
//假设数组中的所有元素已经初始化
//获得 birdArray 中所含一维数组的个数并赋值给 int 类型的变量 i
int i=birdArray.length;
//获得 birdArray 中所含一维数组 birdArray[0]中的元素个数并赋值给 int 类型变量 i
int i=birdArray[0].length;
```

利用二维数组的 length 域可以通过循环的嵌套实现灵活的数组元素访问。

例题 4-14 封装了二维数组的程序。

```
//Test4_14.java
public class Test4_14 {
    public static void main(String[] args){
        int[][] matrix1={{2,3,4},{4,6,8}};
        int[][] matrix2={{1,5,2,8},{5,9,10,-3},{7,2,-5,-18}};
        Matrix mm=new Matrix();
        System.out.println("左矩阵:");
        mm.printMatrix(matrix1);
        System.out.println("右矩阵:");
        mm.printMatrix(matrix2);
        int[][] matrix3=mm.matrixMultiply(matrix1,matrix2);
        System.out.println("左矩阵*右矩阵的结果:");
        mm.printMatrix(matrix3);
    }
}
/*
*Matrix.java
*该类封装了矩阵的乘法运算和输出矩阵的功能。
*设两个矩阵 A(m*n), B(n*k), 矩阵 A*B 的前提为 A 的列数与 B 的行数相等，结果为矩阵 C(m*k)
*/
public class Matrix {
    //矩阵相乘
    public int[][] matrixMultiply(int[][] a,int[][] b){
        if(a[0].length != b.length) {
            return null;
        }
        int[][] c=new int[a.length][b[0].length];
            for(int i=0;i<a.length;i++) {
                for(int j=0;j<b[0].length;j++) {
                    for(int k=0;k<a[0].length;k++) {
                        c[i][j] += a[i][k]*b[k][j];
                }
            }
        }
    return c;
    }
    //输出矩阵内容
```

```
    public  void printMatrix(int[][] c) {
    if(c!=null) {
        for(int i=0;i<c.length;i++) {
            for(int j=0;j<c[0].length;j++){
                System.out.print(" "+c[i][j]);
            }
        System.out.println();
        }
    }else {
        System.out.println("无效");
    }
        System.out.println();
    }
}
```

4.3 其他常用类

在 Java 语言程序设计中，经常会遇到基本数据类型很难完成的功能，Java 语言封装了相应的包装类。对于许多数学计算、系统平台及日期时间的应用，Java 语言也提供了相关的类封装。

4.3.1 数据类型类

前面已经提到，Java 语言共有 boolean、byte、short、int、long、float、double 和 char 等八种基本数据类型，这八种基本数据类型是不能作为对象使用的，Java 语言提供了类封装将基本数据类型包装成对象，所对应的类称为包装类（Wrapper Class）。通过使用包装类对象而不是基本数据类型变量，有利于通用程序的设计。与基本数据类型相对应，Java 语言提供了 Boolean、Byte、Short、Integer、Long、Float、Double 和 Character 等包装类，它们都封装在 java.lang 包里，使用时默认导入，其继承层次结构如图 4-4 所示。

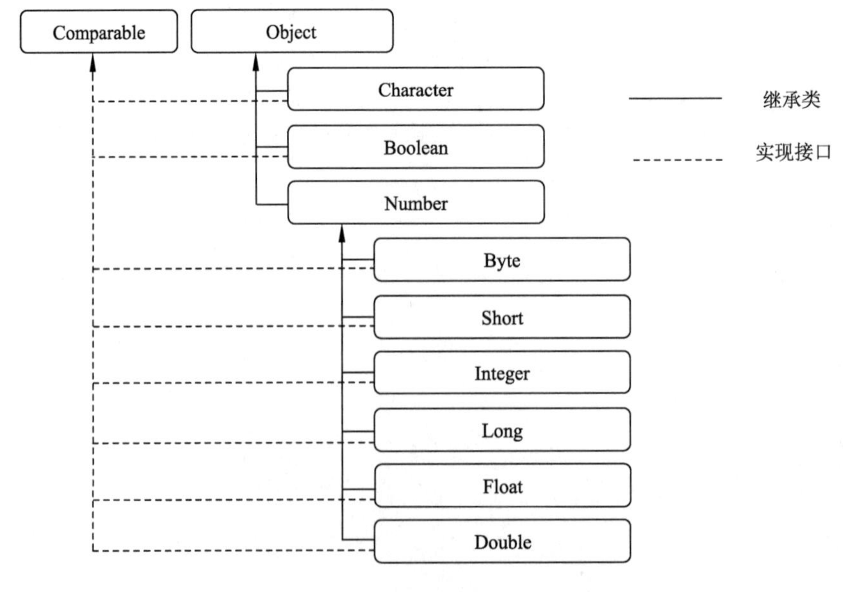

图 4-4　数据类型类的类层次结构

1. 数据类型类的创建

数据类型类的对象初始化使用其相应的构造方法来完成，它们不包含无参数的构造方法，这意味着所有数据类型类的实例都是不可变的，一旦对象创建成功，内容就不能再改变。它们的构造方法主要有两个：一个是使用基本数据类型值作为参数；另一个是使用表示数值的字符串作为参数。以 Integer 类为例的构造方法创建对象：

```
public Integer(int aint);
//或
public Integer(String s);
```

例如：

```
Integer myInteger=new Integer(5);
Integer myInteger1=new Interger("5");
```

2. 数据类型类的使用

数据类型类都有其各自的静态常量 MIN_VALUE 和 MAX_VALUE。MAX_VALUE 表示对应基本数据类型的最大值。对于 Byte、Short、Integer 和 Long 来说，MIN_VALUE 表示对应的基本数据类型 byte、short、int 和 long 的最小值；对于 Float 和 Double 来说，MIN_VALUE 表示 float 类型和 double 类型的最小正值。

例题 4-15 封装了数据类型类表示基本数据类型最大值和最小值的程序。

```
//Test4_15.java
public class Test4_15 {
    public static void main(String[] args){
    System.out.println("byte 类型的取值范围: "+Byte.MIN_VALUE+"至"+Byte.MAX_VALUE);
    System.out.println("short 类型的取值范围: "+Short.MIN_VALUE+"至"+Short.MAX_
VALUE);
    System.out.println("int 类型的取值范围: "+Integer.MIN_VALUE+"至"+Integer. MAX_
VALUE);
   System.out.println("long 类型的取值范围:"+Long.MIN_VALUE+"至"+Long.MAX_ VALUE);
   System.out.println("float 类型的取值范围:"+Float.MIN_VALUE+"至"+Float.MAX_ VALUE);
    System.out.println("double 类型的取值范围: "+Double.MIN_VALUE+"至"+Double.
MAX_VALUE);
    }
}
```

3. 数字和字符串的转换

4.1.1 节提到了利用 String.valueOf()方法的各种重载形式可以将基本数据类型转化成字符串，各种数据类型类也封装了相应的静态方法将合法的字符串对象转换成数据类型类的对象。它的一般书写格式为

```
数据类型类名.valueOf(String s);  //返回数据类型类的对象
```

例如：

```
//把字符串形式的 6 转换成数字 6 的对象形式，而不是基本数据类型
Integer mySix=Integer.valueOf("6");
```

数据类型类封装了一个静态方法可以实现将一个数值字符串转换成基本数据类型值。它的一

般书写格式为

```
基本数据类型名 变量名=基本数据类型类名.parse 数据类型类(String s);
```

例如：

```
//把字符串形式的 6.5 转换成基本数据类型的数字 6.5
double d=Double.parseDouble("6.5");
```

在许多可视化程序设计中，基本类型数据的输入通常是由文本框输入的字符串表示，要对其进行算术运算，必须将其转换成基本数据类型值；反之，程序计算完成的基本数据类型值也要转换成字符串才能显示在文本框中，此时数字和字符串的相互转换就显得非常重要了。

4. 自动装箱和自动拆箱

JDK 5.0 之前的 Java 编译器中数据类型类对象与其对应的基本数据类型值的相互转换需要通过封装的方法来完成。JDK 5.0 后扩充了相互转换的功能，允许基本数据类型和数据类型类之间进行自动转换，不需要封装的方法。如果一个基本数据类型值出现在需要对象的环境中，编译器会将基本数据类型值进行自动装箱（Boxing）；如果一个对象出现在需要基本数据类型的环境中，编译器将对象进行自动拆箱（Unboxing）。

例题 4-16 封装了自动装箱和自动拆箱的程序。

```
//Test4_16.java
import java.util.*;                          //导入 Arrays 类
public class Test4_16 {
   public static void main(String[] args){
   Integer[] intArray={new Integer(3),new Integer(5),new Integer(7)};
                                              //传统方式的对象初始化
      System.out.println(intArray[0]+intArray[1]+intArray[2]);
                                              //自动拆箱，并相加
      Integer[] intArray2={3,5,7};          //自动装箱
      System.out.println(Arrays.toString(intArray2));
   }
}
```

5. BigInteger 类和 BigDecimal 类

前面提到，要表示很大的数可以用 long 类型或 Long 对象，而 long 类型的最大整数值也仅仅是 Long.MAX_VALUE。为了表示更大的整数或高精度浮点值的计算，java.math 包提供了 BigInteger 类和 BigDecimal 类，它们都是 Number 的子类并实现了 Comparable 接口，其实例都是不可变的，一旦对象创建成功，内容就不能再改变。

BigInteger 类的构造方法一般为

```
public BigInteger(String s)
```

BigDecimal 类的构造方法一般为

```
public BigDecimal(String s)
```

BigInteger 类和 BigDecimal 类都封装了 add、substract、multiply 和 remainder 方法完成算术运算，结果返回 BigInteger 类和 BigDecimal 类的对象。

例题 4-17 封装了 BigInteger 类和 BigDecimal 类的程序。

```
//Test4_17.java
import java.math.*;//导入 BigInteger 类和 BigDecimal 类
public class Test4_17 {
    public static void main(String[] args){
        BigInteger ln1=new BigInteger("9223372036854775807");
        BigInteger ln2=new BigInteger("2");
        BigInteger ln3=ln1.add(ln2);//add 方法的参数是 BigInteger 对象
        System.out.println(ln3);
        BigDecimal bd1=new BigDecimal(1.0);
        BigDecimal bd2=new BigDecimal(3);
        //divide 方法的 20 表示小数点后的位数，ROUND_UP 表示最后一位始终加 1
        BigDecimal bd3=bd1.divide(bd2,20,BigDecimal.ROUND_UP);
        System.out.println(bd3);
    }
    //一个整数的阶乘可能会非常大，静态方法 factorial 可以返回任意整数的阶乘
    public static BigInteger factorial(long n){
        BigInteger result=BigInteger.ONE;//等价于 new BigInteger("1")
        for(int i=1;i<=n;i++){
        //multiply 方法的参数是 BigInteger 对象
            result=result.multiply(new BigInteger(i+""));
        }
        return result;
    }
}
```

4.3.2 System 类

System 类是 Java JDK 提供的一个工具类，系统级的很多属性和控制方法都封装在该类的内部，它存放在 java.lang 包内，不用导入就可以直接引用。System 类的构造方法是 private 的，无法创建该类的对象，也就是说无法实例化该类。它的所有属性和方法都是 static 的，通过类名直接调用。

1. 成员属性

System 类内部包含 in、out 和 err 三个成员变量，分别代表标准输入流（键盘输入）、标准输出流（显示器）和标准错误输出流（显示器）。它们的一般书写格式为

```
public static InputStream in
public static PrintStream out
public static PrintStream err
```

2. 成员方法

System 类封装了一些用来与运行 Java 系统进行交互操作的方法，用于设置和 JVM 相关数据的方法，也可以直接向运行系统发出指令来完成 OS 级的系统操作。System 类的常用方法见表 4-13。

表 4-13 System 类的常用方法

方　法	说　明
static long currentTimeMillis()	返回系统的当前时间，以毫秒为单位
static void exit(int status)	关闭当前运行程序的虚拟机
static void gc()	强制调用 JVM 的垃圾回收机制
static Properties getProperties()	返回当前系统的属性对象

例题 4-18 封装了 System 类的程序。

```
//Test4_18.java
import java.util.*;                               //导入 Scanner 类
public class Test4_18 {
    public static void main(String[] args){
        Scanner sca=new Scanner(System.in);   //创建键盘输入对象
        int sum=0;
        System.out.println("输入一个整数");     //显示器输出对象调用 println()方法
        while(sca.hasNextInt()){
            int item=sca.nextInt();
            sum=sum+item;
            System.out.println("当前的和为: "+sum);
            if(sum>=8000){
                System.exit(0);                   //关闭虚拟机，程序结束
                 //err 对象调用 println()方法将参数输出在显示器上
                System.err.println("输入一个整数（非整数结束）");
            }
        }
        System.out.println("总和为: "+sum);
    }
}
```

4.3.3 Math 类

在程序设计时，通常会用到许多数学公式及函数的计算。Java 语言中的 java.lang 包提供了 Math 类封装的静态方法实现大量的数学计算，这些方法直接通过 Math 类名调用，主要有三角函数方法、指数函数方法和服务方法三类。Math 类的常用方法见表 4-14。另外，Math 类还封装了两个 double 类型的静态常量：自然对数 E 和圆周率 PI。它们的一般书写格式为

```
Math.E
//和
Math.PI
```

表 4-14 Math 类的常用方法

方　法	说　明
static long abs(double a)	返回参数 a 的绝对值
static double max(double a, double b)	返回参数 a 和 b 的最大值
static double min(double a, double b)	返回参数 a 和 b 的最小值
static double random()	产生一个 0.0 到 1.0 之间的随机数（大于或等于 0.0 且小于 1.0）

续表

方 法	说 明
static double pow(double a, double b)	返回参数 a 的 b 次幂
static double sqrt(double a)	返回参数 a 的平方根
static double log(double a)	返回参数 a 的对数值
static double sin(double a)	返回参数 a 的正弦值
static double asin(double a)	返回参数 a 的反正弦值
static int round(float a)	返回参数 a 的四舍五入值

例题 4-19 封装了 Math 类的程序。

```
//Test4_19.java
public class Test4_19 {
    public static void main(String[] args){
        double random1=Math.random()*95+5;//随机产生5到100之间的随机数
        double random2=Math.random()*95+5;
        TestMath tm=new TestMath();
        tm.print(random1,random2);
    }
}
/*
*TestMath.java
*该类演示了Math类常用方法的使用
*/
public class TestMath {
    public void print(double a, double b){
        System.out.println("绝对值为: "+Math.abs(a));
        System.out.println("最大值为: "+Math.max(a,b));
        System.out.println("最小值为: "+Math.min(a,b));
        System.out.println("幂的值为: "+Math.pow((int)a,(int)b));
        System.out.println("平方根值为: "+Math.sqrt(a));
        System.out.println("对数值为: "+Math.log(a));
        System.out.println("正弦值为: "+Math.sin(a));
        System.out.println("反正弦值为: "+Math.asin(a));
        System.out.println("四舍五入值为: "+Math.round(a));
        System.out.println("自然对数值为: "+Math.E);
        System.out.println("圆周率值为: "+Math.PI);
    }
}
```

4.3.4 日期和时间类

Java 语言程序设计中用到处理日期、时间和日历有关的数据时，可以使用 java.util 包中的 Date 类和 Calendar 类创建的对象实现。

1. Date 类

java.util 包中的 Date 类主要有两个构造方法：

```
public Date();            //获取本地计算机当前的日期和时间
public Date(long time); //设置从公元 1970 年 1 月 1 日开始的 time 毫秒后的日期和时间
```

java.text 包中提供了 DateFormat 类的子类 SimpleDateFormat 可以对 Date 对象进行格式化，输出指定格式的日期和时间。

例题 4-20 封装了日期格式化的程序。

```
//Test4_20.java
import java.util.Date;                    //导入 Date 类
import java.text.SimpleDateFormat;  //导入 SimpleDateFormat 类
public class Test4_20 {
   public static void main(String[] args){
      Date nowTime=new Date();         //获取当前日期和时间对象
      System.out.println("当前日期和时间为: "+nowTime);
      String pattern="yyyy-MM-dd"; //格式化日期写法，MM 必须为大写
      SimpleDateFormat sdf=new SimpleDateFormat(pattern);//创建格式化对象
      String timePattern=sdf.format(nowTime);//以“年-月-日”的格式获得当前日期
      System.out.println("当前日期为: "+timePattern);
      /*
      *G 替换为公元，yyyy 替换为 4 位数字的年份，MM 替换为 2 位数字的月份，dd 替换为 2 位
      *数字的天数，E 替换为星期中的天数，HH 替换为 2 位数字的小时数，mm 替换为 2 位数的
      *分钟数，ss 替换为 2 位数的秒数，z 替换为时区
      */
      pattern="G yyyy 年 MM 月 dd 日 E HH 时 mm 分 ss 秒 z";    //重新书写格式化写法
      sdf=new SimpleDateFormat(pattern);    //重新初始化对象
      timePattern=sdf.format(nowTime);       //以 pattern 格式获得当前日期和时间
      System.out.println("当前日期和时间为: "+timePattern);
      long time=System.currentTimeMillis();
      System.out.println("现在是从 1970 年 1 月 1 日开始的毫秒数"+time+"毫秒");
   }
}
```

2. Calendar 类

java.util 包中提供了 Calendar 类用来处理与日历有关的日期。Calendar 类是一个抽象类，不能用 new 初始化对象，它封装了一个类方法 getInstance，以获得此类型的一个通用对象。Calendar 类的 getInstance 方法返回一个 Calendar 对象，其日历字段已由当前日期和时间初始化。例如：

```
Calendar rightNow = Calendar.getInstance();
```

Calendar 类的各种重载 set 方法可以实现将日历改变到指定日历，各种重载 get 方法可以获取指定日历。

例题 4-21 封装了任意两年之间的相隔天数程序。

```
//Test4_21.java
import java.util.*;                              //导入 Calendar 类和 Date 类
public class Test4_21 {
   public static void main(String[] args){
      Calendar rightNow=Calendar.getInstance();     //获取日历对象
```

```
        rightNow.setTime(new Date());                  //设置当前日期为日历
        String year=String.valueOf(rightNow.get(Calendar.YEAR)); //获取年份
        String month=String.valueOf(rightNow.get(Calendar.MONTH)+1);
                                         //获取月份,索引从0开始，月份要加1
        String day=String.valueOf(rightNow.get(Calendar.DAY_OF_MONTH));
                                         //获取日
        int hour=rightNow.get(Calendar.HOUR_OF_DAY);       //获取小时
        int minute=rightNow.get(Calendar.MINUTE);          //获取分钟
        int second=rightNow.get(Calendar.SECOND);          //获取秒
        System.out.println("现在时间为:");
        System.out.print(""+year+"年"+month+"月"+day+"日");
        System.out.println(""+hour+"时"+minute+"分"+second+"秒");
        int year1=1949,month1=9,day1=1;
        rightNow.set(year1,month1-1,day1);          //设置日历，月份要减1
        long time1=rightNow.getTimeInMillis();//将时间设置为毫秒，为计算天数做准备
        int year2=2017,month2=9,day2=1;
        rightNow.set(year2,month2-1,day2);          //设置日历，月份要减1
        long time2=rightNow.getTimeInMillis();//将时间设置为毫秒，为计算天数做准备
        long days=(time2-time1)/(1000*60*60*24); //计算相隔的天数
                                                 //格式化输出
        System.out.printf("%d-%d-%d和%d-%d-%d\n相隔%d天",year2,
            month2-1,day2,year1,month1-1,day1,days);
    }
}
```

例题 4-22 封装了输出指定月份日历的程序。

```
//Test4_22.java
public class Test4_22 {
    public static void main(String[] args){
        MyCalendar mc=new MyCalendar();
        mc.setYear(2017);
        mc.setMonth(7);
        String[] day=mc.getCalendar();
        char[] ch="日一二三四五六".toCharArray();
        for(char c:ch){
            System.out.printf("%3c",c);    //格式化输出
        }
        for(int i=0;i<day.length;i++){    //输出日历
            if(i%7==0){
                System.out.println();      //换行
            }
                System.out.printf("%4s",day[i]);
        }
    }
}
/*
*MyCalendar.java
```

```
*该类封装了获取指定年份和月份的日历功能
*/
import java.util.Calendar;
public class MyCalendar {
    int year=0,month=0;
    public void setYear(int year){
        this.year=year;
    }
    public void setMonth(int month){
        this.month=month;
    }
    //获得指定月份的日历天数，存放在一个数组内
    public String[] getCalendar(){
        String[] days=new String[40];                    //设置一个存放天数的数组
        Calendar calendar=Calendar.getInstance();;    //获得一个Calendar对象
        calendar.set(year,month-1,1);
        int weekDay=calendar.get(Calendar.DAY_OF_WEEK)-1;//计算出1号是星期几
        int day=0;
        //判断闰年
        if(month==1||month==3||month==5||month==7||month==8||month==10||month
        ==12){
            day=31;
        }
        if(month==4||month==6||month==9||month==11){
            day=30;
        }
        if(month==2){
            if(((year%4==0)&&(year%100!=0))||(year%400==0)){
                day=29;
            }else{
                day=28;
            }
        }
        for(int i=0;i<weekDay;i++){
            days[i]=" ";
        }
        for(int i=weekDay,n=1;i<weekDay+day;i++){
            days[i]=String.valueOf(n);
            n++;
        }
        for(int i=weekDay+day;i<days.length;i++){
            days[i]=" ";
        }
        return days;
    }
}
```

4.4 泛 型

在第 3 章的内容中曾经提到类的继承、多态和上转型关系，超类和子类之间存在相互转换的方式，如果转换不适当，就会出现编译错误或运行时错误，导致程序不能正常工作。

例题 4-23 封装了一个上转型对象的程序。

```
//Test4_23.java
import java.util.*;
public class Test4_23 {
   public static void main(String[] args) {
        List list = new ArrayList();       //创建一个 ArrayList 对象的上转型对象
        list.add("Java 世界");
        list.add("核心");
        list.add(100);                               //自动装箱
        for (int i = 0; i < list.size(); i++) {
        String name = (String) list.get(i);  //出现运行时问题
        System.out.println("name:" + name);
      }
   }
}
```

例题 4-23 定义了一个 List 类型的集合对象，先向其中加入了两个字符串类的对象，随后加入一个 Integer 类的对象。这是完全允许的，因为此时对象 list 默认的类型为 Object 类型。在之后的循环中，由于忘记了之前在 list 中也加入了 Integer 类的对象或其他编码原因，很容易出现类似于"//出现运行时问题"的错误。在编译阶段会出现"注: Test4_23.java 使用了未经检查或不安全的操作。有关详细信息，请使用 -Xlint:unchecked 重新编译。"的警告信息，而运行时会出现 java.lang.ClassCastException 异常。针对这种情况，会出现两个问题：

（1）当把一个对象放入集合中，集合不会记住此对象的类型，统一地声明为 Object 类型。当再次从集合中取出此对象时，该对象的编译类型变成了 Object 类型，但其运行时类型仍然为其本身类型。

（2）"//出现运行时问题"处取出集合元素时需要人为地强制类型转换到具体的目标类型，且很容易出现 java.lang.ClassCastException 异常。

为了解决此类问题，JDK 5.0 后提出了泛型（Generics）的概念，可以减少数据类型的转换，提高代码的运行效率。泛型实际上是通过给类或接口增加类型参数来实现的，又称"参数化类型"。类似于定义方法时有形参，然后调用此方法时传递实参。泛型就是将类型由原来具体的类型参数化，此时类型也定义成参数形式（可以称之为类型形参），然后在使用或调用时传入具体的类型（类型实参）。

例题 4-24 使用泛型改进了例题 4-23 出现的问题。

```
//Test4_24.java
import java.util.*;
public class Test4_24{
   public static void main(String[] args) {
        /*没使用泛型的源代码
        *List list=new ArrayList();
        *list.add("Java 世界");
```

```
        *list.add("核心");
        *list.add(100);
        */
        //使用了泛型的源代码
        List<String> list=new ArrayList<String>();
        list.add("Java 世界");
        list.add("核心");
        //list.add(100);                        //提示编译错误而不是运行时错误
        for(int i=0; i<list.size(); i++) {
            String name=list.get(i);          //此处就不用进行类型转换
            System.out.println("name:" + name);
        }
    }
}
```

采用泛型写法后，在“//提示编译错误而不是运行时错误”处想加入一个 Integer 类型的对象时会出现编译错误，通过 List<String>，直接限定了 list 集合中只能含有 String 类型的元素，从而在“//此处就不用进行类型转换”处无须进行强制类型转换，因为此时，集合能够记住元素的类型信息，编译器已经能够确认它是 String 类型了。

结合例题 4-23 和例题 4-24 可以看出，在 List<String>中，String 是类型实参，也就是说，相应的 List 接口中肯定含有类型形参，且 get()方法的返回结果也直接是此形参类型（也就是对应传入的类型实参）。

使用 Java 泛型在编写程序时可以将运行时的类型检查提前到编译时执行，使代码更加安全。

4.4.1 泛型类

泛型类是指在定义类的同时给出类的参数，它的一般书写格式为

```
[访问修饰符] class 类名<类型参数列表> [extends 超类] [implements 接口列表] {类体}
```

例如：

```
public class MyClass<T> { … }
```

说明：

（1）泛型类的声明必须在类名的后面紧跟英文半角的<>。

（2）<>中的类型参数可以是一个也可以是多个。如果是多个，中间用英文半角的逗号隔开。

（3）通常用 T、E、K、V 等形式的参数表示泛型形参，用于接收来自外部使用时候传入的类型实参。类型参数可以是任何对象或接口，但不能是基本数据类型。

（4）泛型类的类体内容和普通的类体内容相同。

例题 4-25 封装了泛型类的程序。

```
//Test4_25.java
public class Test4_25 {
    public static void main(String[] args){
        Box<String> name=new Box<String>("corn");     //初始化泛型对象，指定泛
                                                      //型类的实参为 String
        System.out.println("String 对象的泛型:" + name.getData());
        Box<Dog> name1=new Box<Dog>();//初始化泛型对象，指定泛型类的实参为 Dog
        System.out.println("Dog 对象的泛型: "+name1.getData());
```

```
    }
}
//Box.java，该类是一个泛型类，T为泛型参数
public class Box<T> {
   private T data;              //定义一个T类型的对象
    public Box() {              //无参数构造方法
        System.out.println("调用无参数的构造方法");
    }
    public Box(T data) {        //带T类型参数的构造方法
        this.data=data;
    }
    public T getData() {
        return data;
    }
}
//Dog.java，该类是一个普通的封装类，只是为了演示其对象的使用，所以省略了代码
public class Dog {
}
```

4.4.2 泛型接口

泛型接口是指在定义接口的同时给出接口的参数，它的一般书写格式为

```
[访问修饰符] interface 接口名<类型参数列表> [extends 接口列表] {接口体}
```

例如：

```
public interface MyInterface<T> { … }
```

说明：

（1）泛型接口的声明必须在接口名的后面紧跟英文半角的<>。

（2）<>中的类型参数可以是一个也可以是多个。如果是多个，中间用英文半角的逗号隔开。

（3）通常用T、E、K、V等形式的参数表示泛型形参，用于接收来自外部使用时传入的类型实参。类型参数可以是任何对象或接口，但不能是基本数据类型。

（4）泛型接口的接口体内容和普通的接口体内容相同。

例题 4-26 封装了泛型接口的程序。

```
//Test4_26.java
public class Test4_26 {
   public static void main(String[] args){
      Employee tom=new Employee();
      System.out.println("员工听: ");
      tom.listen(new Piano());
      Staff jerry=new Staff();
      System.out.println("职工听: ");
      jerry.listen(new Violin());
   }
}
//Listener.java，该接口封装了一个接口泛型，T为类型参数
public interface Listener<T> {
   public void listen(T x);
}
```

```
//Employee.java，该类实现了泛型接口，传递 Piano 类型实参
public class Employee implements Listener<Piano> {
    public void listen(Piano p){ //重写接口中的方法
        p.play();
    }
}
//Staff.java，该类实现了泛型接口，传递 Violin 类型实参
public class Staff implements Listener<Violin> {
    public void listen(Violin v){ //重写接口中的方法
        v.play();
    }
}
//Piano.java
public class Piano{
    public void play(){
        System.out.println("钢琴曲");
    }
}
//Violin.java
public class Violin{
    public void play(){
        System.out.println("小提琴曲");
    }
}
```

4.5 枚　　举

Java 语言程序设计中，有时变量的取值只在一个有限的集合内，比如销售的服装只有小、中、大和超大这四种尺寸，一副扑克牌只有红桃、梅花、方片和黑桃这四种花色，如果把这些尺寸或花色分别编码为 1、2、3、4 或 S、M、L、X，有时会造成一定的逻辑混乱。JDK 5.0 后提出了枚举（Enumeration）的定义方法，它只包含有限个命名的值。

4.5.1 枚举的创建

枚举是一种引用数据类型，枚举的创建包括枚举声明和枚举体，它的一般书写格式为

```
[访问修饰符] enum 枚举名 { 枚举体（枚举常量列表）}
```

例如：

```
public enum Box { … }
```

说明：

（1）枚举名必须是合法的 Java 标识符，第一个字母通常是大写，保存的文件扩展名是.java。

（2）枚举体中的枚举常量列表之间用英文半角的逗号隔开。

（3）所有的枚举类型都是 java.lang.Enum<E>的子类，继承了该类的所有成员方法。

（4）在枚举体中，除了枚举常量列表外，还可以增加自己的构造方法、成员方法和数据字段。不过一般不使用构造方法创建新对象。

4.5.2 枚举的使用

1．枚举的常用方法

封装了一个枚举类型后，就可以用该枚举类的枚举名引用枚举实例了。所有的枚举类型都是java.lang.Enum<E>的子类，继承了该类的所有成员方法。枚举类的常用方法见表4-15。

表4-15 枚举类的常用方法

方 法	说 明
String toString()	返回枚举定义中常量的名称
int ordinal()	返回枚举常量在枚举定义中的索引位置，索引从0开始
static Enum valueOf(Class ec, String s)	返回给定名字、给定类的枚举常量
static Enum[] values()	返回包含全部枚举值的数组

例题4-27 封装了枚举类的程序。

```
//Test4_27.java
import java.util.*;
public class Test4_27 {
    public static void main(String[] args){
        Scanner in=new Scanner(System.in);
        System.out.print("请输入一种尺寸: (SMALL,MEDIUM,LARGE,EXTRA_LARGE)");
        String input=in.next().toUpperCase();
        Size size=Enum.valueOf(Size.class,input);//Enum类的静态方法获得一个枚举实例
        System.out.println("尺寸为: "+size);
        System.out.println("尺寸简写为: "+size.getAbbreviation());
        //从尺寸中取出两种不同尺寸的排列，使用enum类的values()方法
        for(Size a:Size.values()){         //for循环增强
            for(Size b:Size.values()){
                if(a!=b){
                    System.out.print(a+","+b+"|");
                }
            }
        }
    }
}
//Size.java，该枚举类封装了常量、构造方法和成员方法，保存文件为.java文件
public enum Size {
    //定义四个枚举常量，后面还有其他语句，最后必须加分号
    SAMLL("S"),MEDIUM("M"),LARGE("L"),EXTRA_LARGE("XL");
    private String abbreviation;          //定义私有数据
    //定义私有的构造方法，一般不能用来构造实例对象
    private Size(String abbreviation){
        this.abbreviation=abbreviation;
    }
    public String getAbbreviation(){
        return abbreviation;
    }
}
```

2. switch 语句中的枚举常量

2.3.2 节提到 switch（表达式）中表达式的值只能是 byte、short、char 和 int 等基本数据类型，JDK 5.0 后还允许 switch（表达式）中表达式的值可以是枚举类型的常量。

例题 4-28 封装了 switch 语句中枚举常量的程序。

```
//Test4_28.java
public class Test4_28 {
    public static void main(String[] args){
        double price=0;
        boolean show=false;
        for(MyFruit fruit:MyFruit.values() ){
            switch(fruit){  //switch 语句用枚举常量做标号
                case APPLE: price=1.5;
                            show=true;
                            break;
                case MANGO: price=6.8;
                            show=true;
                            break;
                case BANANA: price=2.8;
                             show=true;
                             break;
                default: show=false;
            }
                if(show){
                System.out.println(fruit+"500g="+price+"元");
            }
        }
    }
}
```

拓展阅读

函数式编程（Functional Programming）是一种编程的范式，也可以称作一种编程方式的方法论。面向对象程序设计和命令式程序设计是现代软件开发的主要范式，而函数式编程语言在生产代码库中相对较少。随着程序设计语言扩展对函数式编程方法的支持，以及软件开发新框架的迭代，函数式编程正迅速通过各种不同的途径进入越来越多的代码库，可以有效提高 Java 语言程序设计效率。OOP 思想一直是软件工程领域的基础，它融合了函数式编程提出一种高效便捷的创新程序设计范式。

习　题

1. 编写一个仿真购买手机与手机卡的例子。

（1）封装手机卡接口 SIMable，它表示是手机卡，可以应用为移动卡也可以是联通卡，声明三个方法以适应通用手机：void setNumber(String n); String giveNumber();String giveCorpName();。

（2）封装手机类 MobileTelephone，既可以是单卡手机，也可以是双卡双待手机，也可以没有手机卡，取决于 SIM 卡，因此，需要声明三个 SIMable 类型的属性，以对应单卡、双卡、无卡，编写三个构造方法。后期可能还会换卡，因此需要编写两个方法以适应修改卡：void useSIM(SIMable card)，void useSIM(SIMable card1, SIMable card2)，编写查看手机卡信息方法 void showMess()。

（3）封装移动手机卡 SIMOfChinaMobile，需要实现 SIMable 接口，同时要封装手机号 String number。

（4）封装联通手机卡 SIMOfChinaUnicom，需要实现 SIMable 接口，同时要封装手机号 String number。

（5）编写仿真程序执行入口 Test，创建手机对象、移动卡对象和联通卡对象，查看信息。

2. 封装一个类 CountNumber，包含一个方法 public int[] count(String s)，统计每个数字在字符串出现的次数，返回值是 10 个元素构成的数组，每个元素存储的是一个数字出现的次数。例如：在执行完 int[] count("12203AB3")之后，count[0]为 1，count[1]为 1，count[2]为 2，count[3]为 2。封装执行主类。

3. 对于一个字符串，如果从前向后读和从后向前读都是同一个字符串，则称为回文串。例如："mom"、"dad"、"noon"等都是回文串。封装一个类 CheckPalindrome，包含一个方法判断参数字符串是否是回文串，当字符串有奇数个字符时，不检查中间字符。封装执行主类。

4. 封装一个类 CommonPrefix，包含一个方法返回两个字符串参数共有的前缀 public String getPrefix(String s1,String s2)。例如："disappear"和"distance"的共有前缀为"dis"，如果没有则返回一个空串。封装执行主类。

5. 封装一个类 MyPassword，包含一个方法检验一个字符串参数是否是合法的密码。假设密码规则为：

（1）密码必须至少有 8 个字符；（2）密码只能包括字母和数字；（3）密码必须至少有 2 个数字。

封装执行主类，传递实参，判断该参数是否符合规则。

6. 扩充例题 4-14 的功能，实现两个矩阵的相加、两个矩阵的相减，矩阵的转置和矩阵的逆矩阵等运算。

7. 封装一个类 MatrixLocation，查询二维数组中的最大值及其位置。最大值用 double 类型的 maxValue 存储，位置用 int 类型的 row 和 column 存储。封装执行主类，给定二维数组，输出最大值及其位置。

8. java.util 包中有一个类 GregorianCalendar，可以使用它获得某个日期的年、月、日。它的无参数构造方法创建一个当前日期的实例，还有相应的其他方法。封装一个类 ShowDate，包含两个方法：（1）显示当前的年、月、日；（2）使用 public void setTimeInMillis(long millis)方法可以用来设置从 1970 年 1 月 1 日算起的一个特定时间。将这个值设置为 1234567898765L，然后显示这个年、月、日。封装执行主类。

9. 封装一个类 ComputerBig，计算两个大整数（如 123456789123456789123456789 和 987654321987654321987654321）的和、差、积和商，并计算一个大整数的因子个数（因子中不包括 1 和大整数本身）。封装执行主类，传递任意的大整数进行计算。

10. 封装一个类 JavaComputerDate，程序将判断两个日期的大小关系（如输出：您输入的第二个日期大于第一个日期）以及两个日期之间的间隔天数（如输出：2006 年 6 月 6 日和 2008 年 8 月 3 日相隔 789 天）。封装执行主类，传递任意两个日期进行计算。

11. 封装一个接口 ShapeInterface，包含一个可以计算面积的方法。编写两个实现该接口的类：矩形类 MyRectangle 和圆形类 MyCircle。封装一个具有泛型特点的类 MyShape<T>，要求这个类具有可以在控制台输出某种图形的面积的功能，而且这个类的类型参数所对应的实际类型可以是矩形类或圆形类，利用这个具有泛型特点的类在控制台分别输出给定边长的矩形面积和给定半径的圆形面积。

12. 利用枚举类型封装一类 MyDate，在控制台输出给定年份的每个月的天数，要求在输出中含有各个月份的英文名称。

第5章 异常处理

程序设计与运行过程中，总是会发生一些错误，而这些错误中有些是可以避免或修复的，有些是不可修复的。Java语言在处理这些错误时采取了面向对象的设计机制，抽象出了一类对象来修复或提示错误的问题，这类对象把可预料和不可预料的错误处理成统一的程序实现，称为异常（Exception）处理。充分利用异常处理机制，可以使程序出错时能够有相应的措施保证程序的健壮可靠。

5.1 概述

程序中出现了问题必须要及时处理，否则程序会中断退出或导致错误的结果，为后续程序执行带来更多的问题。

5.1.1 程序中的问题

在程序设计与开发过程中，经常会遇到各种各样的问题，通常有编译问题和运行时问题。

1．编译问题

编译（Compile）过程出现问题是由于所编写的源代码存在语法问题，Java编译器不能将源代码编译成目标字节码。例如：类名引用出错，检查对未开辟空间对象的使用等。这些语法的检查工作由系统自动完成，可以减少设计负担和程序中的隐含问题。

大部分编译问题是由于对语法不熟悉或拼写错误等引起的。例如：Java语言规定需要在每条语句的末尾使用英文半角的分号结束，花括号和小括号要分别成对使用等。由于编译器会给出每个编译问题的位置和相关的问题信息，修改编译问题相对简单。由于编译器判定问题比较机械，在参考它所指出的问题位置和信息时应灵活地参照上下文其他语句，将程序作为一个整体来检查。

没有编译问题是一个程序正常运行的基本条件，只有所有的编译没有问题了，源代码才可以被成功地编译成目标代码或字节代码。

2．运行时问题

一个没有编译问题的程序只是说明符合了Java语言的语法要求，但并不能说明运行结果是正确的，还会存在运行时（Runtime）问题。运行时问题是程序在运行过程中产生的，它主要有系统运行时问题和程序逻辑运行时问题两大类。

系统运行时问题是指程序在执行过程中引发了操作系统的问题。应用程序是工作在计算机的操作系统平台上的，如果应用程序运行时所产生的运行问题危及操作系统，对操作系统产生损害，就有可能造成整个计算机的崩溃，如死机或死循环等。

当程序能够正常运行时，并不能说明它没有问题了，还有可能存在逻辑运行时问题。逻辑运行时问题是指程序没有实现预定的设计意图和设计功能而产生，如排序时不能正确处理数组头和尾元素的问题等。有些逻辑运算问题是由于算法考虑不周引起的，也有些则是由于编程过程中的细节被忽略造成的。

无论哪种问题，Java 语言对其抽象成一类称为异常类来处理它们。对于运行时问题，通常是使用开发环境所提供的单步运行机制和设置断点来分解程序运行过程，使之在人为的控制下边调试边执行。对于有些运行时和非运行时问题，通常是利用 Java 语言抛出异常类的对象预先对其进行处理，以保证程序的正常运行。每种异常类对象都对应封装了相应的方法，如果没有预先提供的异常类，也可以自定义异常类对特定的程序进行处理。

例题 5-1 封装了运行时异常的处理程序。

```
//Test5_1.java
public class Test5_1 {
    public static void main(String[] args){
        int aint=6,bint=0;
        //编译过程是没有问题的，但执行会抛出异常，如果不处理该异常，后面的语句不会继续执行
        System.out.println("输出除法结果="+aint/bint);
        System.out.println("接下来继续执行程序...");
    }
}
```

该程序出现了异常，如果不对其进行处理，程序将中断执行。为了保证程序继续执行，Java 语言提前封装了一类专门处理算术运算的异常类对象，利用该类对象对其进行处理后，程序就会继续向下执行。

```
//Test5_1.java
public class Test5_1 {
    public static void main(String[] args){
        int aint=6,bint=0;
        //编译过程是没有问题的，但执行会抛出异常，如果不处理该异常，后面的语句不会继续执行
        try{                    //将有可能出现异常的语句进行捕获
        System.out.println("输出除法结果="+aint/bint);
        }catch(ArithmeticException e){
            e.getStackTrace();     //输出跟踪处理的结果
        }
        System.out.println("接下来继续执行程序...");
    }
}
```

5.1.2 异常类

Java 语言中的异常是在程序的运行过程中所发生的异常事件，这些异常事件都属于不正常现象，它中断程序指令的正常执行。在 Java 程序的执行过程中，如果出现了异常事件，而这个异常事件恰好被 Java 语言提前封装好的一个异常类抽象存在，JDK 就会创建这个异常类对象并引用相

应的方法对其进行捕获，抛出结果以供处理。很多常见的数据操作问题都会导致异常的产生，如需要打开的文件不存在、内存不够、数据访问越界或计算机崩溃等，这些都会影响程序的正常运行。Java 语言将程序中的问题进行封装，由 java.lang 包中的 Throwable 类向外提供统一实现，它主要有 Error 类和 Exception 类两大子类。

1. Error 类

Error 类在 java.lang 包中，它用于表示合理的应用程序不应该试图捕获的严重问题。大多数这样的错误都是异常条件，应用程序一般都不应该试图捕获它。Error 类的对象一般是在计算机系统发生不可逆转的错误时被抛出的，这些对象可能是再也不会发生的异常条件。Error 类由系统保留，出现错误时由关键字 throw 抛出，它的子类名字都是以 Error 结束。例如：OutOfMemoryError 表示虚拟机内存越界，StackOverFlowError 表示内存堆栈溢出。

Error 类及其子类的对象通常由系统进行捕获，Java 语言程序不会捕获，也不会抛出这类异常。一般来说，这类异常是不可修复的，也不易处理。

2. Exception 类

Exception 类在 java.lang 包中，它用于表示 Java 程序需要捕获并处理的问题。Java 语言封装了很多标准的 Exception 类及其子类，Exception 类的子类名字都是以 Exception 结束。

和普通的封装类相同，Exception 类有自己的构造方法和属性，并直接继承了 Throwable 类的所有内容。Exception 类的常见子类见表 5-1，Exception 类的常用构造方法见表 5-2，Exception 类的常用方法见表 5-3。

表 5-1 Exception 类的常见子类

类　名	说　明
ClassNotFoundException	未找到欲加载的类异常
ArrayIndexOutOfBoundsException	数组越界异常
IOException	输入、输出异常
FileNotFoundException	未找到指定的文件或目录异常
NullPointerException	引用空的、尚未分配内存空间的对象异常
ArithmeticException	算术运算异常
InterruptedException	被中断的异常

表 5-2 Exception 类的常用构造方法

构造方法	说　明
public Exception()	创建一个空的 Exception 对象
public Exception(String s)	创建一个带参数 s 信息的 Exception 对象
public Exception(String s, Throwable t)	创建一个带参数 s 和 t 信息的 Exception 对象
public Exception(Throwable t)	创建一个带参数 t 信息的 Exception 对象

表 5-3　Exception 类的常用方法

方　法	说　明
String toString()	返回异常对象的字符串表示
void printStackTrace()	输出当前异常对象的堆栈使用轨迹
String getMessage()	返回当前异常或错误对象的详细信息字符串表示

例题 5-2　封装了各种异常类对象的程序。

```
//Test5_2.java
public class Test5_2 {
    public static void main(String[] args){
        for(int i=0;i<4;i++){                //循环输出各种情况
            int k;
            try{
                switch(i){
                    case 0:                  //除以 0 的异常
                        int zero=0;
                        k=100/zero;          //除以 0
                        break;
                    case 1:
                        int[] aint=null;     //数组没有初始化，空的内存
                        k=aint[0];
                        break;
                    case 2:                  //数组元素越界
                        int[] cint=new int[2];
                        k=cint[9];
                        break;
                    case 3:
                        char ch="国家".charAt(99);
                        break;
                }
            }catch(Exception e){             //捕获各种异常对象并输出
                System.out.print("\nTestCase#"+i+"\n");
                System.out.println(e);
            }
        }
    }
}
```

3．可抛出异常的类层次结构图

Java 语言预先封装了许多经常出现的异常类和错误类及其子类，它们都是 Throwable 类的子类。这些可抛出异常的类层次结构如图 5-1 所示。

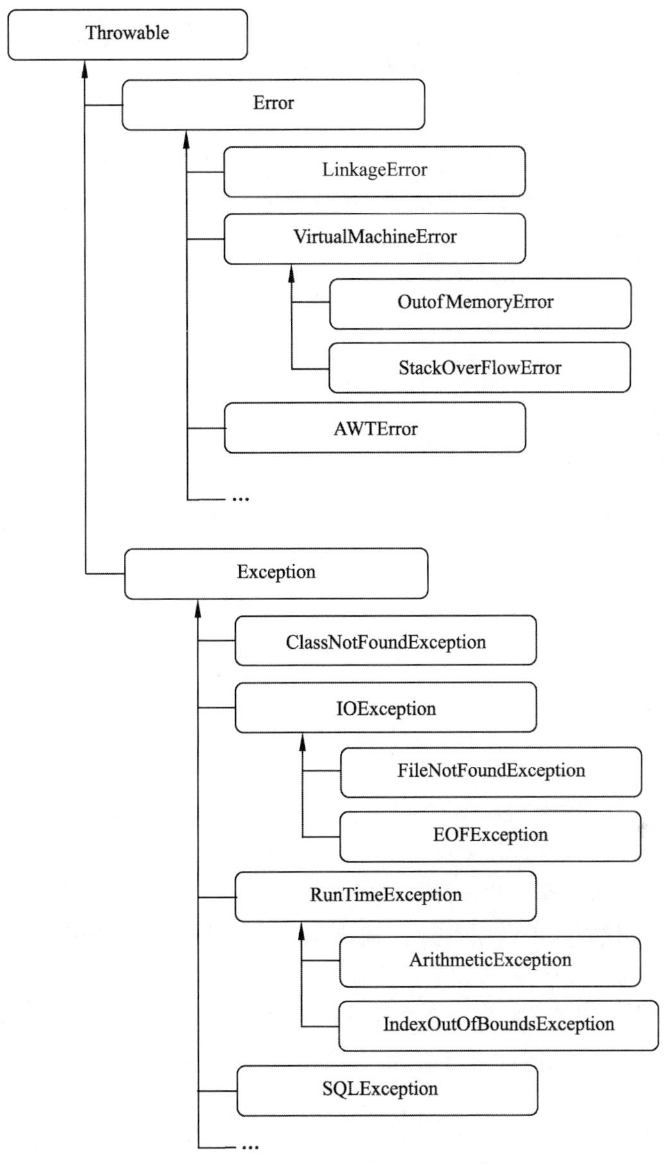

图 5-1 可抛出异常的类层次结构

5.2 异常处理概述

Java 异常对象的产生是在方法中出现，即在方法调用过程中异常对象被抛出，终止当前方法的继续执行，同时导致程序运行出现异常，并等待处理。异常处理机制将会改变程序的控制流程，让程序有机会对问题做出正确的处理。为了保证程序的正常运行，Java 语言规定了某些异常必须要被处理才可以编译通过，也就是说，为了保证程序的安全性，有些异常是必须要提前处理的。

如果一个 Java 语言程序运行期间出现了异常，程序应该采取一种异常处理机制使程序返回到一种安全状态，继续执行其他命令或者允许程序保存所有结果并以适当方式终止程序。Java 语言程序可以在方法头位置使用关键字 throws 声明所有可能抛出的异常，还可以在方法体内部使用关键字 throw 抛出一个异常类对象，当产生异常对象后，必须要对其进行捕获并处理它，此时要使用关键字 try-catch-finally。如果想要知道程序中有可能会抛出何种异常，可以查阅 Java SE API 文档。

捕获异常要求在程序的方法中预先声明，在调用方法时用 try-catch-finally 复合语句捕获并处理，用 throws 子句在方法头声明异常类，用 throw 语句在方法体中抛出异常。

1．try-catch-finally

在一个方法体中某个异常被提前定义好后，必须通过 try-catch-finally 复合语句捕获并处理，它的一般书写格式为

```
try{
    包含可能发生异常的一条或多条语句
}catch(异常类名 1 参数名 1){
    异常处理语句
}catch(异常类名 2 参数名 2){
    异常处理语句
}
…
[ finally{
    最后异常处理语句
} ]
```

说明：

（1）try 与 catch 块内的一条或多条语句是异常捕获的范围，包括可能抛出异常的语句、throw 语句、调用可能抛出异常的方法的语句等。

（2）catch 子句用来接收被抛出的异常对象，程序会中止当前的流程跳转至专门的异常处理语句块。Java 语言中 try 代码段可以伴随多个 catch 子句，用于处理 try 块中的各种异常事件。

（3）catch 子句只需要一个形式参数，参数的类型就是它能够捕获的异常类。

（4）catch 子句中指定的异常类参数之间有继承关系，子类的 catch 块必须出现在超类 catch 块的前面，否则会出现编译错误。如果各个 catch 块的参数异常类之间没有继承关系，则先后顺序就无关紧要了。

（5）当没有合适的异常类与 try 块中的语句相匹配，程序通过 finally 子句作为异常处理的统一出口，finally 子句是可选的。

例题 5-3 封装了 try-catch-finally 语句的程序。

```
//Test5_3.java
public class Test5_3 {
    public static void main(String[] args){
        CatchException ce=new CatchException();
        ce.toCatch(10);
        ce.toCatch(20);
        ce.toCatch(30);
    }
}
//CatchException.java
//该类封装了 try-catch-finally 处理异常的程序，catch 顺序不能打乱
```

```
public class CatchException {
    public void toCatch(int aint){
        //将有可能出现异常的代码放在try块内
        try{
            if(aint==10){
                System.out.println("没有异常"+aint);
                return;
            }else if(aint==20){
                int i=0;
                int j=8/i;
            }else if(aint==30){
                int[] iArray=new int[4];
                iArray[8]=0;
            }
        }catch(ArithmeticException e){
            System.out.println("捕获"+e);
        }catch(ArrayIndexOutOfBoundsException e){
            System.out.println("捕获"+e.getMessage());
        }catch(Exception e){
            System.out.println("可能没有异常");
        }finally{
            System.out.println("finally执行");
        }
    }
}
```

2. throws子句

在Java语言程序中，一个方法内生成一个异常，但该方法并不能确定如何处理此异常，如“找不到文件”等异常，必须将异常传递给调用方法，由调用它的方法来处理，这种情况下，方法应该用声明异常抛出，让异常对象可以从调用栈处向后传递，直到有相应的方法捕获它为止。声明异常抛出要使用关键字throws子句，它包含在方法头的声明位置。

例题5-4 封装了一个throws子句的程序。

```
//Test5_4.java
//创建了AnotherCatchException对象，必须提前知道会抛出哪些异常，把有可能出现异常的
//语句块用try-catch-finally处理
public class Test5_4 {
    public static void main(String[] args){
        try{
        AnotherCatchException ce=new AnotherCatchException();
        ce.toCatch(10);
        ce.toCatch(20);
        ce.toCatch(30);
        }catch(ArithmeticException e){
            System.out.println("捕获"+e);
        }catch(ArrayIndexOutOfBoundsException e){
            System.out.println("捕获"+e.getMessage());
        }finally{
            System.out.println("finally执行");
        }
```

```
    }
}
//AnotherCatchException.java
//该类使用 throws 子句在 toCatch 方法定义处抛出异常，由调用它的程序处理。
//调用程序必须提前知道抛出了哪些异常，才能明确去捕获和处理
public class AnotherCatchException {
    public  void  toCatch(int  aint)  throws  ArithmeticException,ArrayIndex
OutOfBoundsException{
        if(aint==10){
            System.out.println("没有异常"+aint);
            return;
        }else if(aint==20){
            int i=0;
            int j=8/i;
        }else if(aint==30){
            int[] iArray=new int[4];
            iArray[8]=0;
        }
    }
}
```

3．throw 语句

在捕获一个异常之前，必须先有异常抛出才能创建一个异常对象，这就需要用抛出异常语句来实现。抛出异常、创建异常对象都通过 throw 语句放在方法体内完成。它的一般书写格式为

```
throw 异常对象;
```

例如：

```
throw new IOException();  //抛出一个 IOException 类的对象
```

5.3 自定义异常

有时 Java 语言提供的异常类型并不能满足实际程序的需要，此时就要用到自定义异常类，它是一类自定义异常对象的抽象，和普通的类封装相同，但必须是 Exception 类的子类，Java 编译器才能知道它是一个异常类。

一个自定义异常类的使用需要经过三步才可实现：

（1）封装好一个 Exception 类的子类。

（2）在某类的方法声明处用 throws 将该类抛出，并在该方法的方法体中用 throw 语句抛出该异常对象，导致该方法中断执行。

（3）程序在调用此方法时必须将该方法放在 try-catch-finally 复合语句中进行捕获异常并处理该异常，保证程序能够继续执行。

例题 5-5 封装了一个自定义异常的程序。

```
//Test5_5.java
public class Test5_5 {
    public static void main(String[] args){
        Account count=new Account();
        try{
```

```
            count.income(200,-100);
            count.income(300,-100);
            count.income(400,-100);
            System.out.printf("账户目前有%d元\n",count.getMoney());
            count.income(200,100);          //发生AcountException异常
            count.income(9999,-100);        //不会执行该语句
        }catch(MyAccountException e){
            System.out.println("计算收益过程出现如下问题: ");
            System.out.println(e.warnMessage());
        }
        System.out.printf("账户目前有%d元\n",count.getMoney());
    }
}
/*MyAccountException.java
*该类是Exception的子类，作为异常类，该类的特殊地方在于不允许同号的整数做求和运算。
*比如模拟收入和支出，支出时必须用负数表示，否则就抛出异常
*/
public class MyAccountException extends Exception{
    String message;
    //构造方法规定异常现象
    public MyAccountException(int aint,int bint){
        message="收入资金"+aint+"是负数或支出"+bint+"是正数，不符合要求。";
    }
    public String warnMessage(){
        return message;
    }
}
/*
*Account.java
*该类中应用MyAccountException异常对象处理income方法中的参数传递aint必须是正数，
*传递bint必须是负数并且aint+bint必须大于0，否则该方法就抛出异常
*/
public class Account {
    int money;
    //方法定义处throws异常
    public void income(int aint,int bint) throws MyAccountException{
        if(aint<=0||bint>=0||aint+bint<=0){
            //创建异常对象并抛出该对象
            MyAccountException mae=new MyAccountException(aint,bint);
            throw mae;
        }
        int nowIncome=aint+bint;
        System.out.printf("本次计算的纯收入为: %d元",nowIncome);
        money=money+nowIncome;
    }
    public int getMoney(){
        return money;
    }
}
```

5.4 断　　言

Java 语言程序设计中，通常有抛出异常、记录日志和使用断言三种机制处理系统问题。在一个具有安全能力的程序中，断言是 Java 语言在代码调试阶段常用的检查方式。

设源代码中有语句：

```
double y=Math.sqrt(x);
```

可以明确变量 x 是一个非负数值，然而，为了保证程序的安全，还是希望对其进行检查，以避免错误的数值参与计算操作。可以通过抛出一个异常：

```
if(x<0) throw new IllegalArgumentException("x<0");
```

但这段代码会一直保留在源代码中，即使调试完毕也不会自动删除。如果程序中含有大量的这种检查，程序运行起来会非常慢。

1．断言

断言机制允许在代码调试阶段向代码中插入一些检查语句，当程序正式运行时可以关闭断言语句，如果以后程序有需要调试，可以重新启动断言语句。

为了使用断言，Java 语言使用关键字 assert，它的一般书写形式为

```
assert boolean 表达式;
//或
assert boolean 表达式: 消息表达式;
```

说明：

（1）“assert boolean 表达式;”是对 boolean 表达式的条件进行检测，如果结果为 false，程序从断言处停止执行，抛出一个 AssertionError 异常对象；如果结果为 true，程序从断言处继续执行。

（2）“assert boolean 表达式：消息表达式;”是对 boolean 表达式的条件进行检测，如果结果为 false，程序从断言处停止执行，抛出一个 AssertionError 异常对象，消息表达式将被传递给 AssertionError 构造方法，并转换成一个消息字符串；如果结果为 true，程序从断言处继续执行。

2．断言的启用和禁用

在默认情况下，断言是被禁用的，在调试程序时，需要在命令提示符下使用-ea 命令启用断言：

```
java -ea 类名
```

例如：

```
java -ea MyClass
```

表示在调试 MyClass.java 程序时，启用断言语句。

当程序正式发布运行时，可以在命令提示符下使用-da 命令禁用断言：

```
java -da 类名
```

例如：

```
java -da MyClass
```

表示在发布运行 MyClass.java 程序时，禁用断言语句。

在启用或禁用断言时，不必重新编译程序，因为它是由类加载器完成的。当断言被禁用时，虽然断言代码还保留在源程序中，但类加载器将跳过断言代码，不会降低程序运行的速度。

例题 5-6 封装了断言的程序。

```
/*
*Test5_6.java
*该类将要计算班级总成绩，可以肯定成绩一定不会出现负数，调试程序。
*使用断言检查负数如果存在，则中止程序调试，待调试成功后禁用断言
*/
public class Test5_6 {
    public static void main(String[] args){
        int[] score={60,90,90,89,-86,88};//假设班级成绩存放在数组中
        int sum=0;
        for(int number:score){
            //断言在调试程序时启用
            assert number>0:"负数不能作为成绩";
            sum=sum+number;
        }
        System.out.println("总成绩为: "+sum);
    }
}
```

拓展阅读

在软件制造领域，Java 语言程序设计的开发过程困难重重，Java 程序员也不断在更新异常处理机制。比如，java.util.Optional 是在 Java 8 版本中新增的类，一定程度上可以改善 Java 程序设计过程中的 NullPointException 的问题。Java Optional 类有两个子类：Optional 和 OptionalDouble。Optional 是一个泛型类，可以包含任意类型的对象。而 OptionalDouble 是一个针对 double 类型的特殊 Optional 类。除此之外，Java 还提供了 OptionalInt 和 OptionalLong 两个类，用于处理 int 类型和 long 类型的 null 值。

习 题

1. 声明异常的目的是什么？如何声明一个异常？
2. 发生异常后，JVM 处理异常机制是什么？
3. 封装一个类 SumNumber，该类中包含一个求两个 String 类型参数表示成 double 类型值将其求和的方法，当传递实参时如果传递的数据不正确时抛出 NumberFormatException 异常并进行处理，提示重新传递参数。封装执行主类。
4. 封装一个类 RandomArray，类中包含一个显示数组元素值的方法，该方法创建一个由 100 个随机选取的 int 类型值构成的数组，根据参数指定数组的索引并显示对应的元素值，如果指定的索引越界，处理 ArrayIndexOutOfBoundsException 异常。
5. 封装一个自定义异常类 MyException，该异常类中包含一个方法 public void message()，判断 int 类型值大小并输出相关信息。再封装一个类 MyScore，该类有一个产生异常的方法 public void score(int aint)throws MyException，当 aint 的值小于 60 时，方法会抛出一个 MyException 对象。封装执行主类测试 MySore 对象，让该对象调用 score()方法并处理异常。

第6章 输入流和输出流

计算机程序在运行时不可避免地要与外部介质或其他程序进行输入和输出处理，如从键盘输入数据或在显示器上输出数据，从文件中读取数据或向文件中写出数据，从网络下载信息或向网络上传信息等。Java程序开发包提供了完整的输入和输出类库以支持大量实用的输入和输出操作，它将程序与操作系统特定的输入和输出封装起来，便于程序设计。

6.1 概　　述

计算机程序在对数据进行输入和输出处理时，不仅要对数据本身进行封装，还要对数据的输入和输出过程进行封装，这个过程称为输入流（Input Stream）和输出流（Output Stream），Java语言统称为Java I/O流。

6.1.1 流

在Java语言程序设计过程中，流（Stream）是封装数据、字节或字符有序序列的一类对象，它能够使计算机在输入和输出信息时保证信息的完整和安全。由于计算机信息中包含数据的类型格式不同，Java语言封装的相应流对象的属性和方法也不同。

计算机程序在执行时，要求被处理的数据必须加载到内存中。Java输入流是指程序从外部介质或其他程序读入内存所需要的数据序列，通常称为输入源；Java输出流是指程序在处理数据后，将处理结果输出到外部介质或传递给其他程序的数据序列，通常称为输出目标，输入流和输出流示意图如图6-1所示。Java语言提供了丰富的类库用来处理输入流和输出流，这些类主要包含在java.io包中。

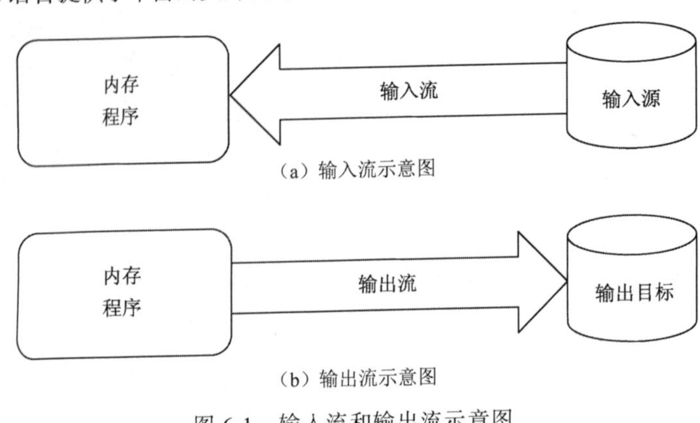

图6-1　输入流和输出流示意图

6.1.2　字节流

在 Java 语言程序设计过程中，为了需要以字节为单位对数据进行读写操作，java.io 包提供了基于输入流 InputStream 和输出流 OutputStream 为抽象超类的继承层次类结构。输入流 InputStream 类层次结构图如图 6-2 所示。输出流 OutputStream 类层次结构图如图 6–3 所示。对于每个 InputStream 子类来说，通常都有一个相应的 OutputStream 子类。InputStream 类和 OutputStream 类中定义的方法可以在其所有的子类中被调用，有些方法会在输入和输出时抛出异常 IOException，调用时需要对异常进行处理。输入流 InputStream 类中的常用方法见表 6-1。输出流 OutputStream 类中的常用方法见表 6-2。

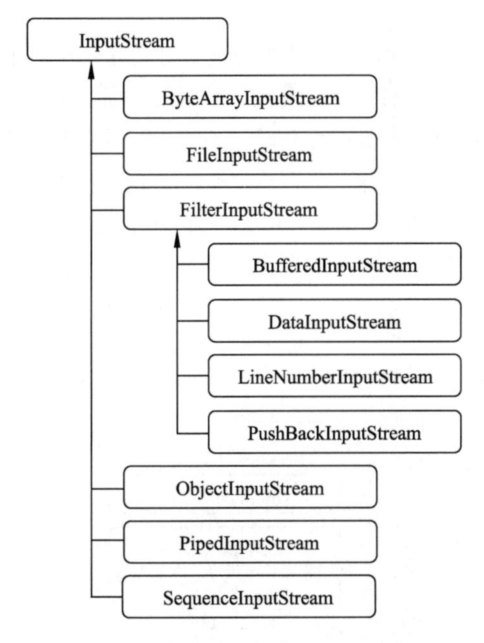

图 6-2　输入流 InputStream 类层次结构图

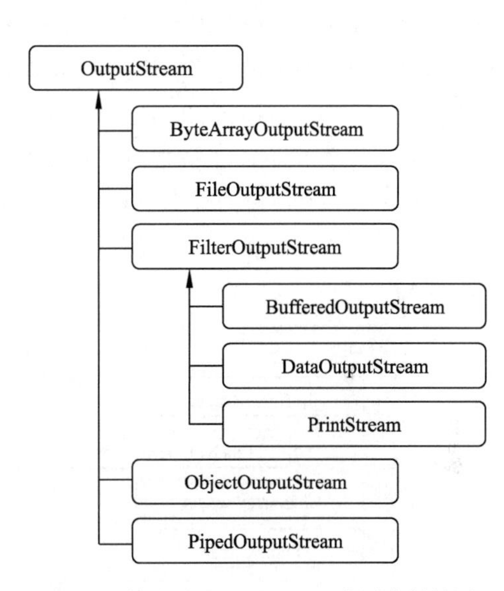

图 6-3　输出流 OutputStream 类层次结构图

表 6-1　输入流 InputStream 类中的常用方法

方　法	说　明
int available()	返回在不阻塞的情况下读取的字节数
void close()	关闭该输入流
void mark(int readLimit)	对输入流中的当前位置做标记，在删除该标记之前可以读取 readLimit 个字节
boolean markSupported()	判断该输入流是否支持 mark()方法和 reset()方法
abstract int read()	返回从输入流中读取数据的下一个字节
int read(byte[] b)	从输入流中读取数据，返回读入到数组 b 中的字节数
int read(byte[] b, int off, int length)	在输入流里将数据 off 中最多 length 个字节读入到数组 b 中
void reset()	将该输入流重新定位到上一次调用 mark()方法时的位置
long skip(long n)	跳过输入流中数据的 n 个字节，返回跳过的字节数

表 6-2 输出流 OutputStream 类中的常用方法

方　法	说　明
void close()	关闭该输出流
void flush()	刷新此输出流并强制输出被缓冲的所有字节
abstract void write(int b)	输出流将指定的字节写出
void write(byte[] b)	输出流将数组 b 所有字节写出
void write(byte[] b, int off, int length)	输出流将数组 b 中索引 off 开始的 length 个字节写出

6.1.3 字符流

在 Java 语言中通常使用 2 字节的 Unicode 字符集，字节流往往不能很好地处理 Unicode 字符。例如：当用字节流处理占用 2 字节的汉字时，读写不当就容易出现“乱码”的情况。如果需要以字符为单位对数据进行读写操作，java.io 包提供了基于输入流 Reader 和输出流 Writer 为抽象超类的继承层次类结构。输入流 Reader 类层次结构图如图 6-4 所示。输出流 Writer 类层次结构图如图 6-5 所示。对于每个 Reader 子类来说，通常都有一个相应的 Writer 子类。Reader 类和 Writer 类中定义的方法可以在其所有的子类中被调用，有些方法会在输入和输出时抛出异常 IOException，调用时需要对异常进行处理。输入流 Reader 类中的常用方法见表 6-3。输出流 Writer 类中的常用方法见表 6-4。

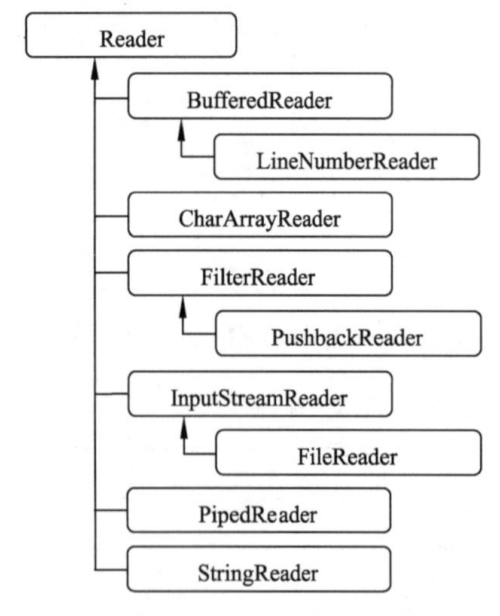

图 6-4 输入流 Reader 类层次结构图

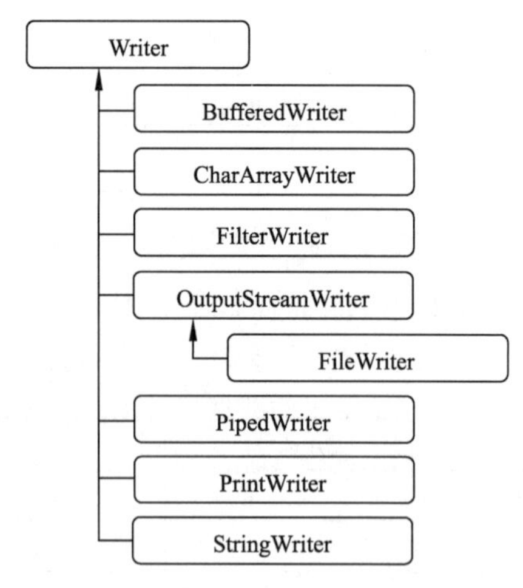

图 6-5 输出流 Writer 类层次结构图

表 6-3 输入流 Reader 类中的常用方法

方　法	说　明
abstract void close()	关闭该输入流
void mark(int readLimit)	对输入流中的当前位置做标记，在删除该标记之前可以读取 readLimit 个字符
boolean markSupported()	判断该输入流是否支持 mark()方法
int read()	读取单个字符，返回一个 Unicode 字符值
int read(char[] cb)	从输入流中读取字符数据，返回读入到数组 b

续表

方　法	说　明
int read(char[] b, int off, int length)	将输入流中字符读入到数组的某一部分
int read(CharBuffer target)	输入流将字符读入指定的字符缓冲区
boolean ready()	判断该输入流是否准备读取字符数据
void reset()	将该输入流重新定位到上一次调用 mark()方法时的位置
long skip(long n)	跳过输入流中字符数据的 n 个字符数

表 6-4　输出流 Writer 类中的常用方法

方　法	说　明
Writer append(char c)	将指定的字符 c 追加到该输出流
Writer append(CharSequence csequence)	将指定的字符序列 csequence 追加到该输出流
Writer append(CharSequence csequence, int start, int end)	将指定的字符序列 csequence 的部分子序列追加到该输出流
abstract void close()	关闭该输入流，并且刷新该输出流
abstract void flush()	刷新此输出流并强制输出被缓冲的所有字符
void write(char[] cb)	输出流将指定字符数组中的字符数据全部写出
abstract void write(char[] cb, int off, int length)	输出流将数组 cb 中部分字符写出
void write(int c)	输出流将指定字符数据写出
void write(String str)	输出流将指定字符串写出
void write(String str, int off, int length)	输出流将指定字符串的部分子串写出

6.2　文件输入流和输出流

文件是计算机存储数据的常用载体，它可以存储在多种外部介质中，如硬盘、U 盘或光盘等，还可以通过网络传输。对于大部分用户来说，一方面需要将位于计算机内存中的数据保存（写出）到文件中，实现持久保存；另一方面还需要将文件中的数据加载（读入）到内存，实现计算机的处理。由于文件中的数据只是一系列连续的字节或字符，并没有明显的结构，所以 Java 语言程序必须通过相应的输入流或输出流对文件进行处理。

6.2.1　文件类

java.io 包中的文件类（File）类封装了文件系统中的文件名及其目录和路径，它提供了各种在计算机操作系统上检查和处理的文件名、文件、目录和路径的方法。File 对象主要用来获取文件或目录、路径等信息，对文件或目录本身的属性进行操作，并不包含读写文件内容的方法。

1. File 对象的初始化

使用 File 类的构造方法对 File 对象进行初始化，在计算机内存中创建一个 File 类型的实例。不管文件是否在外存物理存在，都可以创建任意文件名的对象。File 类的常用构造方法见表 6-5。

表 6-5　File 类的常用构造方法

构 造 方 法	说　　明
public File(File parent, String child)	为目录 parent 下的 child 构造一个 File 对象，parent 是一个 File 对象，child 可以是一个文件名，也可以是一个目录名
public File(String pathname)	在当前目录下构造一个 File 对象，这个对象可以是一个文件名，也可以是一个目录名
public File(String parent, String child)	为目录 parent 下的 child 构造一个 File 对象，parent 是一个 String 对象，child 可以是一个文件名，也可以是一个目录名

在 File 类的构造方法中，如果参数 parent 和 pathname 表示的是目录或路径名时，其分隔符在不同的操作系统中表示方式是不同的。在 Windows 操作系统中，路径名的目录分隔符是反斜线(\ )，但是在 Java 语言程序中，反斜线（ \ ）是一个特殊的字符，应该使用转义字符（ \\ ）来表示。路径名可以是绝对路径，如 C:\mypath\subpath\JavaWorld.java，在 Java 程序中应该写成 new File("C:\\mypath\subpath\\JavaWorld.java")。路径名也可以是相对路径，如 xpath\JavaWorld.java，表示在当前目录下的 xpath 子目录中的 JavaWorld.java 文件，在 Java 程序中应该写成 new File("xpath\\JavaWorld.java")。在 Java 语言程序中，不建议直接使用绝对路径，如使用了类似 new File("C:\\mypath\subpath\\JavaWorld.java")的文件名，它可以在 Windows 操作系统中运行，但是不能在其他操作系统平台上运行，建议使用相对路径以表示当前目录下的文件名或子目录。在 UNIX 操作系统中，路径名的目录分隔符是正斜线（ / ），这也是 Java 语言程序中使用的目录分隔符，如 new File("xpath/JavaWorld.java")为在当前目录下的 xpath 子目录中的 JavaWorld.java 创建了一个 File 对象，此语句在 Windows、UNIX 和其他操作系统上都能运行。

2. File 对象的操作

如果一个对应于文件名及其目录和路径名的 File 对象创建成功后，就可以调用它的成员方法来操作其属性了。File 类的常用方法见表 6-6。

表 6-6　File 类的常用方法

方　　法	说　　明
public boolean canWrite()	判断 File 对象的文件是否可以修改
public boolean createNewFile()	检查 File 对象的文件是否存在，若不存在则创建该文件。如果操作成功，该方法返回 true
public boolean delete()	删除 File 对象的文件或目录，如果为一个目录，则此目录必须为空才可以操作。如果操作成功，该方法返回 true
public boolean exists()	判断 File 对象的文件是否存在
public String getAbsolutePath()	返回 File 对象的绝对路径名
public String getName()	返回 File 对象的文件名或路径名（不包含路径）
public String getParent()	返回 File 对象的父目录名
public String getPath()	返回 File 对象的路径名
public boolean isAbsolute()	判断 File 对象是否是一个绝对路径
public boolean isDirectory()	判断 File 对象是否是一个目录
public boolean isFile()	判断 File 对象是否是一个文件

续表

方　　法	说　　明
public boolean isHidden()	判断 File 对象是否被隐藏
public long lastModified()	返回 File 对象最后一次被修改的时间
public long length()	返回 File 对象的长度（以字节为单位）
public String[] list()	返回 File 对象表示的目录中的文件和子目录
public File[] listFiles()	返回 File 对象表示的目录中的文件
public boolean mkdir()	检查 File 对象的目录是否存在，若不存在则创建该目录。如果操作成功，该方法返回 true
public boolean renameTo(File dest)	重命名 File 对象。如果操作成功，该方法返回 true

例题 6-1　封装了针对文件操作 File 对象的程序，运行结果如图 6-6 所示。图 6-6（a）显示了程序在 Windows 平台上的运行结果，图 6-6（b）显示了程序在 Linux 平台上的运行结果。可以看出，Windows 平台和 Linux 平台的路径命名方式是不同的。

```
//Test6_1.java
public class Test6_1{
   public static void main(String[] args) {
      FileClass fileclass=new FileClass();
      fileclass.operate();
   }
}
/*
*FileClass.java
*创建文件 File 类的对象，使用 File 类中的方法获取相应的属性。
*/
import java.io.*;                  //导入 File 类有关的包
import java.util.Date;             //导入日期类有关的包
public class FileClass{
   public void operate(){
      File file=new File("image/bird.gif");
      System.out.println(file.getName()+"是否存在？ "+file.exists());
      System.out.println(file.getName()+"的长度有多少 "+file.length()+"字节");
      System.out.println(file.getName()+"的内容是否可被写？ "+file.canWrite());
      System.out.println(file.getName()+"是不是目录？ "+file.isDirectory());
      System.out.println(file.getName()+"是不是文件？ "+file.isFile());
      System.out.println(file.getName()+"是否是一个绝对路径？ "+file.isAbsolute());
      System.out.println(file.getName()+"是否被隐藏？ "+file.isHidden());
      System.out.println(file.getName()+"的绝对路径是: "+file.getAbsolutePath());
      //以日期格式显示文件的最后修改时间
      System.out.println(file.getName()+"的最后修改时间是: "+new Date(file.
      lastModified()));
      File newFile=new File("newFile.dat");
      System.out.println("在当前目录下新建文件 "+newFile.getName());
      try{
         newFile.createNewFile();
         System.out.println("文件新建成功！ ");
      }catch(IOException ioe){
```

```
            System.out.println(ioe.getStackTrace());
        }
    }
}
```

```
bird.gif是否存在？ true
bird.gif的长度有多少 36721字节
bird.gif的内容是否可被写？ true
bird.gif是不是目录？ false
bird.gif是不是文件？ true
bird.gif是否是一个绝对路径？ false
bird.gif是否被隐藏？ false
bird.gif的绝对路径是: D:\book\image\bird.gif
bird.gif的最后修改时间是: Tue May 23 08:54:45 CST 2017
在当前目录下新建文件 newFile.dat
文件新建成功!
```

（a）Windows 平台

```
bird.gif是否存在？ true
bird.gif的长度有多少？ 36721字节
bird.gif的内容是否可被写？ true
bird.gif是不是目录？ false
bird.gif是不是文件？ true
bird.gif是否是一个绝对路径？ false
bird.gif是否被隐藏？ false
bird.gif的绝对路径是: /home/gerry/book/image/bird.gif
bird.gif的最后修改时间是: Tue May 23 08:54:45 CST 2017
在当前目录下新建文件 newFile.dat
文件新建成功!
```

（b）Linux 平台

图 6-6 例题 6-1 的运行结果

例题 6-2 封装了针对目录操作 File 对象的程序。

```
//Test6_2.java
import java.io.*;
public class Test6_2{
    public static void main(String[] args){
        File directory=new File(".");                  //创建当前目录对象
        FileFilterClass filefilter=new FileFilterClass();
        filefilter.operate(directory,"class");         //指定扩展名为 class
        File directory1=new File("./image");           //创建指定目录对象
        FileFilterClass filefilter1=new FileFilterClass();
        filefilter1.operate(directory1,"class");
    }
}
/*FileFilterClass.java
*该类封装了输出指定目录下所有文件名和指定扩展名文件的功能
*/
import java.io.*;
public class FileFilterClass{
    public void operate(File dir,String extName){
        FilterClass filter=new FilterClass();
        filter.setExtendName(extName);
```

```
        String[] allFileName=dir.list();
        String[] fileName=dir.list(filter);
        System.out.println("输出指定目录下"+dir.getName()+"的所有文件");
        for(String name:allFileName){
            System.out.println(name);
        }
        System.out.println("输出指定目录下"+dir.getName()+"指定扩展名的文件");
        for(String name:fileName){
            System.out.println(name);
        }
    }
}
/*FilterClass.java
*该类实现了 FilenameFilter 接口，用于过滤文件名
*/
import java.io.*;
public class FilterClass implements FilenameFilter{
    private String extendName;        //定义目录和扩展名
    public void setExtendName(String s){
        extendName="."+s;
    }
    //重写（override）接口中的方法
    public boolean accept(File dir,String extName){
        return extName.endsWith(extendName);
    }
}
```

6.2.2　文件输入字节流和输出字节流

java.io 包中的 File 类封装了文件系统中的文件名及其目录和路径名，但它没有封装文件读写数据的方法。为了完成由文件输入和向文件输出的操作，需要使用恰当的输入流和输出流对象。根据文件读写数据单位的不同，java.io 包中由 InputStream 类和 OutputStream 类提供了以字节为单位访问文件的子类：文件输入字节流 FileInputStream 类和输出字节流 FileOutputStream 类，它们创建的相应对象可以以字节为单位完成文件内容的操作过程。

1. 文件输入字节流和输出字节流的使用

文件输入字节流 FileInputStream 类是为了从文件读取字节，文件输出字节流 FileOutputStream 类是为了向文件写出字节。文件输入字节流 FileInputStream 类和输出字节流 FileOutputStream 类的所有方法都是从其超类字节输入流 InputStream 类和字节输出流 OutputStream 类继承得到，没有引入新的方法。几乎所有的字节输入流 InputStream 类和字节输出流 OutputStream 类中的方法都会抛出异常 java.io.IOException 类的对象，因此，必须在读写方法中声明抛出异常 java.io.IOException 类的对象或者将读写方法的代码放到 try-catch 代码块中进行处理。

文件输入字节流 FileInputStream 类的常用构造方法见表 6-7。文件输出字节流 FileOutput Stream 类的常用构造方法见表 6-8。

表 6-7　文件输入字节流 FileInputStream 类的常用构造方法

构 造 方 法	说　　明
public FileInputStream(File filename)	由 File 对象创建 FileInputStream 对象
public FileInputStream(String filename)	由指定的文件名创建 FileInputStream 对象

表 6-8　文件输出字节流 FileOutputStream 类的常用构造方法

构 造 方 法	说　　明
public FileOutputStream(File filename)	由 File 对象创建 FileOutputStream 对象。如果文件不存在，就会创建一个新文件；如果文件存在，就会删除文件的当前内容
public FileOutputStream(String filename)	由指定的文件名创建 FileOutputStream 对象。如果文件不存在，就会创建一个新文件；如果文件存在，就会删除文件的当前内容
public FileOutputStream(File filename, boolean append)	由 File 对象创建 FileOutputStream 对象。如果文件不存在，就会创建一个新文件；如果文件存在且 append 的值为 true，则文件的当前内容不会被删除且继续追加，如果 append 的值为 false，就会删除文件的当前内容
public FileOutputStream(String filename, boolean append)	由指定的文件名创建 FileOutputStream 对象。如果文件不存在，就会创建一个新文件；如果文件存在且 append 的值为 true，则文件的当前内容不会被删除且继续追加，如果 append 的值为 false，就会删除文件的当前内容

文件输入字节流 FileInputStream 类的对象可以调用从超类继承得到的 read()方法或其他重载 read()方法顺序地读取文件，只要不关闭流，调用 read()方法或其他重载 read()方法就顺序地读取文件中的其余内容，直到文件的末尾或文件输入字节流 FileInputStream 类的对象被关闭。

例题 6-3　封装了使用文件输入字节流 FileInputStream 类的对象读取文件内容，将其显示在终端显示器上。

```
/*Test6_3.java
*假设当前目录下存在 temp.dat 文件且有内容
*/
import java.io.*;
public class Test6_3{
   public static void main(String[] args){
      File file=new File("temp.dat");
      FileInputStreamClass fileinput=new FileInputStreamClass();
      fileinput.readPrint(file);
   }
}

/*FileInputStreamClass.java
*该类实现读取文件内容，将其显示在终端显示器上
*/
import java.io.*;
public class FileInputStreamClass{
   byte content=-1;
   FileInputStream fileInput,fileInput1;
   byte[] temp=new byte[1];
   public void readPrint(File file){                    //读取文件
```

```
        try{
            fileInput=new FileInputStream(file);      //创建字节输入流对象
            //调用无参数的 read()方法,以字节为单位读取文件内容并判断是否达到文件尾部
            while((content=(byte)fileInput.read())!=-1){
                System.out.print(content+"");
            }
            System.out.println();
            fileInput.close();                       //关闭输入流
        }catch(IOException ioe){                     //处理异常
            System.out.println("文件读取错误"+ioe);
        }
        try{
            fileInput1=new FileInputStream(file); //创建字节输入流对象
            //调用带参数的 read()方法，以字节为单位读取文件内容并判断是否达到文件尾部
            while((content=(byte)fileInput1.read(temp,0,1))!=-1){
                String s=new String(temp,0,1);
                System.out.print(s);
            }
            System.out.println();
            fileInput1.close();                      //关闭输入流
        }catch(IOException ioe){                     //处理异常
            System.out.println("文件读取错误"+ioe);
        }
    }
}
```

文件输出字节流 FileOutputStream 类的对象可以调用从超类继承得到的 write()方法或其他重载 write()方法顺序地向文件写出内容，只要不关闭流，调用 write()方法或其他重载 write()方法就顺序地将其余内容写出到文件，直到文件输出字节流 FileOutputStream 类的对象被关闭。

例题 6-4　封装了使用文件输出字节流 FileOutputStream 类的对象将内存数组中的内容写出到文件中。

```
/*Test6_4.java
*假设当前目录下的文件为 temp.dat
*/
import java.io.*;
public class Test6_4{
    public static void main(String[] args){
        File file=new File("temp.dat");
        FileOutputStreamClass fileoutput=new FileOutputStreamClass();
        fileoutput.writeout(file);
    }
}
/*FileOutputStreamClass.java
*该类实现将内存数组中的内容和从 1 到 10 的字节值写出到文件中
*/
import java.io.*;
public class FileOutputStreamClass{
    FileOutputStream fileoutput,fileoutput1;
    byte[] front="前一部分内容".getBytes();
```

```
    byte[] behind="后一部分内容".getBytes();
    public void writeout(File file){          //写出文件
        //该构造方法初始化输出流对象，如果文件不存在，就会创建一个新文件。
        //如果文件存在并有内容，就会删除文件的当前内容
        try{
            fileoutput=new FileOutputStream(file);
            fileoutput.write(front);
            fileoutput.write(behind);
            fileoutput.close();              //关闭输出流
        }catch(IOException ioe){             //处理异常
            System.out.println("文件写出错误"+ioe);
        }
        //该构造方法初始化输出流对象，如果文件不存在，就会创建一个新文件。
        //如果文件存在并有内容，不会删除文件的当前内容并在最后追加新内容
        try{
            fileoutput1=new FileOutputStream(file,true);
            for(int i=1;i<=10;i++){
                fileoutput1.write(i);
            }
            fileoutput1.close();         //关闭输出流
        }catch(IOException ioe){         //处理异常
            System.out.println("文件写出错误"+ioe);
        }
    }
}
```

2. 字节过滤流及其子类

字节输入流和字节输出流只能以字节为单位进行读写数据，不能以某一部分数据为单位。java.io 包内提供的字节过滤流 FilterInputStream 类和 FilterOutputStream 类及其子类可以读写整数值、实数值和字符串等数据，满足某些实际应用。

字节过滤流 FilterInputStream 和 FilterOutputStream 是字节流 InputStream 和 OutputStream 的子类，同时又是过滤数据流的超类，需要处理基本数据类型时，就要使用其子类 DataInputStream 和 DataOutputStream 来过滤字节。DataInputStream 类实现了 java.io 包的 DataInput 接口，从数据流读取字节，并将它们转换为正确的基本数据类型值或字符串。DataOutputStream 类实现了 java.io 包的 DataOutput 接口，将基本数据类型值或字符串转换为字节，并将字节输出到数据流。DataInputStream 类和 DataOutputStream 类可以使用与机器平台无关的方式读写 Java 基本数据类型值和字符串。因此，如果在一台计算机上写好一个数据文件，可以在另一台具有不同操作系统或文件结构的计算机上读取该文件，不需要多余的转换。即当读写一个数据时，不必关心这个数据应当是多少字节。

DataInputStream 类的构造方法见表 6-9。DataOutputStream 类的构造方法见表 6-10。DataInput 接口中的常用方法见表 6-11。DataOutput 接口中的常用方法见表 6-12。

表 6-9 DataInputStream 类的构造方法

构 造 方 法	说 明
public DataInputStream(InputStream instream)	对字节输入流 InputStream 类进行包装创建 DataInputStream 对象

表 6-10　DataOutputStream 类的构造方法

构 造 方 法	说　明
public DataOutputStream(OutputStream outstream)	对字节输出流 OutputStream 类进行包装创建 DataOutputStream 对象

表 6-11　DataInput 接口中的常用方法

方　法	说　明
public boolean readBoolean()	从输入流中读取一个布尔值
public byte readByte()	从输入流中读取一个字节
public char readChar()	从输入流中读取一个字符
public float readFloat()	从输入流中读取一个 float 值
public double readDouble()	从输入流中读取一个 double 值
public int readInt()	从输入流中读取一个 int 值
public long readLong()	从输入流中读取一个 long 值
public short readShort()	从输入流中读取一个 short 值
public String readLine()	从输入流中读取一行字符
public String readUTF()	从输入流中读取一个 UTF 字符串

表 6-12　DataOutput 接口中的常用方法

方　法	说　明
public void writeBoolean(boolean b)	向输出流写出一个布尔值
public void writeByte(int i)	向输出流写出参数 i 的低 8 位
public void writeBytes(String s)	向输出流写出参数 s 的低字节字符
public void writeChar(char c)	向输出流写出一个字符（2 字节）
public void writeChars(String s)	向输出流写出参数 s 中的每个字符，依次顺序 2 字节为一个字符
public void writeFloat(float f)	向输出流写出一个 float 值
public void writeDouble(double d)	向输出流写出一个 double 值
public void writeInt(int i)	向输出流写出一个 int 值
public void writeLong(long l)	向输出流写出一个 long 值
public void writeShort(short s)	向输出流写出一个 short 值
public String writeUTF(String s)	向输出流写出一个 UTF 格式的字符串

例题 6-5　封装了使用 DataInputStream 类和 DataOutputStream 类进行读写数据的程序。

```
//Test6_5.java
//假设当前目录下的文件为 temp.dat
import java.io.*;
public class Test6_5{
   public static void main(String[] args){
      File file=new File("temp.dat");
      DataStreamClass datastream=new DataStreamClass();
      datastream.fileoutput(file);
      datastream.fileinput(file);
```

```
    }
}
/*DataStreamClass.java
*该类实现了将学生的名字和分数写出到指定文件，然后将这个文件中的学生名字和分数读出显示
*在终端显示器上
*/
import java.io.*;
public class DataStreamClass{
    FileOutputStream fileout;
    FileInputStream filein;
    DataOutputStream dataout;
    DataInputStream datain;
    public void fileoutput(File file){
        try{
            //创建指定文件的文件字节输出流和数据输出流对象
            fileout=new FileOutputStream(file);
            dataout=new DataOutputStream(fileout);
            //将学生姓名和分数写出到文件中
            dataout.writeUTF("张三");
            dataout.writeDouble(86.6);
            dataout.writeUTF("李明");
            dataout.writeDouble(79.9);
            dataout.writeUTF("王刚");
            dataout.writeDouble(90.8);
            dataout.close();//关闭数据输出流
            fileout.close();//关闭文件字节输出流
        }catch(IOException ioe){
            System.out.println("文件写出错误"+ioe);
        }
    }
    public void fileinput(File file){
        try{
            //创建指定文件的文件字节输入流和数据输入流对象
            filein=new FileInputStream(file);
            datain=new DataInputStream(filein);
            //将文件中的学生姓名和分数读入
            while(true){
                System.out.println(datain.readUTF()+" "+datain.readDouble());
            }
            //如果输入流没有关闭，就会发生 EOFException 异常，它可以用来检查是否已经到达
            //文件末尾
        }catch(EOFException ioe){
            System.out.println("文件读入完毕"+ioe);
        }catch(IOException eoe){
            System.out.println("文件读入错误"+eoe);
        }
    }
}
```

3．文件字节缓冲流

为了提高程序读写速度，java.io 包提供了文件字节缓冲输入流和文件字节缓冲输出流（BufferedInputStream 类和 BufferedOutputStream 类）实现此功能。这两类在输入流和输出流中添加了一个缓冲区用来临时存储字节，减少了读写次数，提高了处理效率。BufferedInputStream 类和 BufferedOutputStream 类中的所有方法都是从 InputStream 类和 OutputStream 类继承得到，没有包含新的方法。BufferedInputStream 类的常用构造方法见表 6-13，BufferedOutputStream 类的常用构造方法见表 6-14。

表 6-13　BufferedInputStream 类的常用构造方法

构 造 方 法	说　明
public BufferedInputStream (InputStream instream)	对字节输入流 InputStream 类进行包装创建 BufferedInputStream 对象
public BufferedInputStream (InputStream instream, int size)	对一个指定缓冲区大小为 size 的字节输入流 InputStream 类进行包装创建 BufferedInputStream 对象

表 6-14　BufferedOutputStream 类的常用构造方法

构 造 方 法	说　明
public BufferedOutputStream (OutputStream outstream)	对字节输出流 OutputStream 类进行包装创建 BufferedOutputStream 对象
public BufferedOutputStream (OutputStream outstream, int size)	对一个指定缓冲区大小为 size 的字节输出流 OutputStream 类进行包装创建 BufferedOutputStream 对象

如果没有指定缓冲区大小，默认缓冲区大小为 512 字节（512 B）。缓冲区输入流会在每次读取中尽可能多地将数据读入缓冲区；反之，只有当缓冲区已满或调用 flush()方法时，缓冲输出流才会调用写出方法。

在实际编程中，应该尽量使用缓冲区输入流和输出流来提高输入和输出速度。对于小文件，平时可能注意不到性能的提升；对于超过 100 MB 的大文件，使用缓冲区的输入流和输出流将会带来实质性的性能提高。

例题 6-6　封装了一个复制文件的程序。

```
//Test6_6.java
import java.io.*;
public class Test6_6{
    public static void main(String[] args){
        File sourcefile,targetfile;
        sourcefile=new File("FileCopyClass.java");
        targetfile=new File("FileCopy.java");
        FileCopyClass filecopy=new FileCopyClass();
        filecopy.copy(sourcefile,targetfile);
    }
}
/*FileCopyClass.java
*该类实现为源文件创建一个 FileInputStream 对象，为目标文件创建一个 FileOutputStream
*对象，使用 read()方法从输入流中读取一个字节，使用 write(byte b)方法将一个字节写出到
*输出流，使用 BufferedInputStream 类和 BufferedOutputStream 类包装提高执行效率
*/
```

```
import java.io.*;
public class FileCopyClass{
    public void copy(File source,File target){
        int n=-1;
        int numberofBytesCopied=0;
        BufferedInputStream input;
        BufferedOutputStream output;
    try{
        if(!source.exists()){
            System.out.println("源文件"+source.getName()+"不存在。");
            System.exit(0);
        }
        if(target.exists()){
            System.out.println("目标文件"+target.getName()+"已经存在");
            System.exit(0);
        }
        //使用缓冲区输入流和输出流进行类包装
        input=new BufferedInputStream(new FileInputStream(source));
        output=new BufferedOutputStream(new FileOutputStream(target));
        while((n=input.read())!=-1){        //文件结束标记
            output.write((byte)n);
            numberofBytesCopied++;                  //统计复制的字节数
        }
        input.close();                              //关闭流
        output.close();                             //关闭流
        System.out.println(numberofBytesCopied+"个字节被复制。");
        }catch(IOException ioe){
            ioe.printStackTrace();
        }
    }
}
```

6.2.3 文件字符输入流和字符输出流

java.io 包中由 InputStream 类和 OutputStream 类的子类提供的是以字节为单位访问文件，但是有时字节流不能很好地处理 Java 语言中的 Unicode 字符，对于一些以 Unicode 字符为单位存储的数据（如汉字），如果读写不当就会出现“乱码”的现象。java.io 包中 Reader 类和 Writer 类提供了子类：文件字符输入流和字符输出流（FileReader 类和 FileWriter 类），它们创建的相应对象可以以字符为单位完成文件内容的操作过程，避免了 Unicode 字符乱码的现象。

1. 文件字符输入流和字符输出流的使用

文件字符输入流 FileReader 类是为了从文件读取字符，文件字符输出流 FileWriter 类是为了向文件写出字符。文件字符输入流 FileReader 类和字符输出流 FileWriter 类的所有方法都是从其超类字符输入流 Reader 类和字符输出流 Writer 类继承得到，没有引入新的方法。几乎所有的字符输入流 Reader 类和字符输出流 Writer 类中的方法都会抛出异常 java.io.IOException 类的对象，因此，必须在读写方法中声明抛出异常 java.io.IOException 类的对象或者将读写方法的代码放到 try-catch 代码块中进行处理。

文件字符输入流 FileReader 类的常用构造方法见表 6-15。文件字符输出流 FileWriter 类的常用构造方法见表 6-16。

表 6-15　文件字符输入流 FileReader 类的常用构造方法

构 造 方 法	说　明
public FileReader(File filename)	由 File 对象创建 FileReader 对象
public FileReader(String filename)	由指定的文件名创建 FileReader 对象

表 6-16　文件字符输出流 FileWriter 类的常用构造方法

构 造 方 法	说　明
public FileWrite (File filename)	由 File 对象创建 FileWrite 对象。如果文件不存在，就会创建一个新文件；如果文件存在，就会删除文件的当前内容
public FileWrite (String filename)	由指定的文件名创建 FileWrite 对象，如果文件不存在，就会创建一个新文件；如果文件存在，就会删除文件的当前内容
public FileWrite (File filename, boolean append)	由 File 对象创建 FileWrite 对象。如果文件不存在，就会创建一个新文件；如果文件存在且 append 的值为 true，则文件的当前内容不会被删除且继续追加，如果 append 的值为 false，就会删除文件的当前内容
public FileWrite (String filename, boolean append)	由指定的文件名创建 FileWrite 对象。如果文件不存在，就会创建一个新文件；如果文件存在且 append 的值为 true，则文件的当前内容不会被删除且继续追加，如果 append 的值为 false，就会删除文件的当前内容

文件字符输入流 FileReader 类的对象可以调用从超类继承得到的 read()方法或其他重载 read()方法顺序地读取文件，只要不关闭流，调用 read()方法或其他重载 read()方法就顺序地读取文件中的其余内容，直到文件的末尾或文件字符输入流 FileReader 类的对象被关闭。

文件字符输出流 FileWriter 类的对象可以调用从超类继承得到的 write()方法或其他重载 write()方法顺序地向文件写出内容，只要不关闭流，调用 write()方法或其他重载 write()方法就顺序地将其余内容写出到文件，直到文件字符输出流 FileWriter 类的对象被关闭。

例题 6-7　封装了利用文件字符输入流和字符输出流进行文件内容操作的程序。

```
//Test6_7.java
//假设当前目录下存在文件 read.txt 和 write.txt 且有内容
import java.io.*;
public class Test6_7{
    public static void main(String[] args){
        File sourcefile,targetfile;
        sourcefile=new File("read.txt");
        targetfile=new File("write.txt");
        FileRWClass filerw=new FileRWClass();
        filerw.readwrite(sourcefile,targetfile);
    }
}
/*FileRWClass
*该类实现使用文件字符输入流和字符输出流将源文件的内容追加到目标文件的尾部
*/
import java.io.*;
public class FileRWClass{
    public void readwrite(File source,File target){
        int content=-1;
        char[] carray=new char[9];          //数组存储数据
        Writer output;
```

```
        Reader input;
        try{
            //创建字符输出流对象，内容从当前文件的尾部继续追加
            output=new FileWriter(target,true);
            input=new FileReader(source);       //创建字符输入流对象
            while((content=input.read(carray))!=-1){  //读取数据
                output.write(carray,0,content);       //写出数据
            }
            System.out.println("文件内容追加完成。");
            output.close();                           //关闭输出流
            input.close();                            //关闭输入流
        }catch(IOException ioe){
            ioe.printStackTrace();
        }
    }
}
```

2. 文件字符缓冲流

为了提高程序对字符文件的读写速度，java.io 包提供了文件字符缓冲流（BufferedReader 类和 BufferedWriter 类）实现此功能。这两类通过缓存机制进一步增强了 Reader 类和 Writer 类读写数据的效率。BufferedReader 类和 BufferedWriter 类中的所有方法都是从 Reader 类和 Writer 类继承得到，没有包含新的方法。BufferedReader 类的常用构造方法见表 6-17，BufferedWriter 类的常用构造方法见表 6-18。

表 6-17 BufferedReader 类的常用构造方法

构 造 方 法	说 明
public BufferedReader(Reader instream)	对字符输入流 Reader 类进行包装创建 BufferedReader 对象
public BufferedReader (Reader instream, int size)	对一个指定缓冲区大小为 size 的字符输入流 Reader 类进行包装创建 BufferedReader 对象

表 6-18 BufferedWriter 类的常用构造方法

构 造 方 法	说 明
public BufferedWriter (Writer outstream)	对字符输出流 Writer 类进行包装创建 BufferedWriter 对象
public BufferedWriter (Writer outstream, int size)	对一个指定缓冲区大小为 size 的字符输出流 Writer 类进行包装创建 BufferedWriter 对象

文件字符缓冲输入流 BufferedReader 类除了继承 Reader 类的读取数据成员方法外，还提供了按行读取数据的方法 public String readLine() throws IOException，它可以从当前字符流中读取一行字符，并以字符串的形式返回。当读到文件末尾时，该方法返回 null 值。

文件字符缓冲输出流 BufferedWriter 类除了继承 Writer 类的写出数据成员方法外，还提供了写出行间分隔符的方法 public void newLine() throws IOException，它可以往文件中写出行间分隔符。不同的操作系统一般采用不同的行间分隔符，Java 语言用转义符实现，如“\n”“\r”“\r\n”等。

例题 6-8 封装了利用文件字符缓冲流进行文件读写的程序。

```
//Test6_8.java
import java.io.*;
```

```
public class Test6_8{
   public static void main(String[] args){
      File file=new File("buffer.txt");
      BufferRWClass buffer=new BufferRWClass();
      buffer.readWrite(file);
   }
}
/*BufferRWClass.java
*该类实现使用缓冲字符输入流按行读取文件和缓冲字符输出流把字符串按行写出到文件
*/
import java.io.*;
public class BufferRWClass{
   //字符串数组存储字符数据
   String[] content={"锄禾日当午","汗滴禾下土","谁知盘中餐","粒粒皆辛苦"};
   String str=null;
   BufferedReader bufferRead;
   BufferedWriter bufferWrite;
   public void readWrite(File file){
      try{
         //创建缓冲字符输出流对象，包装文件字符输出流
         bufferWrite=new BufferedWriter(new FileWriter(file));
         //使用 for 循环增强，按行写出数据到文件
         for(String s:content){
            bufferWrite.write(s);
            bufferWrite.newLine();//输出行间分隔符
         }
         bufferWrite.close();       //关闭流
         //创建缓冲字符输入流对象，包装文件字符输入流
         bufferRead=new BufferedReader(new FileReader(file));
         //按行读取字符串数据，显示在终端显示器上
         while((str=bufferRead.readLine())!=null){
            System.out.println(str);
         }
         bufferRead.close();        //关闭流
      }catch(IOException ioe){
         ioe.printStackTrace();
      }
   }
}
```

6.3　标准输出流和标准输入流

java.lang 包中的 System 类包含三个静态成员对象 System.in、System.out 和 System.err，它们分别用来封装 Java 程序中的标准输入流、标准输出流和标准错误输出流。

6.3.1　标准输出流

标准输出流 System.out 一般用来在控制台终端输出信息，它通过 print()方法、println()方法或其重载的 print()、println()方法输出数据，输出的数据类型为 java.io.PrintStream。例如：

```
PrintStream ps=System.out;
```

则 System.out.println("Hello world");就等同于：

```
PrintStream ps=System.out;
ps.println("Hello world");
```

标准输出错误流 System.err 一般用来在控制台终端输出错误信息，它通过 print()方法、println()方法或其重载的 print()、println()方法输出数据，输出的数据类型为 java.io.PrintStream。例如：

```
PrintStream ps=System.err;
```

则 System.err.println("Error information");就等同于：

```
PrintStream ps=System.err;
ps.println("Error information");
```

6.3.2 格式化输出

为了使 Java 语言程序更加实用，JDK 5.0 以后的类库提供了 C 语言中 printf()风格的格式化输出，这会让 Java 语言程序对于数据输出格式更加多样化。标准输出流 System.out 中的 printf()方法或其重载的 printf()方法和 format()方法或其重载的 format()方法实现了格式化数据的输出，输出的数据类型为 java.io.PrintStream。标准输出流 System.out 中常用的格式化输出方法见表 6-19。

表 6-19 标准输出流 System.out 中常用的格式化输出方法

方　法	说　明
public PrintStream printf(String format, Object … args)	使用指定格式字符串和参数将格式化的字符串写出到输出流
public PrintStream format(String format, Object … args)	使用指定格式字符串和参数将格式化的字符串写出到输出流

例题 6-9 封装了格式化输出数据的程序。

```
//Test6_9.java
public class Test6_9{
   public static void main(String[] args){
      PrintfClass pf=new PrintfClass();
      pf.print();
   }
}
/*PrintfClass.java
*使用 java.io.PrintStream 的 printf()方法实现 C 风格的输出
*printf()方法的第一个参数为输出的格式,第二个参数是可变长的,表示待输出的数据对象
*可以将 printf()方法替换成 format()方法
*/
import java.util.Date;
public class PrintfClass{
   public void print(){
         /***输出字符串***/
         //%s 表示输出字符串，也就是将后面的字符串替换模式中的%s
         System.out.printf("%s", new Integer(1212));
         //%n 表示换行
         System.out.printf("%s%n", "end line");
         //还可以支持多个参数
         System.out.printf("%s = %s%n", "Name", "Zhangsan");
```

```
//%S 将字符串以大写形式输出
System.out.printf("%S = %s%n", "Name", "Zhangsan");
//支持多个参数时，可以在%s之间插入变量编号，1$表示第一个字符串，
//3$表示第 3 个字符串
System.out.printf("%1$s = %3$s %2$s%n", "Name", "san", "Zhang");
/***输出 boolean 类型***/
System.out.printf("true = %b; false = ", true);
System.out.printf("%b%n", false);
/***输出整数类型***/
Integer iObj = 342;
//%d 表示将整数格式化为十进制整数
System.out.printf("%d; %d; %d%n", -500, 2343L, iObj);
//%o 表示将整数格式化为八进制整数
System.out.printf("%o; %o; %o%n", -500, 2343L, iObj);
//%x 表示将整数格式化为十六进制整数
System.out.printf("%x; %x; %x%n", -500, 2343L, iObj);
//%X 表示将整数格式化为十六进制整数，并且字母变成大写形式
System.out.printf("%X; %X; %X%n", -500, 2343L, iObj);
/***输出浮点类型***/
Double dObj = 45.6d;
//%e 表示以科学记数法输出浮点数
System.out.printf("%e; %e; %e%n", -756.403f, 7464.232641d, dObj);
//%E 表示以科学记数法输出浮点数，并且为大写形式
System.out.printf("%E; %E; %E%n", -756.403f, 7464.232641d, dObj);
//%f 表示以十进制格式化输出浮点数
System.out.printf("%f; %f; %f%n", -756.403f, 7464.232641d, dObj);
//还可以限制小数点后的位数
System.out.printf("%.1f; %.3f; %f%n", -756.403f, 7464.232641d, dObj);
/***输出日期类型***/
//%t 表示格式化日期时间类型，%T 是时间日期的大写形式，在%t 之后用特定的字
//母表示不同的输出格式
Date date=new Date();
long dataL=date.getTime();
//格式化年月日
//%t 之后用 y 表示输出日期的年份（2 位数的年，如 99）
//%t 之后用 m 表示输出日期的月份，%t 之后用 d 表示输出日期的日号
System.out.printf("%1$ty-%1$tm-%1$td;%2$ty-%2$tm-%2$td%n", date,
dataL);
//%t 之后用 Y 表示输出日期的年份（4 位数的年），
//%t 之后用 B 表示输出日期的月份的完整名，%t 之后用 b 表示输出日期的月份的简称
System.out.printf("%1$tY-%1$tB-%1$td;%2$tY-%2$tb-%2$td%n", date,
dataL);
//以下是常见的日期组合
//%t 之后用 D 表示以 "%tm/%td/%ty"格式化日期
System.out.printf("%1$tD%n", date);
//%t 之后用 F 表示以"%tY-%tm-%td"格式化日期
System.out.printf("%1$tF%n", date);
/***输出时间类型***/
//输出时分秒
//%t 之后用 H 表示输出时间的时（24 进制），%t 之后用 I 表示输出时间的时（12
```

```
        //进制)，%t 之后用 M 表示输出时间的分，%t 之后用 S 表示输出时间的秒
        System.out.printf("%1$tH:%1$tM:%1$tS; %2$tI:%2$tM:%2$tS%n", date,
        dataL);
        //%t 之后用 L 表示输出时间的秒中的毫秒
        System.out.printf("%1$tH:%1$tM:%1$tS %1$tL%n", date);
        //%t 之后用 p 表示输出时间的上午或下午信息
        System.out.printf("%1$tH:%1$tM:%1$tS %1$tL %1$tp%n", date);
        //以下是常见的时间组合
        //%t 之后用 R 表示以"%tH:%tM"格式化时间
        System.out.printf("%1$tR%n", date);
        //%t 之后用 T 表示以"%tH:%tM:%tS"格式化时间
        System.out.printf("%1$tT%n", date);
        //%t 之后用 r 表示以"%tI:%tM:%tS %Tp"格式化时间
        System.out.printf("%1$tr%n", date);
        /***输出星期***/
        //%t 之后用 A 表示得到星期几的全称
        System.out.printf("%1$tF %1$tA%n", date);
        //%t 之后用 a 表示得到星期几的简称
        System.out.printf("%1$tF %1$ta%n", date);
        //输出时间日期的完整信息
        System.out.printf("%1$tc%n", date);
    }
}
```

6.3.3 标准输入流

标准输入流对象 System.in 一般用来接收键盘数据的输入，它通过 read()方法或其重载的 read()方法从键盘接收数据，读取的数据类型为 java.io.InputStream。读入数据时会抛出异常，必须在 read()方法中声明抛出异常 java.io.IOException 类的对象或者将读写方法的代码放到 try-catch 代码块中进行处理。标准输入流 System.in 中常用的输入方法见表 6-20。

表 6-20 标准输入流 System.in 中常用的输入方法

方　法	说　明
public abstract int read()	从输入流中读取一个字节的数据，返回数据的 Unicode 值
public int read(byte[] b)	从输入流中读取一定数量的字节，并将其存储在缓冲区数组 b 中，返回实际读取的字节数
public int read(byte[] b, int off, int length)	将输入流中最多 length 个数据字节读入数组 b 中，将读取的第一个字节存储在元素 b[off]中，返回实际读取的字节数

6.3.4 格式化输入

前面提到，System.in 是输入流，它提供的 read()方法读取的是键盘上每个符号的 ASCII 码值，输入 6+8 实际上是输入 6、+和 8 的 ASCII 码值。

例题 6-10 封装了一个使用 System.in 读取键盘字符的程序。

```
/*
*Test6_10.java
*该类使用循环输出从键盘标准输入字符并输出其对应的 Unicode 值
*最后的两个“13”和“10”分别代表回车符'\r'和换行符'\n'
```

```
*/
import java.io.IOException;
public class Test6_10 {
   public static void main(String[] args) throws IOException {
        System.out.println("请输入: ");
        int i = 0;
        while(i!=-1){//读取输入流中的字节直到流的末尾返回-1
            i = System.in.read();
            System.out.println(i);
        }
    }
}
```

如果想要实现数值的计算，一般是使用 java.util.Scanner 类包装 System.in，然后用 Scanner 类封装的方法取值。java.util 包提供的 Scanner 类封装了许多格式化输入数据的方法，用来从键盘或文件读取字符串和基本数据类型，它可以将输入分为由空格分隔的有用信息。Scanner 类的常用构造方法见表 6-21。

表 6-21　Scanner 类的常用构造方法

构 造 方 法	说　明
public Scanner(File src)	对文件类对象 src 进行包装创建 Scanner 对象
public Scanner(InputStream src)	对输入流类对象 src 进行包装创建 Scanner 对象

例如：

```
//从键盘读取封装 System.in 创建一个 Scanner 对象
Scanner input=new Scanner(System.in);
//从文件读取封装 File 创建一个 Scanner 对象
Scanner input=new Scanner(new File(filename));
```

Scanner 类的常用方法见表 6-22。

表 6-22　Scanner 类的常用方法

方　法	说　明
void close()	关闭 Scanner 对象流
boolean hasNext()	如果还有可读的数据则返回 true
String next()	返回下一个可读的标记作为字符串
String nextLine()	使用换行分隔符，返回一个行结束字符串
int nextInt()	读取一个数据返回一个 int 类型值
double nextDouble	读取一个数据返回一个 double 类型值
Scanner useDelimiter(String pattern)	使用参数指定的字符串作为信息分隔符号，返回一个 Scanner 对象

例题 6-11　封装了格式化输入文件内容的程序。

```
/*
*scores.txt
*该文本文件中存放了格式化成绩，输入 Scanner 对象时必须要格式化输入
*数据之间用空格分隔
*/
```

```
张  力 数学 89
李卫国 数学 90
冯照坤 语文 88

//Test6_11.java
import java.util.*;               //导入 Scanner 类
import java.io.*;                 //导入 File 类
public class Test6_11 {           //抛出 IOException 异常
   public static void main(String[] args) throws IOException{
      File afile=new File("scores.txt");//设 scores.txt 文件与当前文件在同一目录下
      Scanner input=new Scanner(afile);//创建 Scanner 对象
      System.out.println("姓\t 名\t 课程\t 成绩");
      //从文件中格式化输入数据
      while(input.hasNext()){
         String firstname=input.next();//输入 String 值
         String lastname=input.next();
         String course=input.next();
         double score=input.nextInt();//输入 int 类型值
         System.out.print(firstname+"\t"+lastname+"\t"+course+"\t"+score+"\n");
      }
      input.close();// 关闭 Scanner 输入流
   }
}
```

例题 6-12 封装了格式化输入键盘字符的程序。

```
/*Test6_12.java
*该程序允许从键盘依次输入任意个数字，每输入一个按【Enter】键或空格键确认，以输入非数字
*字结束，计算输入数字的和及平均值
*/
import java.util.*;
public class Test6_12 {
   public static void main(String[] args){
      Scanner input=new Scanner(System.in);//Scanner 对象封装 System.in
      double sum=0;
      int aint=0;
      while(input.hasNextDouble()){          //接收键盘字符，直到输入非数字字符
         double x=input.nextDouble();
         aint=aint+1;
         sum=sum+x;
      }
      System.out.printf("%d 个数的和为: %f\n",aint,sum);//格式化输出
      System.out.printf("%d 个数的平均值为: %f\n",aint,sum/aint);//格式化输出
   }
}
```

6.3.5 标准输入流和标准输出流的重定向

Java 语言的标准输入和标准输出分别通过 System.in、System.out、System.err 来代表，在默认的情况下分别代表键盘和显示器。当程序通过 System.in 来获得输入时，实际上是通过键盘获得输入。当程序通过 System.out 执行输出时，程序总是输出到显示器。

在 System 类中提供了三个重定向标准输入和标准输出的静态类方法，可以改变标准输入流和

标准输出流的方向，重新定向到其他流中去。

```
static void setErr(PrintStream err)        //重定向"标准"错误输出流
static void setIn(InputStream in)          //重定向"标准"输入流
static void setOut(PrintStream out)        //重定向"标准"输出流
```

例题 6-13　封装了将 System.in 重定向的程序。

```
//Test6_13.java
import java.io.*;
public class Test6_13 {
   public static void main(String[] args){
      //将 System.in 重定向到文件输入，所以将不接收键盘输入
      //假设 text.txt 文件已经提前存储在当前目录下，且有内容
      try{
         System.setIn(new FileInputStream("text.txt"));
         EchoChar echo=new EchoChar();
         echo.print(System.in);//System.in 不再是键盘，而是 text.txt 文件的内容
      }catch(Exception e){
         e.printStackTrace();
      }
   }
}
//EchoChar.java
import java.io.*;
public class EchoChar {
   public void print(InputStream in) throws IOException{
      while(true){ //一直接收输入，除非遇到结束标记
         int i=in.read();
         if(i==-1){ //结束循环标记
            break;
         }
         char c=(char)i;
         System.out.println(c);
      }
   }
}
```

例题 6-14　封装了将 System.out 重定向的程序。

```
 //Test6_14.java
import java.io.FileOutputStream;
import java.io.PrintStream;
public class Test6_14 {
  public static void main(String[] args) throws Exception{
     PrintStream ps=new PrintStream(new FileOutputStream("work.txt"));
     System.setOut(ps); //将标准输出重定向到 work.txt 文件，而不是在显示器上输出
     //控制台将看不到输出，而是输出到当前目录下的 work.txt 文件中
     System.out.println("Hello World!");
  }
}
```

6.4 其他输入流和输出流

针对不同的程序设计需求，Java 语言提供了丰富的各种输入流和输出流对象以适应不同情况下的内容传输。

6.4.1 RandomAccessFile 类

前面已经提到，设计一个输入流对象完成某个任务，如果要对此任务设计一个输出流对象，该输出流必须与此前的输入流相对应，否则会出现编译错误。Java 语言提供了一类集读取文件和写出文件于一体的随机流 RandomAccessFile 类，可以同时进行文件的读和写操作。

随机流 RandomAccessFile 类既不是 InputStream 的子类也不是 OutputStream 的子类，它创建的对象流的指向既可以作为流的源，也可以作为流的目的地。当准备对一个文件进行读写操作时，只要创建一个指向该文件的 RandomAccessFile 对象，既可以从这个流中读取文件到内存，也可以通过这个流把数据保存到文件。

RandomAccessFile类的常用构造方法见表6-23。RandomAccessFile类的常用方法见表6-24。

表 6-23 RandomAccessFile 类的常用构造方法

构造方法	说明
public RandomAccessFile(File name, String mode)	根据文件对象 name 和模式 mode 创建 RandomAccessFile 对象，mode 取"r"（只读）或"rw"（可读写）
public RandomAccessFile(String name, String mode)	根据文件字符串 name 和模式 mode 创建 RandomAccessFile 对象，mode 取"r"或"rw"

表 6-24 RandomAccessFile 类的常用方法

方法	说明
void close()	关闭文件流并释放资源
long getFilePointer()	返回当前读写文件的位置
long length()	返回文件的内容长度
int read()	从文件中读取 1 字节，返回 int 值
double readDouble()	从文件中读取 8 字节浮点数，返回 double 值
int readInt()	从文件中读取 4 字节整数，返回 int 值
String readLine()	从文件中读取一个文本行，返回 String
void seek(long pos)	在文件中定位读写的位置
void writeDouble()	向文件中写入 8 字节浮点数
void writeInt()	向文件中写入 4 字节整数

例题 6-15 封装了 RandomAccessFile 类的程序。

```
//Test6_15.java
import java.io.*;
public class Test6_15 {
    public static void main(String[] args){
        int[] data={65,66,23,10,8,9,24};
        MyRandomAccessFile mraf=new MyRandomAccessFile();
```

```
        File aFile=new File("tom.txt");          //要读写的文件在当前目录下
        String mode="rw";                         //读写的模式
        mraf.readAndWrite(data,aFile,mode);
    }
}
/*
*MyRandomAccessFile.java
*该类把几个 int 类型的数写入到指定文件中，再从该文件中按相反顺序读取出来显示在控制台，
*只使用一个类 RandomAccessFile 对象
*/
import java.io.*;
public class MyRandomAccessFile {
    RandomAccessFile inAndOut=null;
    public void readAndWrite(int[] aint,File name,String mode){
        try{
            inAndOut=new RandomAccessFile(name,mode);
            for(int i=0;i<aint.length;i++){
                inAndOut.writeInt(aint[i]);//写入文件
            }
            /*一个 int 类型数值占 4 字节，inAndOut 流从文件的第 36 个字节读取最后面的一个
            *整数
            */
            for(long i=aint.length-1;i>=0;i--){
                inAndOut.seek(i*4);
                //每隔 4 字节往前读取一个整数
                System.out.printf("\t%d",inAndOut.readInt());
            }
            inAndOut.close();
        }catch(IOException e){
            e.printStackTrace();
        }
    }
}
```

6.4.2　字节流和字符流的综合

java.io 包提供了 Reader 类的子类 InputStreamReader 类和 Writer 类的子类 OutputStreamWriter 类可以将字节流和字符流综合起来使用。通过这两个类可以将字节输入流和字节输出流转换成字符输入流和字符输出流，从而方便字符数据的处理。InputStreamReader 类的常用构造方法见表 6-25，OutputStreamWriter 类的常用构造方法见表 6-26。

表 6-25　InputStreamReader 类的常用构造方法

构 造 方 法	说　明
public InputStreamReader(InputStream instream)	对字节输入流 InputStream 类进行包装创建 InputStreamReader 对象
public InputStreamReader (InputStream instream, Charset cs)	对一个指定字符集编码的字节输入流 InputStream 类进行包装创建 InputStreamReader 对象

表 6-26 OutputStreamWriter 类的常用构造方法

构造方法	说明
public OutputStreamWriter (OutputStream outstream)	对字节输出流 OutputStream 类进行包装创建 OutputStreamWriter 对象
public OutputStreamWriter (OutputStream outstream, Charset cs)	对一个指定字符集编码的字节输出流 OutputStreamr 类进行包装创建 OutputStreamWriter 对象

例题 6-16 封装了利用 InputStreamReader 类进行读取数据的程序。

```
//Test6_16.java
public class Test6_13{
    public static void main(String[] args){
        InputReadClass inread=new InputReadClass();
        inread.read();
    }
}
/*InputReadClass.java
*该类实现从控制台终端读取合法的字符串数据，将其转换成 int 值或 double 值，使用缓冲字符
*输入流包装 InputStreamReader 对象和 System.in 对象，提高读取数据的效率
*/
import java.io.*;
public class InputReadClass{
    //输出提示信息
    public void printInfo(){
        System.out.println("输入整数还是小数？");
        System.out.println("\t0: 退出  1: 整数  2: 小数");
    }
    //将一行整数字符串转换成 int 值
    public int getInt(BufferedReader buffer){
        try{
            String s=buffer.readLine();
            int i=Integer.parseInt(s);
            return i;
        }catch(IOException ioe){
            ioe.printStackTrace();
            return 0;
        }
    }
    //将一行双精度小数字符串转换成 double 值
    public double getDouble(BufferedReader buffer){
        try{
            String s=buffer.readLine();
            double d=Double.parseDouble(s);
            return d;
        }catch(IOException ioe){
            ioe.printStackTrace();
            return 0;
        }
    }
    //从控制台终端接收字符串数据转换成字节值
```

```
    public void read(){
        int i;
        double d;
        BufferedReader bread;
        InputStreamReader inread;
        try{
            //创建 InputStreamReader 对象，包装控制台终端对象 System.in
            inread=new InputStreamReader(System.in);
            //创建 BufferedReader 对象，包装 InputStreamReader 对象
            bread=new BufferedReader(inread);
            do{
                this.printInfo();
                i=this.getInt(bread);
                if(i==0){
                    break;
                }else if(i==1){
                    System.out.print("\t 请输入整数: ");
                    i=this.getInt(bread);
                    System.out.print("\t 输入的整数是: "+i);
                    System.out.println();
                }else if(i==2){
                    System.out.print("\t 请输入小数: ");
                    d=this.getDouble(bread);
                    System.out.print("\t 输入的小数是: "+d);
                    System.out.println();
                }
            }while(true);//接收终端字符串，直到遇到结束标志
            bread.close();//关闭流
        }catch(IOException ioe){
            ioe.printStackTrace();
        }
    }
}
```

6.4.3　对象流

对象流是指在输入流和输出流中传输的是对象，一般来说，对象会随着该对象所依存的程序的终止而终止，有时需要将对象保存在外存或网络中实现对象的持久化。

1. 对象的串行化

对象持久化的关键是将它的状态以一种串行的格式表示出来，这个过程称为对象的串行化（Serialization），以便以后读取该对象时能够把它重构出来。串行化的主要任务是写出对象实例数据，如果还包含另外的对象，包含的对象也要串行化。Java 对象串行化的主要目标是为 Java 语言的运行环境提供一组特性，以支持对象的远程方法调用（Remote Method Invocation，RMI），还可以实现对象的永久化。

对象的串行化只能保存对象的非静态成员变量，不能保存任何的成员方法和静态的成员变量，而且串行化保存的只是变量的值，对于变量的任何修饰符都不能保存。

Java 语言程序中某些类型的对象状态是瞬时的，不能保存其状态。例如：一个 Thread 对象或 FileInputStream 对象，串行化时必须要用关键字 transient 修饰，否则编译器就会报错。

实现对象串行化的工具是在 java.io 包中的 Serializable 接口，只有实现了 Serializable 接口的类对象才可以被串行化。Serializable 接口中没有任何方法，当一个类要实现 Serializable 接口时，不需要实现任何特殊的方法，只是表明该类参加了串行化协议，其创建的对象可以被串行化。例如：

```
public class MyClass implements Serializable { … } //表示 MyClass 的对象均可串行化
```

2．对象流的使用

java.io 包中的 InputStream 类提供了 ObjectInputStream 子类，OutputStream 类提供了 Object OutputStream 子类实现对象的输入流和输出流。

ObjectInputStream 类的构造方法为

```
public ObjectInputStream(InputStream in);
```

ObjectInputStream 指向一个输入流对象，因此，当准备从文件中读入一个对象到程序中时，需要用 InputStream 类的子类创建一个输入流对象，对象输入流使用 readObject()读取一个对象到程序中。例如：

```
FileInputStream filein=new FileInputStream("afile.txt");
ObjectInputStream objectin=new ObjectInputStream(filein);
```

ObjectOutputStream 指向一个输出流对象，因此，当准备将程序中的一个对象写出到文件中时，需要用 OutputStream 类的子类创建一个输出流对象，对象输出流使用 writeObject(Object obj)方法将一个对象 obj 写出到文件中。例如：

```
FileOutputStream fileout=new FileOutputStream("afile.txt");
ObjectOutputStream objectout=new ObjectOutnputStream(fileout);
```

为了保证能把对象写入到文件中，并能再把对象正确读入到程序中，当使用对象流写入或读取对象时，要保证对象是串行化的。

例题 6-17 封装了对象流的程序。

```
/*Test6_17.java
*该类封装了对象输入流和对象输出流，用于对象的输入和输出，被输入和输出的对象必须提前串行
*化。首先将 Student 对象保存到指定文件中，接着从该文件中读出刚刚保存的 Student 对象。从
*运行结果可以看出，通过串行化机制，可以正确地保存和恢复对象的状态
*/
import java.io.*;
public class Test6_17 {
    public static void main(String[] args){
        Student stu=new Student(20160501,"张军",20,"计算机系");
        //将文件输出流包装给对象输出流
        FileOutputStream fos;
        ObjectOutputStream oss;
        try{
            fos=new FileOutputStream("student.dat");
            oss=new ObjectOutputStream(fos);
            oss.writeObject(stu);//将对象 stu 保存到文件中
            oss.close();
```

```
        }catch(IOException e){
            e.printStackTrace();
        }
        //将文件输入流包装给对象输入流
        stu=null;
        FileInputStream fin;
        ObjectInputStream osi;
        try{
            fin=new FileInputStream("student.dat");
            osi=new ObjectInputStream(fin);
            stu=(Student)osi.readObject();    //将文件中的对象读入,返回 Object 类
                                              //型，需要转换成 Student
            osi.close();
        }catch(IOException e){
            e.printStackTrace();
        }catch(ClassNotFoundException c){
            c.printStackTrace();
        }
        //将读入到内存中的对象显示到控制台
        System.out.println("学生信息为: ");
        System.out.println("学生学号: "+stu.id);
        System.out.println("学生姓名:"+stu.name);
        System.out.println("学生年龄: "+stu.age);
        System.out.println("学生院系: "+stu.department);
    }
}
/*
*Student.java
*该类封装了一类串行化对象，必须实现 Serializable 接口，该接口没有方法，用于对象流的输
*入和输出
*/
import java.io.*;
public class Student implements Serializable {
    int id;
    String name;
    int age;
    String department;
    public Student(int id,String name,int age,String department){
        this.id=id;
        this.name=name;
        this.age=age;
        this.department=department;
    }
}
```

拓 展 阅 读

序列化是管理持久化数据的一种程序设计实现方式，也是 Java 语言中内置的数据持久化解决方案。序列化方案在 Java 程序设计中使用非常方便，但是也存在一定的局限性。由于序列化执

行时必须一次将所有对象全部取出，这限制了它在处理大量数据情形下的应用。尤其是在大数据、云计算、人工智能等新一代数字技术应用广泛的科技领域，如何改进数据持久化技术是 Java 程序员亟待解决的问题。

习　题

1. 封装一个类，由 BufferedReader 类和 BufferedWriter 类实现文件读取和写出功能，按行读取英文文本文件 EnglishInit.txt，并在该行的尾部填上该英语句子中含有的单词数目，然后将该行保存到 EnglishCount.txt 文件中。EnglishInit.txt 文件预先保存在与当前类文件在同一目录下且有适当的内容。

2. 封装一个类模拟标准化考试，标准化试题文件 test.txt 预先保存在与当前类文件在同一目录下，它的格式要求如下：（1）每道题目提供 A、B、C、D 四个选项（单项选择）；（2）两道题目之间是用减号（-）加前一道题目的答案分割（----D----）。程序运行结果如图 6-7 所示。

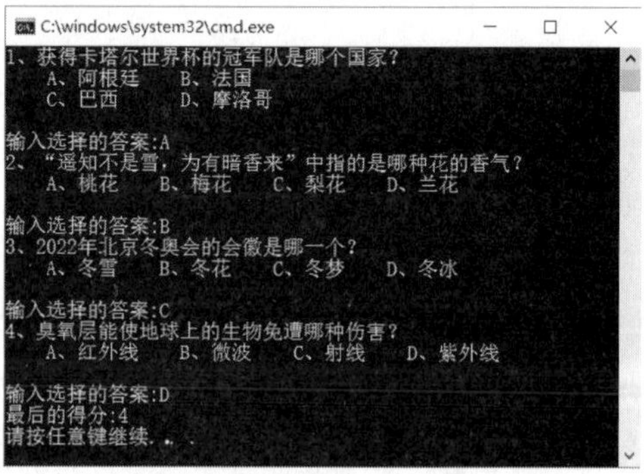

```
C:\windows\system32\cmd.exe
1、获得卡塔尔世界杯的冠军队是哪个国家?
    A、阿根廷      B、法国
    C、巴西        D、摩洛哥

输入选择的答案:A
2、“遥知不是雪，为有暗香来”中指的是哪种花的香气?
    A、桃花     B、梅花     C、梨花     D、兰花

输入选择的答案:B
3、2022年北京冬奥会的会徽是哪一个?
    A、冬雪     B、冬花     C、冬梦     D、冬冰

输入选择的答案:C
4、臭氧层能使地球上的生物免遭哪种伤害?
    A、红外线     B、微波     C、射线     D、紫外线

输入选择的答案:D
最后的得分:4
请按任意键继续. . .
```

图 6-7　题 2 的程序运行结果

3. 封装一个类，由 RandomAccessFile 流对象将一个文本文件的内容从尾到头逆序输出到控制台。

4. 封装一个类，由输入和输出技术将一个文本文件的内容按行读出，每读出一行就顺序地添加行号，并保存到另一个文件中。设这两个文本文件均与当前文件在同一目录下。

5. 封装一个类，统计文件中的数据。一个文本文件中的内容如图 6-8 所示。

要求按行读取数据，并在该行的尾部加上该学生的总成绩，然后将计算完的内容保存到另一个文本文件中，该文件的内容如图 6-9 所示。

```
姓名:李明，数学 80分，语文 90分，英语 90分.
姓名:王伟，数学 90分，语文 70分，英语 80分.
姓名:张文，数学 70分，语文 90分，英语 80分.
```

图 6-8　文本文件 1

```
姓名:李明，数学 80分，语文 90分，英语 90分.总分 260.0分
姓名:王伟，数学 90分，语文 70分，英语 80分.总分 240.0分
姓名:张文，数学 70分，语文 90分，英语 80分.总分 240.0分
```

图 6-9　文本文件 2

6. 封装一个类 RandomNumber，具有随机生成五个整数（0 ~ 100）的功能，并将这五个数保存到文件 data.dat 中。再封装一类 AnalyNumber，从 data.dat 文件中读取这五个数，计算它们的平均值并输出到控制台，再按照从小到大的顺序输出这五个数。

7. 封装一个类 ReplaceNumber，修改第 6 题中的 data.dat 文件中的内容，使得第三个数被替换为原来五个数的平均值，并在控制台输出修改后的文件内容。

8. 封装一个类 PrimeNumber，有一个方法接收一个整数参数 n，在文件 mydata.dat 中写入所有比 n 小的素数，最后在控制台分别显示每个数字（0 ~ 9）在这些素数（比 n 小的素数）中出现的总次数。例如：在素数 1 113 中出现三次 1，一次 3；在素数 32 058 509 中出现两次 0，一次 2，一次 3，两次 5，一次 8，一次 9。

9. 封装一个类 LookString，要求能够在当前路径下的所有文件中查找给定的字符串，字符串由方法的参数传递。

第 7 章 常用数据结构

Java 语言面向对象程序设计中的封装、继承和多态特征体现了程序存储数据和操作数据的灵活性，在利用这三个特征抽象现实世界信息到类层次时，就是数据结构的抽象表示。数据结构更侧重是如何实现数据的存储和操作，具体就是要用合理的算法去解决程序应该完成的功能。

7.1 集　　合

Java 语言是面向对象的程序设计语言，当封装好的类被实例化为对象后，程序就应该像操作基本数据类型一样针对对象进行存储和操作了。操作对象的前提是要把对象存储起来。4.2 节曾经提到使用数组引用类型可以存储对象元素，还可以对数组中的对象元素进行操作，从这个角度来说，数组也是一种数据结构。除了使用数组操作对象元素外，Java 语言提供了一种更加方便的存储和操作对象的容器引用类型，称为集合框架。集合框架是一种抽象的数据结构，它产生了许多可以操作不同对象元素的子集合框架，这些子集合框架存储的对象不同，封装的操作方法也不同。

数组是一种常用的数据结构，但它与 Java 集合框架是有区别的。

（1）存储长度：数组一旦初始化，它的长度就固定了，不能再扩充长度。集合框架的长度是可变的。

（2）存储元素：数组既可以存储基本类型数据，也可以存储引用数据类型。集合框架只能存储引用数据类型，JDK 5.0 以后的版本看起来也可以存储基本数据类型，其实是将基本数据类型进行了自动装箱，仍然是引用类型。

（3）存储类型：数组的元素类型必须一致。集合框架的元素类型可以不一致，但 JDK 5.0 以后的泛型解决了类型不一致的问题。

（4）功能方法：数组只能对数据进行存取操作。集合框架不但可以对数据进行操作，还提供了更加强大的数据结构功能，如修改、删除等。

通过以上讨论可以看出，使用数组解决一些简单的数据结构程序是可以的，当遇到复杂的数据结构问题时，只有依靠功能强大的集合框架才可以实现。Java 语言的集合框架核心主要有三种：List<E>接口、Set<E>接口和 Map<K,V>接口，有关集合框架的层次结构如图 7-1 所示。

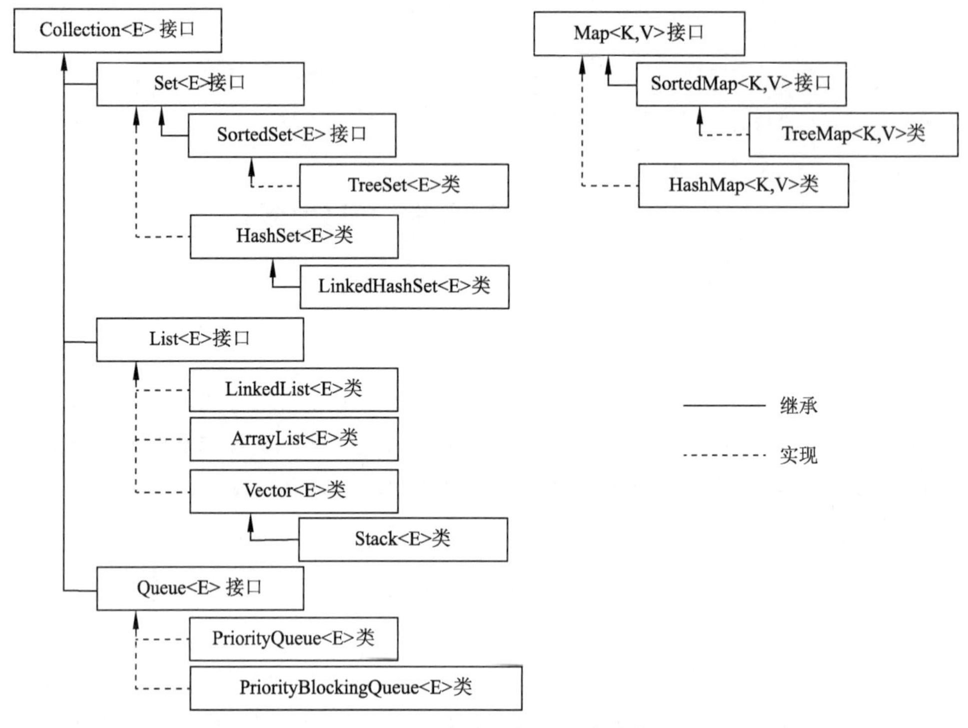

图 7-1　Java 集合框架的层次结构

7.1.1　Collection<E>接口

集合是用于存储对象的容器，而每种容器内部都有其独特的数据结构，正因为不同的容器内部数据结构不同，使其各自有自己独特的使用功能。虽然每个容器有其独特的结构，但是类似的容器还是存在共性的（至少对容器内部对象的操作方法上是存在共性的），这些共性方法能被不断抽取，最终形成了集合框架体系。

Java 语言中集合框架的顶层抽象是 java.util 包中的 Collection<E>接口，其余子集合都是继承或实现该接口而得到的。Java 语言用面向对象的设计方法使用集合框架对数据结构和算法进行了封装，减小了程序设计工作量。只要实现了 Collection<E>接口的类都必须将该接口的所有方法实现，Collection<E>接口中封装的常用方法见表 7-1。

表 7-1　Collection<E>接口中封装的常用方法

方　　法	说　　明
boolean add(E e)	往集合容器中添加泛型类元素 e
void clear()	删除集合容器中的所有元素
boolean contains(Object o)	判断集合容器中是否包含元素 o
boolean remove(Object o)	删除集合容器中已经存在的元素 o
Iterator<E> iterator()	获取在集合容器中元素上进行迭代的迭代器
int size()	获取在集合容器中元素的个数，即集合的长度

7.1.2　Collections 类

java.util 包中的 Collections 类是一个 JDK 封装好的可以操作数据结构的类，它包含各种有关集合操作的类方法（即静态多态方法），这些方法直接用类名直接引用。此类不能实例化，就像一个工具类，服务于 Java 的 Collection<E>集合框架。Collections 类的常用方法见表 7-2。

表 7-2　Collections 类的常用方法

方　法	说　明
static <E> int binarySearch(List<? extends Comparable<? super E>> list, E key)	使用二分搜索法搜索指定链表，以获得指定对象
static <E> void copy(List<? super E> dest,List<? extends E> src)	将所有元素从一个链表 src 复制到另一个链表 dest
static <E> void fill(List<? super E> list,E obj)	使用指定元素 obj 替换指定链表中的所有元素
static <E extends Object & Comparable<? super E>> E max(Collection<? extends E> coll)	根据元素的自然顺序，返回给定集合容器的最大元素
static <E extends Object & Comparable<? super E>> T min(Collection<? extends E> coll)	根据元素的自然顺序，返回给定集合容器的最小元素
static <E> boolean replaceAll(List<E> list,E oldVal, E newVal)	使用 newVal 替换 list 中满足内容相同的每个元素
static void reverse(List<?> list)	反转指定链表中元素的顺序
static void rotate(List<?> list, int dist)	根据指定的位置轮换指定链表中的元素
static void shuffle(List<?> list)	使用默认随机源对指定链表进行置换
static void sort(List<E> list)	根据元素的自然顺序对指定链表按升序进行排序
static void swap(List<?> list, int i, int j)	在指定链表中交换位置 i 和 j 处的元素

例题 7-1　封装了一类使用 Collections 类操作数据结构的程序。

```
//Test7_1.java
import java.util.*;
public class Test7_1 {
   public static void main(String[] args){
      //创建一个ArrayList对象，并添加元素
      List list=new ArrayList<Double>();//使用泛型存储Double对象
      double[] array={112, 111, 23, 456, 231 };
      for(int i=0; i<array.length; i++) {
         list.add(new Double(array[i]));
      }
      MyCollections mc=new MyCollections();
      mc.operate(list);
   }
}


/*
*MyCollections.java
*该类封装了使用Collections类操作数据结构的各种常用功能
*/
import java.util.*;                    //导入集合包
public class MyCollections {
```

```
    public void operate(List list){
        System.out.println("排序");
        Collections.sort(list);        //自然排序
        for(int i=0; i<list.size(); i++) {
            System.out.print(list.get(i)+" ");
        }
        System.out.println("\n 置换");
        Collections.shuffle(list);        //置换
        for(int i=0; i<list.size(); i++) {
            System.out.print(list.get(i)+" ");
        }
        Collections.sort(list);           //自然排序
        System.out.println("\n 反转");
        Collections. reverse (list);      //反转
        for(int i=0; i<list.size(); i++) {
            System.out.print(list.get(i)+" ");
        }
        Collections.sort(list);           //自然排序
        System.out.println("\n 复制");
        List li=new ArrayList();
        double[] arr={1131,333};
        for(int j=0;j<arr.length;j++){
            li.add(new Double(arr[j]));
        }
        Collections.copy(list,li);        //复制
        for(int i=0; i<list.size(); i++) {
            System.out.print(list.get(i)+" ");
        }
        System.out.println("\n 最小值");
        System.out.println(Collections.min(list));//返回最小值
        System.out.println("最大值");
        System.out.println(Collections.max(list));//返回最大值
        System.out.println("循环");
        Collections.rotate(list,-1);      //循环
        for(int i=0; i<list.size(); i++) {
            System.out.print(list.get(i)+" ");
        }
         System.out.println("\n 二分查找");
        Collections.sort(list);
        System.out.println(list);
        System.out.println(Collections.binarySearch(list, 333.0));//二分查找
    }
}
```

7.2 链　　表

当被处理的对象元素个数不确定，需要动态地减少或增加数据项时，可以使用链表（List）数据结构，主要有单链表和双链表两种。

单链表（Single Link List）由数据域（Data）和结点域（Node）两部分组成，单链表是通过结

点域的头引用 head 实现的，每个结点都有一个引用，指向自身结点的下一个结点引用，而不是指向下一个结点的对象，最后一个结点的 head 指向为 null。对单链表的操作只能从一端开始，如果需要查找链表中的某一个结点，则需要从头开始进行遍历。单链表的引用如图 7-2 所示。

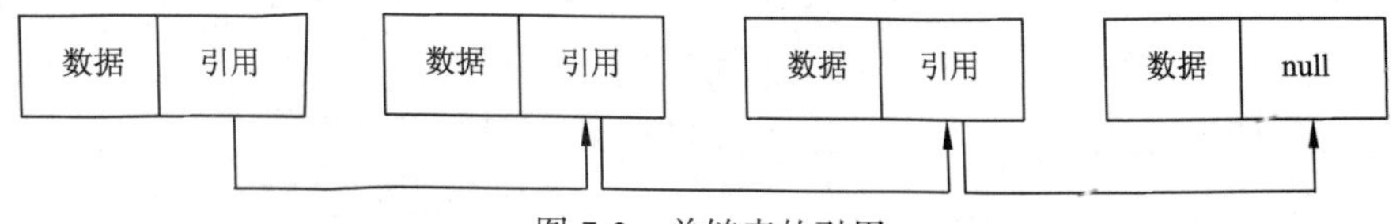

图 7-2　单链表的引用

双链表（Double Link List）和单链表相比，多了一个指向尾部（Tail）的引用，它的每个结点都有一个头引用 head 和尾引用 tail，双链表相比单链表更容易操作，双链表结点的首结点的 head 指向为 null，tail 指向下一个结点的 head，尾结点的 head 指向前一个结点的 tail，tail 指向为 null，为双向的关系。双链表的引用如图 7-3 所示。

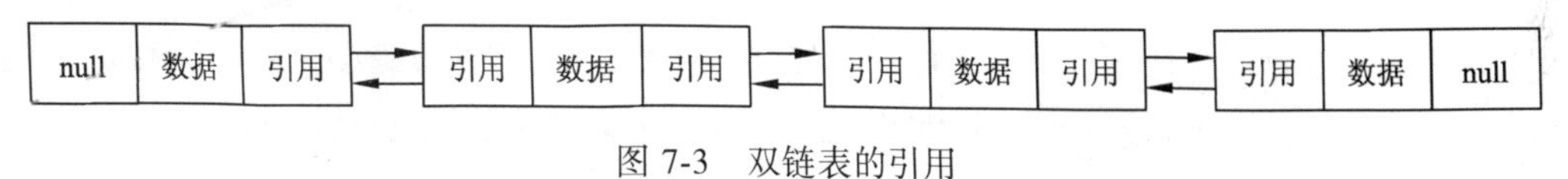

图 7-3　双链表的引用

7.2.1　链表接口及常用实现类

java.util 包中的 List<E>接口扩充了 Collection<E>接口的功能，添加了一些与索引相关的方法。在任何实现 List<E>接口的实例中，元素对象都按照索引顺序依次存储。也就是说，接口 List<E>是有索引的 Collection<E>，实现 List<E>接口的对象具有列表的功能，元素顺序都是按照添加的先后顺序进行排列的，而且允许存在重复的元素，也允许存在多个 null 元素。Java 语言的所有链表实际上都是双向链表，即每个结点（除了头结点和尾结点）都存放着指向前驱结点和后继结点的两个引用。List<E>接口封装的常用方法见表 7-3。

表 7-3　List<E>接口封装的常用方法

方　法	说　明
boolean add(E e)	向链表的尾部追加指定的元素
void add(int index, E element)	在链表的指定位置插入指定元素
boolean addAll(Collection<? extends E> c)	追加指定 Collection 中的所有元素到此链表的尾部
void clear()	从链表中移除所有元素
boolean contains(Object o)	如果链表包含指定的元素，则返回 true
boolean containsAll(Collection<?> c)	如果链表包含指定 Collection 的所有元素，则返回 true
boolean equals(Object o)	比较指定的对象与链表是否相等
E get(int index)	返回链表中指定位置的元素
int hashCode()	返回链表的哈希码值
int indexOf(Object o)	返回链表中第一次出现的指定元素的索引，如果此链表不包含该元素，则返回 -1
int lastIndexOf(Object o)	返回链表中最后出现的指定元素的索引，如果链表不包含此元素，则返回 -1
boolean isEmpty()	如果链表不包含元素，则返回 true

续表

方　法	说　明
E remove(int index)	移除链表中指定位置的元素
boolean remove(Object o)	从链表中移除第一次出现的指定元素
boolean removeAll(Collection<?> c)	从链表中移除指定 Collection 中包含的所有元素
E set(int index, E element)	用指定元素替换链表中指定位置的元素
int size()	返回链表中的元素数
List<E> subList(int fromIndex, int toIndex)	返回链表中指定的 fromIndex（包括）和 toIndex（不包括）之间的部分链表
Object[] toArray()	返回按适当顺序包含链表中的所有元素的数组

7.2.2 链表类 LinkedList<E>

Java 语言中 LinkedList<E>类实现了 List<E>接口，是泛型类，内部依赖双链表结构原理，有很好的插入和删除功能，但随机访问元素的性能比较差。LinkedList<E>类的数据结构如图 7-4 所示。

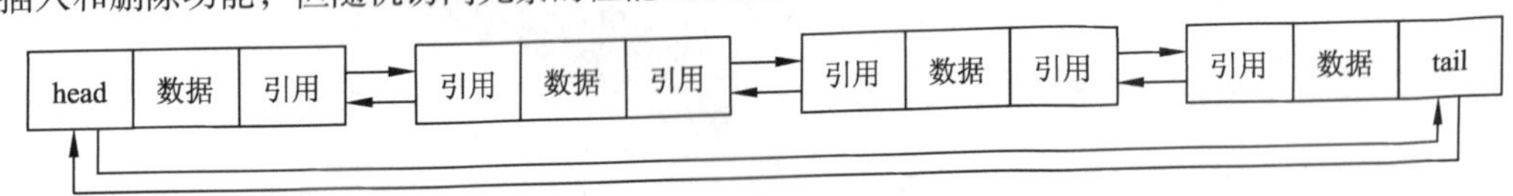

图 7-4　LinkedList<E>类的数据结构

LinkedList<E>类的构造方法见表 7-4。

表 7-4　LinkedList<E>类的构造方法

构 造 方 法	说　明
public LinkedList()	创建一个空的双链表对象
public LinkedList(Collection<? extends E> c)	创建一个包含指定 Collection 中元素的双链表对象

例如：

```
LinkedList<String> list=new LinkedList<String>();
```

使用 LinkedList<E>类声明创建对象时，必须要指明参数<E>的具体类型，然后链表就可以使用其相应的成员方法进行操作了。除了实现 List<E>接口中的方法外，LinkedList<E>类新增加的常用成员方法见表 7-5。

表 7-5　LinkedList<E>类新增加的常用成员方法

方　法	说　明
void addFirst(E e)	将指定元素 e 添加到链表的头结点
void addLast(E e)	将指定元素 e 添加到链表的尾结点
E getFirst()	获取链表中第一个结点的元素
E getLast()	获取链表中最后一个结点的元素
boolean offer(E e)	将指定元素 e 添加到链表的尾结点最后一个元素
boolean offerFirst(E e)	将指定元素 e 添加到链表的头结点

续表

方　法	说　明
boolean offerLast(E e)	将指定元素 e 添加到链表的尾结点
E peek()	获取但不移除链表的头结点
E peekFirst()	获取但不移除链表的头结点，如果链表为空，则返回 null
E peekLast()	获取但不移除链表的尾结点，如果链表为空，则返回 null
E poll()	获取并移除链表的头结点
E pollFirst()	获取并移除链表的头结点，如果链表为空，则返回 null
E pollLast()	获取并移除链表的尾结点，如果链表为空，则返回 null

在创建数据结构类对象时，Java 语言通常使用类的上转型对象，即声明采用超接口，初始化使用类的构造方法。这种书写格式在 Java 数据结构程序设计时最常用。例如：

```
List<String> list=new LinkedList<String>();
```

在 LinkedList<E>类中包含一个内部类 Entry<E>类，该类封装了双链表的向前引用、数据和向后引用三部分。

1．迭代器

Java 语言有很多数据集合，对于这些数据集合的操作有很多的共性。Java 采用迭代器来为各种容器提供公共的操作接口。迭代器就是集合取出元素的方式。使用迭代器遍历集合中的元素时，不需要知道这些元素在集合中是如何表示及存储的。由于迭代器遍历集合的方法在找到集合中的一个元素的同时，也得到了遍历的后继元素的引用，因此迭代器可以快速地遍历集合。

Java 语言提供了迭代器接口 java.util.Iterator<E>，它包含了三个抽象方法：

```
public abstract boolean hasNext()
public abstract E next()
public abstract void remove()
```

Java 语言中的 Iterator 功能比较简单，并且只能单向移动。为 List 设计的 ListIterator 具有更多的功能，它可以从两个方向遍历 List<E>，也可以从 List<E>中插入和删除元素。

（1）凡是实现了 Collection<E>接口的数据结构都可以使用方法 iterator()要求集合返回一个 Iterator。第一次调用 Iterator 的 next()方法时，它返回序列的第一个元素。

（2）使用 next()获得序列中的下一个元素。

（3）使用 hasNext()检查序列中是否还有元素。

（4）使用 remove()将迭代器新返回的元素删除。

2．LinkedList<E>链表的遍历

由于 LinkedList<E>的存储结构不是顺序的，在遍历该链表时可以使用迭代器对其中的元素获取数据和引用。

例题 7-2　封装了 LinkedList<E>遍历的各种方法比较。

```
//Test7_2LinkedList.java
import java.util.Iterator;
import java.util.LinkedList;
import java.util.NoSuchElementException;
```

```
public class Test7_1LinkedList{
   public static void main(String[] args) {
      LinkedList<Integer> llist=new LinkedList<Integer>();
      for(int i=0; i<100000; i++)
         llist.addLast(i);
      byCommonFor(llist) ;      //通过一般 for 循环来遍历 LinkedList
      byForEach(llist) ;        //通过 for-each 来遍历 LinkedList
      byIterator(llist) ;       //通过 Iterator 来遍历 LinkedList
      byPollFirst(llist) ;      //通过 PollFirst()遍历 LinkedList
      byPollLast(llist) ;       //通过 PollLast()遍历 LinkedList
      byRemoveFirst(llist) ;    //通过 removeFirst()遍历 LinkedList
      byRemoveLast(llist) ;     //通过 removeLast()遍历 LinkedList
   }
   //通过一般 for 循环来遍历 LinkedList
   private static void byCommonFor(LinkedList<Integer> list) {
      if(list==null)
         return;
      long start=System.currentTimeMillis();
      int size=list.size();
      for(inti=0; i<size; i++) {
         list.get(i);
      }
      long end=System.currentTimeMillis();
      long total=end-start;
      System.out.println("byCommonFor------->" + total+" ms");
   }
  private static void byForEach(LinkedList<Integer> list) {
                                        //通过 for-each 来遍历 LinkedList
      if(list==null)
         return;
      long start=System.currentTimeMillis();
      for (Integer integ:list)
         ;
      long end=System.currentTimeMillis();
      long total=end-start;
      System.out.println("byForEach------->" + total+" ms");
   }
   private static void byIterator(LinkedList<Integer> list) {
                                        //通过 Iterator 来遍历 LinkedList
      if(list==null)
         return;
      long start=System.currentTimeMillis();
      for(Iterator iter=list.iterator(); iter.hasNext();)
         iter.next();
      long end=System.currentTimeMillis();
      long total=end-start;
      System.out.println("byIterator------->" + total+" ms");
   }
   private static void byPollFirst(LinkedList<Integer> list) {
                                        //通过 PollFirst()来遍历 LinkedList
```

```
    if(list==null)
        return ;
    long start=System.currentTimeMillis();
    while(list.pollFirst()!=null)
        ;
    long end=System.currentTimeMillis();
    long total=end - start;
    System.out.println("byPollFirst------->" + total+" ms");
}
private static void byPollLast(LinkedList<Integer> list) {
                                    //通过 PollLast()来遍历 LinkedList
    if(list==null)
        return ;
    long start=System.currentTimeMillis();
    while(list.pollLast()!=null)
        ;
    long end=System.currentTimeMillis();
    long total=end-start;
    System.out.println("byPollLast------->" + total+" ms");
}
private static void byRemoveFirst(LinkedList<Integer> list) {
                                    //通过 removeFirst()来遍历 LinkedList
    if(list==null)
        return ;
    long start=System.currentTimeMillis();
    try {
        while(list.removeFirst()!=null)
            ;
    } catch(NoSuchElementException e) {
}
    long end=System.currentTimeMillis();
    long total=end-start;
    System.out.println("byRemoveFirst------->" + total+" ms");
}
private static void byRemoveLast(LinkedList<Integer> list)
                                    //通过 removeLast()来遍历 LinkedList
    if (list==null)
        return ;
    long start=System.currentTimeMillis();
    try {
        while(list.removeLast()!=null)
            ;
    } catch (NoSuchElementException e) {
    }
    long end=System.currentTimeMillis();
    long total=end-start;
    System.out.println("byRemoveLast------->" + total+" ms");
}
}
```

3．LinkedList<E>链表的排序与查找

Java 语言程序经常需要对链表按照某种规则进行排序，以便查找一个数据是否和链表中某个结点的数据相等。

如果链表中的数据是已经实现了 Comparable<E>接口的类实例（如 String 对象），那么 java.util 包中的 Collections 类调用 sort(List<E> list)方法就可以对参数指定的链表进行排序。一个普通的类抽象可以通过重写泛型接口 Comparable<E>中的 compareTo(E obj)方法来指定该类实例互相比较大小的规则，把该类的实例存放在链表中后，就可以通过 Collections 类调用 sort(List<E> list)方法对该链表进行排序了。

如果需要查找链表中是否含有和指定数据相等的数据，一般先对链表进行排序，再通过 Collections 类调用 binarySearch(List<E>, E key)方法查找链表中是否含有和数据 key 相等的数据。

例题 7-3 封装了 LinkedList<E>链表的排序与查找程序。

```
//Test7_3.java
import java.util.*;
public class Test7_3 {
    public static void main(String[] args){
        List<String> listString=new LinkedList<String>();
        listString.add("bird");
        listString.add("Dog");
        listString.add("cat");
        Collections.sort(listString);//对链表进行排序
        //通过迭代对链表进行遍历
        Iterator<String> iterString=listString.iterator();
        while(iterString.hasNext()){
            String s=iterString.next();
            System.out.println(s+" ");
        }
        int index=Collections.binarySearch(listString,"bird");
        if(index>=0)
            System.out.println("链表中含有和对象 bird 相等的数据");
        List<Human> listHuman=new LinkedList<Human>();
        listHuman.add(new Human(176,72));
        listHuman.add(new Human(170,68));
        listHuman.add(new Human(165,60));
        listHuman.add(new Human(178,77));
        Collections.sort(listHuman);
        Iterator<Human> iterHuman=listHuman.iterator();
        while(iterHuman.hasNext()){
            Human h=iterHuman.next();
            System.out.println("身高: "+h.height+"cm, 体重: "+h.weight+"kg");
        }
        Human tom=new Human(170,80);
        index=Collections.binarySearch(listHuman,tom);
            if(index>=0)
            System.out.println("链表中含有和对象 tom 相等的数据");
    }
```

```
}
/*
*Human.java
*该类封装了一种能够进行比较大小的程序，并实现了 Comparable<E>接口
*/
public class Human implements Comparable<Human>{
    int height,weight;
    public Human(int height,int weight){
        this.height=height;
        this.weight=weight;
    }
    //重写 compareTo()方法，指定比较大小的规则
    public int compareTo(Human m){
        return (this.height-m.height);
    }
}
```

7.2.3　链表类 ArrayList<E>

Java 语言中的链表类 ArrayList<E>，其内部原理是数组的顺序存储。ArrayList<E>是实现 List<E>接口的动态数组，所谓动态就是它的长度是可变的。它实现了所有可选链表操作，并允许包括 null 在内的所有元素。除了实现 List<E> 接口外，此类还提供一些方法来操作内部用来存储链表的数据。

每个 ArrayList<E>实例都有一个容量，该容量是指用来存储链表元素的数组的长度大小，默认初始容量为 10。随着 ArrayList<E>中元素的增加，它的容量也会不断地自动增长。在每次添加新的元素时，ArrayList<E>都会检查是否需要进行扩容操作。扩容操作需要将数据向新数组重新复制，所以，如果事先知道具体的数据量，在创建 ArrayList<E>时可以给 ArrayList<E>指定一个初始容量，这样就会减少扩容时数据的复制问题。在添加大量元素前，应用程序也可以调用 ensureCapacity()方法操作来增加 ArrayList<E>实例的容量，这可以减少数据递增时再分配数据的数量。

但是，ArrayList<E>实现不是同步的。如果多个线程同时访问一个 ArrayList<E>实例，而其中至少一个线程从结构上修改了列表，那么它必须保持外部同步。为了保证同步，最好的办法是在创建时就调用相应方法完成同步，以防止意外对链表进行不同步的访问：

```
List<E> list=Collections.synchronizedList(new ArrayList(E,list));
```

为了创建链表类 ArrayList<E>实例，Java 语言提供了相应的构造方法见表 7-6。除了实现 List<E> 接口中的方法外，ArrayList<E>类新增加的常用成员方法见表 7-7。

表 7-6　ArrayList<E>类的构造方法

构 造 方 法	说　明
public ArrayList()	创建一个默认初始容量为 10 的空链表对象
public ArrayList(Collection<? extends E> c)	创建一个包含指定 Collection 中的元素的链表对象，这些元素是按照该 Collection 的迭代器返回它们的顺序排列的
public ArrayList(int initialCapacity)	创建一个具有指定初始容量的空链表对象

表 7-7　ArrayList<E>类新增加的常用成员方法

方　法	说　明
boolean addAll(int index, Collection<? extends E> c)	从指定的位置开始，将指定 Collection 中的所有元素插入此链表中
void ensureCapacity(int minCapacity)	增加此 ArrayList 实例的容量，以确保它至少能够容纳最小容量参数所指定的元素数
void removeRange(int fromIndex, int toIndex)	移除链表中索引在 fromIndex（包括）和 toIndex（不包括）之间的所有元素
E set(int index, E element)	用指定的元素替代此链表中指定位置上的元素

例题 7-4　封装了 ArrayList<E>实例的程序。

```
//Test7_4ArrayList.java
import java.util.*;
public class Test7_4ArrayList {
   public static void main(String []args){
   List<String> list1=new ArrayList<String>();
   //添加元素
   list1.add("one");
   list1.add("two");
   list1.add("three");
   list1.add("four");
   list1.add("five");
   list1.add(0,"zero");
   System.out.println("<--list1 中共有>" + list1.size()+ "个元素");
   System.out.println("<--list1 中的内容:" + list1 + "-->");
   List<String> list2=new ArrayList<String>();
   //添加元素
   list2.add("Begin");
   list2.addAll(list1);
   list2.add("End");
   System.out.println("<--list2 中共有>" + list2.size()+ "个元素");
   System.out.println("<--list2 中的内容:" + list2 + "-->");
   List<String> list3 =  new ArrayList<String>();
   list3.removeAll(list1);
   System.out.println("<--list3 中是否存在 one: "+ (list3.contains("one")? "
是":"否")+ "-->");
   list3.add(0,"same element");
   list3.add(1,"same element");
   System.out.println("<--list3 中共有>" + list3.size()+ "个元素");
   System.out.println("<--list3 中的内容:" + list3 + "-->");
   System.out.println("list 中第一次出现 same element 的索引是" + list3.indexOf
("same element"));
   System.out.println("list3 中最后一次出现 same element 的索引是" + list3.
lastIndexOf("same element"));
   System.out.println("<--使用 Iterator 接口访问 list3->");
   Iterator it=list3.iterator(); //迭代器对象遍历
   while(it.hasNext()){
      String str=(String)it.next();
      System.out.println("<--list3 中的元素:" + list3 + "-->");
```

```
    }
    System.out.println("<--将list3中的same element修改为another element-->");
    list3.set(0,"another element");
    list3.set(1,"another element");
    System.out.println("<--将list3转为数组-->");
    Object[] array=list3.toArray();  //从ArrayList转换到数组
        for(int i=0; i<array.length ; i++){
            String str=(String)array[i];
            System.out.println("array[" + i + "] = "+ str);
        }
        System.out.println("<---清空list3->");
        list3.clear();
        System.out.println("<--list3 中是否为空: " + (list3.isEmpty()?"是":"否
") + "-->");
        System.out.println("<--list3中共有>" + list3.size()+ "个元素");
    }
}
```

7.3　堆栈 Stack<E>

堆栈是一种“后进先出（Last In First Out，LIFO）”的数据结构，只能在一端进行插入或删除数据的操作。堆栈把第一个放入该栈的数据放在最底下，而把后续放入的数据放在已有数据的顶上。向堆栈中插入数据的操作称为“压栈”，从堆栈中删除数据的操作称为“弹栈”。由于堆栈总是在顶端进行数据的插入和删除操作，所以弹栈总是输出最后压入堆栈的数据。

7.3.1　向量 Vector<E>

从图7-1中看出，java.util包中的Stack<E>类是java.util.Vector<E>类的子类。向量Vector<E>类是一个实现了List<E>接口的动态数组结构，其内部原理以数组的形式使用数据结构。Vector<E>类与ArrayList<E>类一样，也是通过数组实现的，不同的是它支持线程的同步，即某一时刻只有一个线程能够写Vector<E>，避免多线程同时写而引起的不一致性，但实现同步需要很高的花费，因此，访问它比访问ArrayList<E>慢。

例题 7-5　封装了向量Vector<E>类的程序。

```
/*
*Test7_5Vector.java
*该类封装了Vector<E>的使用
*/
import java.util.*;
public class Test7_5Vector{
    public static void main(String[] args){
        //使用Vector的构造方法进行创建
        Vector<String> v=new Vector<String>(4);
        //使用add()方法直接添加元素
        v.add("Test0");
        v.add("Test1");
        v.add("Test0");
        v.add("Test2");
```

```
        v.add("Test2");
        //从 Vector 中删除元素
        v.remove("Test0");          //删除指定内容的元素
        v.remove(0);          //按照索引号删除元素
        //获得 Vector 中已有元素的个数
        int size=v.size();
        System.out.println("size:" + size);
        //遍历 Vector 中的元素，for 循环增强
        for(String s:v){
            System.out.println(s);
        }
    }
}
```

7.3.2 堆栈 Stack<E>的使用

Java 语言中，堆栈 Stack<E>本身通过扩展 Vector<E>产生，是 Vector<E>的子类。而 Vector<E>本身是一个长度可变的对象数组，Stack<E>继承它的所有属性和方法后，把 Vector<E>最后一位作为 Stack<E>的栈顶，另一端作为 Stack<E>的栈底。

创建 Stack<E>对象的构造方法只有一个，它的一般书写格式为

```
public Stack()
```

除了继承的方法之外，Stack<E>还增加了自己的新方法，见表 7-8。

表 7-8　Stack<E>类常用成员方法

方　法	说　明
boolean empty()	判断堆栈是否有数据
E peek()	获取堆栈顶部的数据，但不删除此数据
E pop()	实现弹栈，并删除顶部数据
E push(E item)	实现压栈操作
int search(Object o)	获取数据在堆栈中的位置，最顶端位置为 1，向下依次增加。如果堆栈不含此数据，则返回-1

其中，pop()、peek()以及 search()方法本身进行了线程同步，push()方法调用了超类的 addElement()方法，empty()方法调用了超类的 size()方法。Vector<E>类为线程安全的，所以，Stack<E>类为线程安全类。

例题 7-6　封装了 Stack<E>类的程序。

```
//Test7_6Stack.java
import java.util.*;
public class Test7_6Stack {
    public static void main(String[] args) {
        Stack<Integer> s=new Stack<Integer>();
        System.out.println("------是否为空");
        System.out.println(s.isEmpty());
        System.out.println("------压栈");
        //压栈，自动装箱
        s.push(1);
        s.push(2);
```

```
        s.push(3);
        Test7_5Stack.it(s);
        System.out.println("------弹栈");
        int str=s.pop();            //弹栈，自动拆箱
        System.out.println(str);
        Test7_5Stack.it(s);
        System.out.println("------查询");
        str=s.peek();               //查询，自动拆箱
        System.out.println(str);
        Test7_5Stack.it(s);
        System.out.println("------查询");
        int i=s.search(2);
        System.out.println(i);
        i=s.search(1);
        System.out.println(i);
        i=s.search(0);
        System.out.println(i);
    }
    public static void it(Stack<Integer> s){
        System.out.print("迭代输出:");
        Iterator<Integer> it=s.iterator();
        while(it.hasNext()){
            System.out.print(it.next()+";");
        }
        System.out.print("\n");
    }
}
```

7.4　队　　列

队列是一种“先进先出（First In First Out，FIFO）”的数据结构，只允许在一端进行插入，而在另一端进行删除的运算。允许删除的一端称为队头（Front），允许插入的一端称为队尾（Rear），当队列中没有元素时称为空队列。队列的修改是依先进先出的原则进行的，新来的成员总是加入队尾，每次离开的成员总是队列头上的（不允许中途离队）。队列以一种先进先出的方式管理数据，如果试图向一个已经充满数据的队列中添加一个元素或者是从一个空的队列中移除一个元素，将导致线程阻塞。在多线程进行合作时，队列是很有用的工具。工作者线程可以定期地把中间结果存到队列中而其他工作者线程把中间结果取出并在将来修改它们。队列会自动平衡负载，如果第一个线程集运行得比第二个慢，则第二个线程集在等待结果时就会阻塞。如果第一个线程集运行得快，那么它将等待第二个线程集赶上来。所以，在考虑多线程安全的数据结构操作时，采用实现 Queue<E>接口的类是最适合的。

Java 语言中，Queue<E>接口是通过扩展 Collection<E>接口产生，由实现其功能的类操作，如 java.util 包中的 LinkedList<E>类。

java.util.concurrent 包提供了多线程安全的四个实现类：

（1）LinkedBlockingQueue<E>类是基于链表的队列，此队列按 FIFO 对元素进行排序。

（2）ArrayBlockingQueue<E>类基于数组的阻塞循环队列，此队列按 FIFO 对元素进行排序。

（3）PriorityBlockingQueue<E>是一个带优先级的队列，而不是先进先出队列。元素按优先级顺序被移除，基于堆数据结构的，插入该队列中的元素要具有比较能力。

（4）DelayQueue<E>类是一个存放 Delayed 元素的无界阻塞队列，只有在延迟期满时才能从中提取元素，此队列不允许使用 null 元素。

例题 7-7 封装了一类基于线程实现的队列程序。

```
/*
*Test7_7BlockingQueue.java
*程序在一个目录及它的所有子目录下搜索所有文件，打印出包含指定关键字的文件列表。
*使用阻塞队列的好处是：多线程操作共同的队列时不需要额外的同步，另外就是队列会自动平衡负载，
*即哪边（生产与消费两边）处理快了就会被阻塞掉，从而减少两边的处理速度差距
*/
import java.io.*;
import java.util.concurrent.*;
import java.util.*;
public class Test7_7BlockingQueue {
  public static void main(String[] args) {
    Scanner in=new Scanner(System.in);
    System.out.print("请输入路径：");
    String directory=in.nextLine();
    System.out.print("请输入搜索的关键字：");
    String keyword=in.nextLine();
    final int FILE_QUEUE_SIZE=10;                //阻塞队列大小
    final int SEARCH_THREADS=100;                //关键字搜索线程个数
    //基于 ArrayBlockingQueue<E>的阻塞队列
    BlockingQueue<File> queue=new ArrayBlockingQueue<File>(FILE_QUEUE_ SIZE);
    //只启动一个线程来搜索目录
    FileEnumerationTask enumerator=new FileEnumerationTask(queue, new File
(directory));
    new Thread(enumerator).start();
    //启动 100 个线程用来在文件中搜索指定的关键字
    for(int i=1; i<=SEARCH_THREADS; i++)
      new Thread(new SearchTask(queue, keyword)).start();
  }
}
//FileEnumerationTask.java
import java.io.*;
import java.util.concurrent.*;
public class FileEnumerationTask implements Runnable {
  //文件对象，放在阻塞队列最后，用来标识文件已被遍历完
  public static File DUMMY=new File("");
  private BlockingQueue<File> queue;
  private File startingDirectory;
  public FileEnumerationTask(BlockingQueue<File> queue, File startingDirectory) {
    this.queue=queue;
    this.startingDirectory=startingDirectory;
  }
  public void run() {
    try {
```

```
      enumerate(startingDirectory);
      queue.put(DUMMY);//执行到这里，说明指定的目录下文件已被遍历完
    } catch (InterruptedException e) {
    }
  }
  // 将指定目录下的所有文件以 File 对象的形式放入阻塞队列中
  public void enumerate(File directory) throws InterruptedException {
    File[] files=directory.listFiles();
    for(File file : files) {
      if(file.isDirectory())
        enumerate(file);
      else
        //将元素放入队尾，如果队列满，则阻塞
        queue.put(file);
    }
  }
}
//SearchTask.java
import java.util.concurrent.*;
import java.util.*;
import java.io.*;
public class SearchTask implements Runnable {
  private BlockingQueue<File> queue;
  private String keyword;
  public SearchTask(BlockingQueue<File> queue, String keyword) {
    this.queue=queue;
    this.keyword=keyword;
  }
  public void run() {
    try {
      boolean done=false;
      while (!done) {
        //取出队首元素，如果队列为空，则阻塞
        File file=queue.take();
        if(file==FileEnumerationTask.DUMMY) {
          //取出来后重新放入，能够让其他线程读到它时也很快地结束
          queue.put(file);
          done=true;
        } else
          search(file);
      }
    } catch(IOException e) {
      e.printStackTrace();
    } catch(InterruptedException e) {
    }
  }
  public void search(File file) throws IOException {
    Scanner in=new Scanner(new FileInputStream(file));
    int lineNumber=0;
    while(in.hasNextLine()) {
```

```
        lineNumber++;
        String line=in.nextLine();
        if(line.contains(keyword))
          System.out.printf("%s:%d:%s%n", file.getPath(), lineNumber, line);
      }
      in.close();
    }
  }
```

7.5 集合 Set<E>

Set<E>和 List<E>一样，也继承于 Collection<E>接口，是集合框架的一种。和 List<E>不同的是，Set<E>内部实现是基于 Map<K,V>的，所以 Set<E>取值时不保证数据和存入的时候顺序一致，并且不允许有空值也不允许存在重复值。

java.util 包中的 Set<E>接口继承了 Collection<E>接口，它的实现类可以方便地将需要的对象以集合类型保存在一个变量中。Set<E>接口是一个不包含重复元素的 Collection<E>，没有增加新的功能方法，但是加入 Set<E>的元素必须定义 equals()方法以确保对象的唯一性。

Set<E>接口主要有两个实现类：

（1）HashSet<E>类，它按照哈希算法来存取集合中的对象，存取速度比较快。

（2）TreeSet<E>类，它实现了 SortedSet<E>接口，能够对集合中的对象进行排序。

7.5.1 HashSet<E>类

java.util 包中的 HashSet<E>类是实现 Set<E>接口的类，它的大部分方法都是接口方法的实现。HashSet<E>类的实例对象采用哈希算法对存储的每一个数据都计算出一个哈希码值，根据 Hash 值把数据分配到某个存储区域中。当要查找该集合中是否包含某个指定数据时，就到相应的存储区域查找，大大提高了查询效率。

要创建 HashSet<E>类的对象就要使用构造方法，它的构造方法见表 7-9。HashSet<E>类的功能方法都是实现 Set<E>接口的方法。

表 7-9 HashSet<E>类的构造方法

构造方法	说明
public HashSet()	创建一个默认容量为 16 的空 HashSet<E>对象
public HashSet(Collection<? extends E> c)	创建一个包含指定 Collection 中的元素的 HashSet<E>对象
public HashSet(int initialCapacity)	创建一个指定容量的空 HashSet<E>对象
public HashSet(int initialCapacity, float loadFactor)	创建一个指定容量和哈希码值的空 HashSet<E>对象

例题 7-8 封装了一类使用 HashSet<E>类的程序。在该程序中封装了 Staff 类数据，并存储到 HashSet<E>集合中，由于 Staff 类是 Object 的子类，而 Object 类的 equals()方法是根据对象的内存地址来判断两个对象是否相等的，而 Staff 的每个实例对象内存地址都是不同的，无法保证 Set<E>集合的数据唯一性，所以需要重写 equals()方法来判断两个对象是否是同一个对象。因为 Object 的哈希码值返回的是对象的哈希码地址，而两个对象的哈希码地址肯定是不相等的，所以每次插入的对象被存储在不同的存储区域，equals()方法根本没有运行。因此，还需要重写 HashCode()方

法，依据关键字来计算对象的哈希码值。

```
/*
*Test7_8HashSet.java
*该类事先定义了 Staff 类，再定义了一个 HashSet<E>，并加入了五个 Staff 对象到该集合
*/
import java.util.*;
public class Test7_8HashSet {
    public static void main(String[] args){
        Set<Staff> mySet = new HashSet<Staff>();
        mySet.add(new Staff("Tom","Male",170.0,70.0));
        mySet.add(new Staff("Peter","Male",175.0,70.0));
        mySet.add(new Staff("Kate","Female",168.0,60.0));
        mySet.add(new Staff("Alice","Female",161.0,55.0));
        mySet.add(new Staff("Jack","Male",190.0,95.0));
        //即使姓名和 HashCode 相同，但 equals()比较是不同，因此也会插入
        mySet.add(new Staff("Jack","Female",190.0,95.0));
        System.out.println(mySet);
    }
}
/*
*Staff.java
*该类封装了 Staff 数据，并存储到 HashSet<E>集合中
*/
public class Staff {
    String sex;       //性别
    String name;      //姓名
    Double hei;       //身高
    Double wei;       //体重
    public Staff(String n, String s, Double h, Double w){
        this.name=n;
        this.sex=s;
        this.hei=h;
        this.wei=w;
    }
    //重写 toString()方法
    public String toString(){
        return "\n 姓名: "+this.name+"  性别: "+this.sex+"  身高: "+this.hei+"  体
重: "+this.wei;
    }
    //重写 equals()方法
    public boolean equals (Object obj){
        if(this==obj){                        //地址相等，则肯定是同一个对象
            return true;
        }
        if(!(obj instanceof Staff)){          //类型不同，则肯定不是同一类对象
            return false;
        }
        Staff per=(Staff) obj;                //类型相同，向下转型
        //如果两个对象的姓名和性别相同，则是同一个人
        if(this.name.equals(per.name)&&this.sex.equals(per.sex))
```

```
            return true;
        return false;
    }
    //重写 HashCode()方法，通过姓名判断是否是同一对象
    public int hashCode(){
        return this.name.hashCode();
    }
}
```

7.5.2 TreeSet<E>类

java.util 包中的 TreeSet<E>类是实现 Set<E>接口的类，它的大部分方法都是接口方法的实现。TreeSet<E>类的实例对象采用树结构存储数据，树结点中的数据会按照存放数据的自然顺序一层一层依次排列，在同一层中从左到右递增排列。

如果 TreeSet<E>类中的数据已经实现了 Comparable<E>接口中的 compareTo(E obj)方法，该数据就会按照相应的顺序自动排列。如果 TreeSet<E>类中的数据没有实现 Comparable<E>接口中的 compareTo(E obj)方法，那么在封装该类时要同时实现 Comparable<E>接口并重写 compareTo(E obj)方法，以保证在存放数据时有序排列。

要创建 TreeSet<E>类的对象就要使用构造方法，它的构造方法见表 7-10。TreeSet<E>类的功能方法都是实现 Set<E>接口的方法。

表 7-10 TreeSet<E>类的构造方法

构 造 方 法	说 明
public TreeSet()	创建一个空 TreeSet<E>对象
public TreeSet(Collection<? extends E> c)	创建一个包含指定 Collection 中的元素的 TreeSet<E>对象
public TreeSet(Comparator<? super E> comparator)	创建一个指定排序依据的空 TreeSet<E>对象
public TreeSet(SortedSet<E> s)	创建一个与指定集合相同排序依据的空 TreeSet<E>对象

例题 7-9 封装了使用 TreeSet<E>类的程序，该类指定排序依据为按照身高大小存放数据。

```
/*
*Test7_9TreeSet.java
*该类事先定义了 Person 类，再定义了一个 TreeSet<E>，并加入了五个 Person 对象到该集合。
*加入到集合中时与添加顺序没有关系，会根据排序依据自动存放到集合中
*/
import java.util.*;
public class Test7_9TreeSet {
    public static void main(String[] args){
        Set<Person> mySet=new TreeSet<Person>();
        mySet.add(new Person(170,"Tom"));
        mySet.add(new Person(175,"Peter"));
        mySet.add(new Person(168,"Kate"));
        mySet.add(new Person(161,"Alice"));
        mySet.add(new Person(190,"Jack"));
        //即使姓名相同，但比较关键字是 height，因此也会插入
        mySet.add(new Person(180,"Jack"));
        Iterator<Person> iter=mySet.iterator();
        while(iter.hasNext()){
```

```
            Person per=iter.next();
            System.out.println(""+per.name+" "+per.height+" cm");
        }
    }
}
/*
*Person.java
*该类封装了 Person 数据，并重写了 Comparable<E>接口中的 compareTo(E obj)方法，用来
*指定存放数据的排序依据
*/
public class Person implements Comparable<Person>{
    int height=0;
    String name;
    public Person(int height,String name){
        this.height=height;
        this.name=name;
    }
    //重写接口方法
    public int compareTo(Person p){
        return this.height-p.height;
    }
}
```

7.6　映射 Map<K,V>

Map<K,V> 是一种把键对象和值对象映射的集合，它的每一个元素都包含一对键对象和值对象。从图 7-1 可以看出，Map<K,V>没有继承于 Collection<E>接口，从 Map<K,V>集合中检索元素时，只要给出键对象，就会返回对应的值对象。

java.util 包中的 Map<K,V>接口主要有两个实现类：

（1）HashMap<K,V>类，它按照 Hash 映射存储的“键/值”对存储对象。

（2）TreeMap<K,V>类，它按照 Hash 映射存储的“键/值”对作为树结点存储对象。

7.6.1　HashMap<K,V>类

java.util 包中的 HashMap<K,V>类是实现 Map<K,V>接口的类，它的大部分方法都是接口方法的实现。HashMap<K,V>类的实例对象采用 Hash Table 数据结构存储数据，HashMap<K,V>对象用于存储“键/值”对，允许把任何数量的“键/值”对存储在一起。不允许出现两个数据项使用相同的键，如果出现两个数据项对应相同的键，先前 HashMap<K,V>中的“键/值”对将被替换。对于 ArrayList<E>类和 LinkedList<E>类这两种数据结构，如果要查找它们存储的某个特定数据却不知道它的位置，就需要从头开始访问数据直到查找到匹配的为止，如果数据结构中包含很多的数据，查找时间会大大增加。如果使用 HashMap<K,V>来存储要查找的数据，可以减少查找时间的开销。

HashMap<K,V>类继承自 AbstractMap<E>类，要创建对象就要使用构造方法，它的构造方法见表 7-11。HashMap<K,V>类的功能方法都是实现 Map<K,V>接口、Clonable 接口和 Serializable 接口的方法。

表 7-11 HashMap<K,V>类的构造方法

构 造 方 法	说 明
public HashMap()	创建一个默认容量为 16 的空 HashMap<K,V>对象
public HashMap(Map<? extends K,? extends V> m)	创建一个与指定映射相同的 HashMap<K,V>对象
public HashMap(int initialCapacity)	创建一个指定容量的空 HashMap<K,V>对象
public HashMap(int initialCapacity, float load)	创建一个指定容量和加载因子的空 HashMap<K,V>对象

例题 7-10 封装了使用 HashMap<K,V>类的程序，该程序实现英语单词与汉语翻译相对应，在控制台输入一个英语单词，按【Enter】键确认后，程序输出英语单词的汉语翻译。

word.txt 文件存放英语单词和汉语翻译，用空格分隔单词，用空格分隔单词与汉语翻译，存储格式如下：

sky 天空 blue 蓝色 dog 狗 plan 计划 mountain 山 water 水 child 儿童 fun 高兴

```
/*
*Test7_10HashMap.java
*该类将英语单词和汉语翻译分别作为 HashMap 的“键/值”对，存到 HashMap 数据结构
*/
import java.io.*;
import java.util.*;
public class Test7_10HashMap {
    public static void main(String[] args){
        HashMap<String,String> hashmap=new HashMap<String,String>();
        File file=new File("word.txt");//文本文件与当前文件在同一目录下
        TransWord tw=new TransWord();
        tw.putWordToHashMap(hashmap,file);
        Scanner sc=new Scanner(System.in);
        System.out.println("请输入要翻译的英语单词: ");
        while(sc.hasNext()){
            String english=sc.nextLine();
            if(english.length()==0)
                break;
            if(hashmap.containsKey(english)){
                String chinese=hashmap.get(english);
                System.out.println(chinese);
            }else{
                System.out.println("没有此单词");
            }
            System.out.println("请输入要翻译的英语单词: ");
        }
    }
}
/*
*TransWord.java
*该类封装了读取字典的文件，并存储到 HashMap<K,V>数据结构中
*/
import java.util.*;
import java.io.*;
public class TransWord {
```

```
    //实现将字典文件内容存储到 HashMap 数据结构中，英语单词作为键，汉语单词作为值
    public void putWordToHashMap(HashMap<String,String> hash,File f){
        try{
            Scanner sc=new Scanner(f);
            while(sc.hasNext()){
                String english=sc.next();
                String chinese=sc.next();
                hash.put(english,chinese);
            }
        }catch(IOException e){
            e.printStackTrace();
        }
    }
}
```

7.6.2　TreeMap<K,V>类

java.util 包中的 TreeMap<K,V>类是实现 Map<K,V>接口的类，它的大部分方法都是接口方法的实现。TreeMap<K,V>类的实例对象采用树型数据结构存储数据，是一个有序的"键/值"对映射集合。它通过数据结构中的红黑树（R-B Tree）算法实现存储和操作。如果 TreeMap<E>类中的数据已经实现了 Comparable<E>接口中的 compareTo(E obj)方法，该数据就会按照相应的顺序自动排列。如果 TreeMap<E>类中的数据没有实现 Comparable<E>接口中的 compareTo(E obj)方法，那么在封装该类时要同时实现 Comparable<E>接口并重写 compareTo(E obj)方法，以保证在存放数据时有序排列。

TreeMap<K,V>类继承自 AbstractMap<E>类，要创建对象就要使用构造方法，它的构造方法见表 7-12。TreeMap<K,V>类的功能方法都是实现 Map<K,V>接口、NavigableMap<K,V>接口、Clonable 接口和 Serializable 接口的方法。

表 7-12　TreeMap<K,V>类的构造方法

构 造 方 法	说　明
public TreeMap()	创建一个空的 TreeMap<K,V>对象
public TreeMap(Map<? extends K, ? extends V> c)	创建一个与指定映射相同的 TreeMap<K,V>对象
TreeMap(Comparator<? super K> comparator)	创建一个指定排序依据的空 TreeMap<E>对象
public TreeMap(SortedMap<K, ? extends V> c)	创建一个与指定集合相同排序依据的空 TreeMap<E>对象

例题 7-11　封装了使用 TreeMap<K,V>类的程序，分别按照身高和体重作为存放数据的树结点。

```
//Test7_11TreeMap.java
import java.util.*;
public class Test7_11TreeMap {
    public static final int NUMBER=3;
    public static void main(String[] args){
        TreeMap<NewPersonKey,NewPerson> treemap=new TreeMap<NewPersonKey,
NewPerson>();
        String[] name={"Tom","Jerry","Peter"};
        double[] weight={70,80,90};
        double[] height={175,189,191};
        NewPerson[] person=new NewPerson[NUMBER];
        for(int i=0;i<person.length;i++){
```

```
            person[i]=new NewPerson(height[i],name[i],weight[i]);
        }
        NewPersonKey[] personkey=new NewPersonKey[NUMBER];
        for(int i=0;i<personkey.length;i++){
            personkey[i]=new NewPersonKey(person[i].weight);
        }
        for(int i=0;i<person.length;i++){
            treemap.put(personkey[i],person[i]);//按体重排序，存放到 TreeMap 集合
        }
        System.out.println("按照体重排序:");
        Collection<NewPerson> col=treemap.values();
        Iterator<NewPerson> iter=col.iterator();
        while(iter.hasNext()){
            NewPerson per=(NewPerson)iter.next();
            System.out.println("姓名: "+per.name+", 体重: "+per.weight);
        }
        treemap.clear();
        for(int i=0;i<personkey.length;i++){
            personkey[i]=new NewPersonKey(person[i].height);
        }
        for(int i=0;i<person.length;i++){
            treemap.put(personkey[i],person[i]);//按身高排序，存放到 TreeMap 集合
        }
        System.out.println("按照身高排序:");
        col=treemap.values();
        iter=col.iterator();
        while(iter.hasNext()){
            NewPerson per=(NewPerson)iter.next();
            System.out.println("姓名: "+per.name+", 身高: "+per.height);
        }
    }
}
/*
*NewPerson.java
*该类封装了 NewPerson 数据，并存储到 TreeMap<K,V>数据结构中
*/
public class NewPerson {
    double height=0,weight=0;
    String name;
    public NewPerson(double height,String name,double weight){
        this.height=height;
        this.name=name;
        this.weight=weight;
    }
}
/*
*NewPersonKey.java
*该类实现并重写了 Comparable<E>接口中的 compareTo(E obj)方法，用来指定存放数据的排序
*依据
*/
```

```
import java.util.*;
public class NewPersonKey implements Comparable<NewPersonKey>{
    double d=0;
    public NewPersonKey(double d){
        this.d=d;
    }
    public int compareTo(NewPersonKey np){
        if((this.d-np.d)==0){
            return -1;
        }else{
            return (int)(this.d-np.d)*1000;
        }
    }
}
```

拓 展 阅 读

Java 8 引入的 Lambda 表达式是一种简单的匿名函数，它的主要作用就是简化部分匿名内部类的写法。要正确使用 Lambda 表达式，必须有相应的函数接口。所谓函数接口，是指内部有且仅有一个抽象方法的接口。使用 Lambda 表达式还可以实现类型推断机制，在上下文信息足够的情况下，编译器可以推断出参数表的类型，而不需要显式指出名称。

习　　题

1. 封装一类 Worker 对象，包含 int age、String name 和 double salary 三个成员变量，及其相应的 get 和 set 方法。包含无参数的构造方法和初始化成员变量的构造方法，包含能够输出成员变量值的成员方法 printWorker。完成如下要求：

（1）创建一个 LinkedList，在 LinkedList 中增加 3 个 Worker 对象。

（2）在第二个 Worker 对象结点前在插入一个 Worker 对象。

（3）删除第四个 Worker 对象。

（4）利用传统 for 循环遍历，输出 List 中所有 Worker 对象。利用迭代遍历，对 LinkedList 中所有的 Worker 对象调用 printWorker()方法。

（5）为 Worker 类重写 equals()方法，当 age、name 和工资全部相等才返回 true。

2. 按要求分解字符串，输入两个数 M、N。M 代表输入的 M 串字符串，N 代表输出的每串字符串的位数，不够补 0，多了继续换行输出。例如：

输入：

2,8

1234567812345678156、jkl

输出：

12345678

12345678

15600000

jkl00000

提示：将输入的 M 串 N 位的字符串放入 ArrayList 中进行处理，一个个处理，不足 N 位的添 0；等于 N 位的直接存起来；多余 N 位的截取，截取后可能会有不足 N 位的继续添 0。

3. 去除重复字符并排序。例如：

输入：aabcdefff

输出：abcdef

提示：需要去除重复的字符并排序，首先考虑去除重复字符也就是过滤掉重复的字符，对于过滤操作，新建一个 ArrayList 集合，可以将字符串一个个进行判断，ArrayList 中没有的字符直接放入集合中，如果有，则过滤掉字符，进行下一个字符的判断，最后得到过滤后剩余的字符。然后再考虑排序的操作，这里使用任何一种排序都可以，只不过这里是字符的排序，不是数字的排序，但是原理都一样。

4. 对坐标系中的点进行排序 。

（1）封装一个 Point 类，包含两个数据域 x 和 y，分别表示坐标。如果 x 坐标一样，实现 comparable 接口对在 x 坐标和 y 坐标上的点进行比较。

（2）封装一个 CompareY 的类实现 Comparator<Point>。如果 y 坐标一样，实现 compare()方法对在它们的 x 坐标和它们的 y 坐标上的两个坐标点进行比较。

（3）随机创建 100 个点，然后使用 Arrays.sort()方法分别以它们 x 坐标的升序和 y 坐标的升序输出这些点。

5. 封装一个类 LinkedList，实现 Stack 和 Queue 的功能。

6. 在 HashSet 集合中添加三个 Person 对象，把姓名相同的人当作同一个人，禁止重复添加。

提示：Person 类中定义 name 和 age 属性，重写 hashCode()方法和 equals()方法，针对 Person 类的 name 属性进行比较，如果 name 相同，hashCode()方法的返回值相同，equals()方法返回 true。

7. 封装一个类 Account，包含 long id、double balance 和 String password，编程使得该 Account 对象能够自动分配 id。 给定一个 List 如下：

```
List list=new ArrayList();
list.add(new Account(10.00, "1234"));
list.add(new Account(15.00, "5678"));
list.add(new Account(0, "1010"));
```

要求把 List 中的内容放到一个 HashMap<K,V>中，该 HashMap <K,V>的键为 id，值为相应的 Account 对象。最后遍历这个 Map，打印所有 Account 对象的 id 和余额。

8. 封装一类矩形 MyRectangle，包含 double width 和 double height，并包含求面积和周长两个方法。创建 10 个 MyRectangle 对象，加入 TreeMap<K,V>中，分别按照面积和周长排序输出 10 个 MyRectangle 的相关信息。

第8章 图形用户界面

随着计算机应用程序开发技术的发展，对软件人机交互的需求也越来越趋向于界面化。仅仅依靠控制台或命令行方式进行人机交互已经满足不了现代程序设计的需要，作为跨平台开发程序的代表，Java语言同样提供了强大而丰富的图形用户界面开发包，以适应不同平台间桌面程序设计的需求。使用图形用户界面开发包设计的程序摆脱了命令行输入数据和输出结果的单调与局限，进入了桌面图形程序设计的新时代。

8.1 概　　述

图形用户界面（Graphics User Interface，GUI）不仅可以提供各种数据的直观图形表示方式，而且可以建立友好的人机交互方案，从而使计算机软件操作简单方便，进而推动计算机迅速地进入普通家庭，并逐渐成为日常生活和工作的有力助手。从程序设计角度来说，图形用户界面使用图形框架（窗口）的方式借助菜单、按钮等标准界面元素和鼠标操作，能够方便地向计算机系统发出命令，并将系统运行的结果同样以图形框架（窗口）的方式显示出来。

Java语言提供了专门的类库和开发包来创建各种标准图形界面元素和处理图形界面的各种事件。在Java SE的早期版本中，Java抽象窗口工具包（Abstract Window Toolkit，AWT）的java.awt包提供了大量用来创建GUI的类，通过实例化这些类的对象并组合起来形成图形用户界面，这些图形用户界面大部分可以跨平台显示交互，但java.awt包中的类封装的功能还不是很完善，缺少基本的剪贴板和打印支持功能。随着Java开发工具的不断完善，在Java AWT的基础上形成了Swing图形界面，增加了javax.swing包。在javax.swing包提供的类中将java.awt包中的许多类进行了继承扩充，不仅增强了功能，而且跨平台显示性能更加完善，减小了由于操作系统不同所带来的图形界面或交互方式上的差别。除了必须使用java.awt包中的类之外，现在所有的GUI设计都采用javax.swing包中的类创建图形界面实例对象。

简单地说，图形用户界面就是一组图形界面成分和界面元素的有机组合，这些成分和元素之间不但在外观上有着包含、相邻和相交等物理关系，内在上也有包含和调用等逻辑关系。它们相互作用和传递消息，共同组成一个能响应特定事件，具有一定功能的图形用户界面系统。

设计和实现图形用户界面的工作主要有两个方面：

（1）创建组成界面的各成分和元素对象，指定它们的属性和位置关系，根据具体需要排列整齐，从而构成完整的图形用户界面的物理外观。

（2）定义图形用户界面的各种成分和元素对象对不同事件的响应，从而实现人机交互功能。

Java语言程序中设计图形用户界面的各种成分和元素主要有组件、容器和自定义元素三种。

1. 组件

Java 中构成图形用户界面成分和元素的最基本部分是组件，组件是一个可以以图形化的方式显示在屏幕上并能与用户进行交互的对象，例如一个按钮、一个标签或一个复选框等。有些组件不能独立显示出来，必须将组件放在指定的容器组件相应位置处才可以显示出来。

java.awt.Component 类是大部分组件类的超类，它是一个抽象类，程序设计中使用的组件都是 Component 类的子类。Component 类封装了组件通用的属性和方法，如组件对象的大小、显示位置、背景色、前景色、边界和可见性等，各种组件对象也继承了 Component 类的数据成员和成员方法。Component 类的常用方法见表 8-1。

表 8-1　Component 类的常用方法

方　法	说　明
void setBackground(Color c)	用 Color 对象设置组件的背景色
Color getBackground()	获得组件的背景色，返回 Color 对象
void setFont(Font f)	用 Font 对象设置组件上文本的字体
Font getFont()	获得组件上文本的字体，返回字体对象
void setSize(int width,int height)	用 width 和 height 值设置组件的宽度和高度
void setLocation(int x, int y)	设置组件在容器中的坐标位置
void setBounds(int x, int y, int width, int height)	设置组件在容器中的坐标位置和大小
void setEnable(boolean b)	设置组件是否可被激活，默认是激活的
void setVisible(boolean b)	设置组件在容器中的可见性，默认是不可见的
void setCursor(Cursor c)	使用 Cursor 对象设置鼠标指针指向组件时的光标形状

2. 容器

容器是可以放置和组织图形界面各种成分和元素的单元。一般来说，呈现在用户面前的首先是一个容器对象，在这个容器对象中再包含其他的容器和组件。从本质上来说，容器本身也是一个组件，即容器是放置组件的组件，Java 语言的类继承层次结构中也是把容器作为组件 Component 类的子类来封装的。java.awt.Container 类是所有容器类的超类，Java 程序中的各种容器都是 Container 类的子类，如窗口、对话框和滚动面板等。组件对象是不能随意放置到容器中的，如一个按钮放置到一个对话框中要事先确定好大小和位置。java.awt.LayoutManger 接口的许多实现类封装了放置组件对象到容器中指定位置和大小的功能方法。组件和容器的默认坐标系中横坐标 x 和纵坐标 y 的单位为像素（pixel），左上角坐标点为（0,0），横坐标向右增大，纵坐标向下增大，如图 8-1 所示。

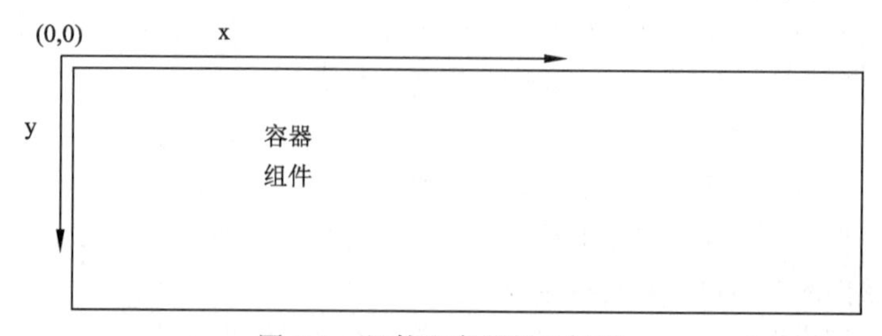

图 8-1　组件和容器的坐标系

Container 类除了继承 Component 类的属性和方法外，增加了容器组件通用的属性和方法，如向容器对象中添加组件、移走已经添加的组件等。Container 类只有一个空的无参数的构造方法，用于创建一个通用容器：

```
public Container();
```

Container 类的常用方法见表 8-2。

表 8-2　Container 类的常用方法

方　　法	说　　明
Component add(Component comp)	将组件对象 comp 添加到当前容器中的最后位置
void paint(Graphics g)	使用 Graphics 对象 g 在容器中绘制自定义元素
void remove(Component comp)	从当前容器中移走组件对象 comp
void setFont(Font f)	用 Font 对象设置容器上文本的字体
void setLayout(LayoutManager mgr)	使用布局管理器对象 mgr 设置当前容器的布局
void update(Graphics g)	在容器中更新绘制自定义元素
void validate()	确保组件在当前容器中恰好布局完整

3. 自定义元素

Java 语言封装了标准的图形用户界面组件，通过继承实现个性化的组件对象。除了标准的组件外，还可以根据实际需要设计一些自定义的组件对象，如绘制几何图形、绘制字符串或使用标志图案等。自定义的组件元素一般只能起到装饰和美化容器和组件的作用，不能响应事件，不能进行交互。

java.awt 包和 javax.swing 包中常用 GUI 的类层次结构图如图 8-2 所示。

总之，组件、容器和自定义元素是图形用户界面的组成部分。在图形用户界面程序设计中，要求按照一定的布局方式将组件、容器和自定义元素添加到给定的容器中。这样，通过组件、容器和自定义元素的组合就形成图形用户界面，然后通过事件处理方式实现在图形用户界面上的人机交互。

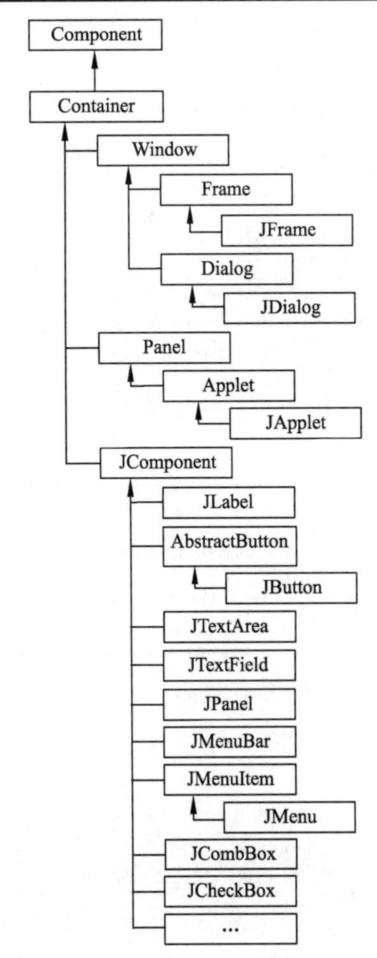

图 8-2　常用 GUI 的类层次结构图

8.2 容　器　类

从图 8-2 中可以看出，容器类 Container 是组件类 Component 的子类，即容器也是组件，但它是一种特殊的组件，是专门放置组件的组件。按照容器放置组件的容量大小可分为顶层容器、中间容器和其他容器三大类。

顶层容器是指该容器只能用来放置组件，不能把它放到其他容器中。javax.swing 包中的顶层容器主要有 JFrame 类、JDialog 类。

中间容器是指该容器用来放置组件,同时还可以当作组件放置到其他中间容器或顶层容器中。javax.swing 包中的中间容器主要有 JPanel 类、JScrollPane 类、JSplitPane 类、JTabbedPane 类和 JToolBar 类等。

其他容器是指用来做特定用途的容器，放置相应组件并显示出丰富的图形用户界面。javax.swing 包中的其他容器主要有 JInternalFrame 类、JLayeredPane 类和 JRootPane 类等。

8.2.1 窗口框架

一个基于 GUI 的 Java 应用程序应当提供一个能和操作系统直接交互的顶层容器,该容器可以直接被显示在操作系统所控制的显示器上。javax.swing 包中提供的 JFrame 类的实例就是一个顶层容器，即通常所说的窗口，其他组件对象必须被添加到该顶层容器中，以便借助于这个顶层容器和操作系统进行交互。例如：一个应用程序需要一个按钮，通过单击该按钮，用户可以与其他对象进行交互，那么该按钮必须添加在顶层容器中，否则用户根本看不到该按钮，也就无法借助按钮进行交互。

JFrame 类是 Container 的间接子类，当需要一个窗口框架时，可使用 JFrame 或其子类创建一个窗口实例，该窗口实例对象就是一个容器，可以向其中添加组件。窗口框架对象默认被系统显示在显示器上，不允许将一个窗口对象再添加到另一个窗口对象中。

要创建一个独立的窗口框架，通常要扩充 JFrame 类，封装一个 JFrame 类的子类。JFrame 类的常用构造方法见表 8-3。

表 8-3　JFrame 类的常用构造方法

构造方法	说　明
public JFrame()	创建一个没有标题的窗口
public JFrame(String title)	创建一个标题为 title 的窗口

要实现一个窗口对象的功能,除了继承超类 Component 和 Container 的相关成员方法外,JFrame 类还有一些常用的方法见表 8-4。

表 8-4　JFrame 类的常用方法

方　法	说　明
void setDefaultCloseOperation(int operation)	根据参数 operation 的值设置单击窗口右上角的关闭图标
void setIconImage(Image image)	设置要作为当前窗口图标显示的图像
void setJMenuBar(JMenuBar menubar)	设置当前窗口的菜单栏

例题 8-1　封装了一个窗口框架的程序，程序运行结果如图 8-3 所示。

```
/*
*Test8_1.java
*创建 4 个空白的窗口框架，为防止相互遮挡，通过设置
*不同的显示位置坐标来实现
*/
public class Test8_1 {
   public static void main(String[] args){
```

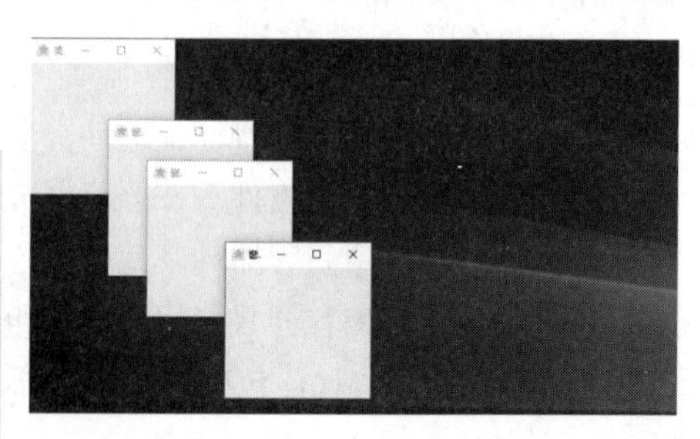

图 8-3　窗口框架的显示

```
        SimpleFrame sf1=new SimpleFrame();
        SimpleFrame sf2=new SimpleFrame("窗口固定位置固定大小");
        SimpleFrame sf3=new SimpleFrame("窗口固定大小",150,150);
        SimpleFrame sf4=new SimpleFrame("窗口自定义位置和大小",250,250,200,200);
    }
}
/*
*SimpleFrame.java
*该 Frame 是 JFrame 的子类，封装了四个重载的构造方法，以实例化不同的窗口对象
*/
import java.awt.*;                  //导入 Toolkit,Image 类
import javax.swing.*;               //导入 JFrame 类
public class SimpleFrame extends JFrame{
    Toolkit toolkit = Toolkit.getDefaultToolkit();  //获取 Image 对象的方法
    Image image1 = toolkit.getImage("star.gif");    //"star.gif"文件与当前
                                                    //文件在同一目录
    public SimpleFrame(){
        this.setTitle("简单窗口");      //设置标题，this.可以省略
        this.setIconImage(image1);    //设置窗口图标
        this.setSize(200,200);        //设置宽度和高度，默认从显示器的左上角显示
        this.setVisible(true);        //默认窗口是不显示的
this.setDefaultCloseOperation(JFrame.DISPOSE_ON_CLOSE);    //隐藏窗口，
                                                           //并释放其他资源
    }
    public SimpleFrame(String title){
        super(title);                 //调用超类 JFrame 的构造方法，设置标题
        setIconImage(image1);         //设置窗口图标
        setSize(200,200);    //设置宽度和高度
        setLocation(100,100);//设置显示在显示器的位置，从坐标（100,100）处开始显示
        setVisible(true);
        setDefaultCloseOperation(JFrame.EXIT_ON_CLOSE);//结束窗口所在的应用程序
    }
    public SimpleFrame(String title,int x,int y){
        super(title);
        setSize(200,200);
        setIconImage(image1);//设置窗口图标
        setLocation(x,y);    //设置显示在显示器的位置，从坐标（x,y）处开始显示
        setVisible(true);
        setDefaultCloseOperation(JFrame.EXIT_ON_CLOSE);//结束窗口所在的应用程序
    }
    public SimpleFrame(String title,int x,int y,int width,int height){
        super(title);
        setIconImage(image1);         //设置窗口图标
        setBounds(x,y,width,height); //设置显示位置和大小
        setVisible(true);
        setDefaultCloseOperation(JFrame.EXIT_ON_CLOSE);//结束窗口所在的应用程序
    }
}
```

8.2.2 面板

javax.swing 包中的 JPanel 类是一个中间容器类，它可以放置其他中间容器和组件，但不能单独显示在显示器上，必须被添加到顶层容器中才能被看到。

要创建一个 JPanel 对象一般有两种方式：一种是封装 JPanel 的子类，在该子类中添加组件，将该子类对象作为组件添加到其他容器中；另一种是在其他容器中创建 JPanel 对象，通过该对象引用相应的方法添加组件。面板与窗口不同，不能设置标题和大小，在放置组件时根据实际情况和布局改变外观。

JPanel 类的常用构造方法见表 8-5。

表 8-5 JPanel 类的常用构造方法

构造方法	说明
public JPanel()	创建一个空白的面板对象
public JPanel(LayoutManager lmr)	创建一个指定布局 lmr 的面板对象

要实现一个面板对象的中间容器功能，除了继承超类 JComponent、Component 和 Container 的相关成员方法外，JPanel 类还有一些常用的方法见表 8-6。

表 8-6 JPanel 类的常用方法

方法	说明
PanelUI getUI()	获取当前面板对象的外观，返回一个 PanelUI 对象
void setUI(PanelUI ui)	设置当前面板的外观

例题 8-2 封装了一个面板放置在窗口中的程序，程序运行结果如图 8-4 所示。

```
//Test8_2.java
public class Test8_2 {
   public static void main(String[] args){
      ASimplePanelFrame asp=new ASimplePanelFrame("面板显示");
   }
}
/*
*ASimplePanelFrame.java
*该窗口框架中放置了两个面板，一个面板是通过封装成 JPanel 的子类完成，一个面板是
*在当前窗口中定义对象完成
*/
import javax.swing.*;
import java.awt.*;
public class ASimplePanelFrame extends JFrame {
   SimplePanel sp;
   public ASimplePanelFrame(String title){
      super(title);
      setLayout(new FlowLayout());
      sp=new SimplePanel();          //创建一个封装好外观的面板
      add(sp);                       //将面板添加到当前窗口中
      JPanel jp=new JPanel();        //创建一个标准面板，接着设置外观
      jp.setBackground(Color.BLACK);    //设置面板背景颜色为黑色
```

```
        add(jp);                               //将面板添加到当前窗口中
        setSize(200,200);
        setVisible(true);
        setDefaultCloseOperation(EXIT_ON_CLOSE);
    }
}
/*
*SimplePanel.java
*该类封装了一个面板，继承自 JPanel
*/
import java.awt.*;
import javax.swing.*;
public class SimplePanel extends JPanel {
    public SimplePanel(){
        setBackground(Color.BLACK);            //设置面板背景颜色为黑色
    }
}
```

图 8-4　面板容器添加在窗口中的显示

8.2.3　其他容器

与中间容器 JPanel 类似，为了实现丰富的 GUI 外观，Java 提供了许多其他的容器类，以满足不同需求的 Java GUI 程序设计。

1. 容器 JScrollPane

javax.swing 包中的 JScrollPane 类是一个中间容器类，用于显示滚动条的滚动面板，它只可以放置一个组件，把一个组件添加到滚动面板中，通过滚动条操作该组件，它不能单独显示在显示器上，需要由容器的 getContentPane()方法获取顶层容器对象后，被添加到顶层容器中才能被看到。多行文本区组件 JTextArea 不带滚动条，当行数过多时很难实现滚动显示，通常的做法是把 JTextArea 对象添加到 JScrollPane 中，再把 JScrollPane 对象添加到顶层容器中，它的一般书写格式为

```
JScrollPane jsp=new JScrollPane(new JTextArea());
```

JScrollPane 类的常用构造方法见表 8-7。

表 8-7　JScrollPane 类的常用构造方法

构 造 方 法	说　　明
public JScrollPane ()	创建一个空白的 JScrollPane，需要时水平和垂直滚动条都可显示
public JScrollPane(Component view)	创建一个显示指定组件 view 的 JScrollPane，只要组件的内容超过视图大小就会显示水平和垂直滚动条

例题 8-3　封装了一个 JScrollPane 放置在窗口中的程序，程序运行结果如图 8-5 所示。

```
//Test8_3.java
public class Test8_3 {
    public static void main(String[] args){
        ScrollPaneFrame sf=new ScrollPaneFrame("滚动面板");
    }
}
```

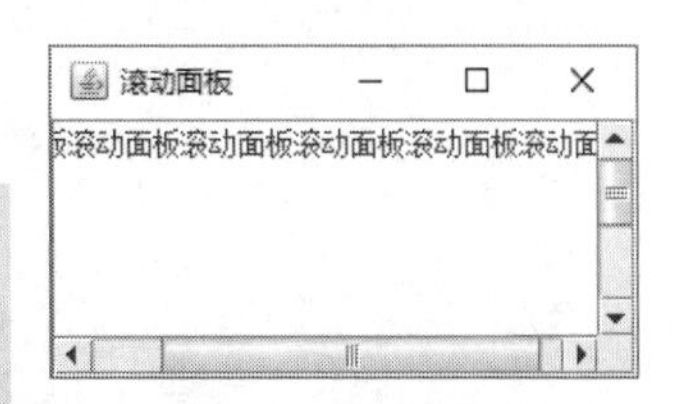

图 8-5　JScrollPane 添加在窗口中的显示

```
/*
*ScrollPaneFrame.java
*该类封装了一个添加滚动面板含文本区的窗口，当文本区中的内容超过窗口宽度和高度时
*就会自动出现水平和垂直滚动条
*/
import javax.swing.*;
public class ScrollPaneFrame extends JFrame{
    JScrollPane jsp;
    JTextArea jta;
    public ScrollPaneFrame(String title){
        super(title);
        jta=new JTextArea(10,10);           //创建初始化为 10 行 10 列的文本区
        jsp=new JScrollPane(jta);           //创建包含一个文本区的滚动面板
        getContentPane().add(jsp);          //将滚动面板添加到当前窗口中
        setSize(100,100);
        setVisible(true);
        setDefaultCloseOperation(JFrame.EXIT_ON_CLOSE);
    }
}
```

2. 容器 JSplitPane

javax.swing 包中的 JSplitPane 类是一个中间容器类，它是一个分成两部分的容器，用于显示两个组件的分隔面板，分隔面板有水平分隔和垂直分隔两种类型。水平分隔面板用一条分隔线把面板分成左右两部分，左面放一个组件，右面放一个组件，分隔线可以左右移动。垂直分隔面板用一条分隔线分成上下两部分，上面放一个组件，下面放一个组件，分隔线可以上下移动。它不能单独显示在显示器上，需要由容器的 getContentPane()方法获取顶层容器对象后，被添加到顶层容器中才能被看到。

JSplitPane 类的常用构造方法见表 8-8。

表 8-8　JSplitPane 类的常用构造方法

构 造 方 法	说　　明
public JSplitPane(int orient, Component ac, Component bc)	创建一个分隔面板，orient 决定分隔方向，添加两个组件 ac 和 bc
public JSplitPane(int orient, boolean layout, Component ac, Component bc)	创建一个分隔面板，orient 决定分隔方向，添加两个组件 ac 和 bc，layout 决定分隔线移动时的组件变化情况

例题 8-4　封装了一个 JSplitPane 放置在窗口中的程序，程序运行结果如图 8-6 所示。

```
// Test8_4.java
public class Test8_4 {
    public static void main(String[] args){
        JSplitPaneFrame jpf=new JSplitPaneFrame("分隔面板");
    }
}
/*
*JSplitPaneFrame.java
*该类封装了一个含两个分割面板的窗口，一个是水平分隔，一个是垂直分隔
*每个分隔中包含一个标签组件作为演示
*/
```

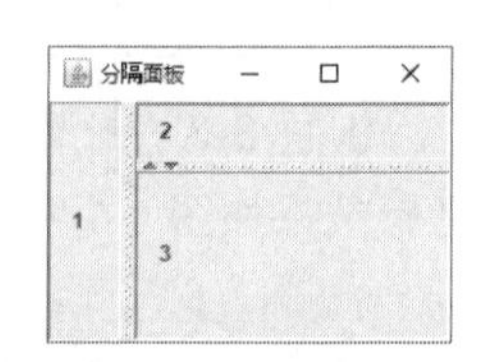

图 8-6　JSplitPane 添加在窗口中的显示

```
import java.awt.*;
import javax.swing.*;
public class JSplitPaneFrame extends JFrame {
   JSplitPane hSplitPane,vSplitPane;
   JLabel label1,label2,label3;
   public JSplitPaneFrame(String title){
      super(title);
      setBounds(100,100,500,370);
      label1=new JLabel("    1");                        //初始化标签对象
      label2=new JLabel("    2");
      label3=new JLabel("    3");
      hSplitPane=new JSplitPane();                      //创建分割面板，默认为水平分割
      hSplitPane.setDividerLocation(40);                //设置分隔线的位置
      //先获取当前容器对象，在当前容器中添加分隔面板
      getContentPane().add(hSplitPane, BorderLayout.CENTER);
      hSplitPane.setLeftComponent(label1);              //在左分隔区内添加标签
      vSplitPane = new JSplitPane(JSplitPane.VERTICAL_SPLIT);
                                                        //创建垂直分隔面板
      vSplitPane.setLeftComponent(label2);              //在上分隔区添加标签
      vSplitPane.setRightComponent(label3);             //在下分隔区添加标签
      vSplitPane.setDividerLocation(30);                //设置垂直分隔线的位置
      vSplitPane.setDividerSize(8);                     //设置垂直分隔线的粗细
      vSplitPane.setOneTouchExpandable(true);           //设置展开或折叠分割线
      vSplitPane.setContinuousLayout(true);             //设置分隔线移动时组件的变化连续性
      hSplitPane.setRightComponent(vSplitPane);//把垂直分隔面板添加到水平分隔
                                                        //面板的右分隔区
      setVisible(true);
      setDefaultCloseOperation(JFrame.EXIT_ON_CLOSE);
   }
}
```

3．容器 JTabbedPane

javax.swing 包中的 JTabbedPane 类是一个中间容器类，它是由多个卡片式的选项卡组成的容器，每个选项卡都可以再添加组件，从而有效地节省顶层容器的空间。它不能单独显示在显示器上，需要由容器的 getContentPane()方法获取顶层容器对象后，被添加到顶层容器中才能被看到。

JTabbedPane 类的常用构造方法见表 8-9。

表 8-9　JTabbedPane 类的常用构造方法

构 造 方 法	说　明
public JTabbedPane()	创建一个显示在顶部的空的选项卡面板
public JTabbedPane(int lyr)	创建一个 lyr 确定显示在上下左右的空的选项卡面板

例题 8-5　封装了一个 JTabbedPane 放置在窗口中的程序，程序运行结果如图 8-7 所示。

```
//Test8_5.java
public class Test8_5 {
   public static void main(String[] args){
      JTabbedPaneFrame jtf=new JTabbedPaneFrame("选项卡面板");
   }
```

```
}
/*
*JTabbedPaneFrame.java
*该类封装了包含选项卡面板的窗口，每个选项卡中包含
*相应的组件
*/
import java.awt.*;
import javax.swing.*;
public class JTabbedPaneFrame extends JFrame{
    Container container;
    JTabbedPane tabbedPane;
    JButton jbt;
    JPasswordField jpf;
    JLabel jl;
    JTextArea jta;
    Icon image;
    public JTabbedPaneFrame(String title){
        super(title);
        container=getContentPane();//获取顶层容器
        //创建在顶部的 JTabbedPane,可以在上下左右四个方向显示 JTabbedPane
        tabbedPane=new JTabbedPane(JTabbedPane.TOP);
        jbt=new JButton("按钮");
        jpf=new JPasswordField();
        jl=new JLabel("标签");
        jta=new JTextArea(5,6);
        //图像文件与当前文件在一个目录中
        image=new ImageIcon(JTabbedPaneFrame.class.getResource("star.gif"));
        //按照代码顺序为卡片窗格添加卡片，每个卡片窗格中放置有不同的组件，并且
        //addTab()方法也有多种重载方式
        tabbedPane.addTab("选项卡 1", jbt);
        tabbedPane.addTab("选项卡 2", jl);
        tabbedPane.addTab("选项卡 3",image,new JSplitPane());
        tabbedPane.addTab("选项卡 4",jpf);
        tabbedPane.addTab("选项卡 5",jta);
        //添加到窗口中
        container.add(tabbedPane,BorderLayout.CENTER);
        //设置窗口基本属性
        setDefaultCloseOperation(JFrame.EXIT_ON_CLOSE);
        setSize(500,300);
        setVisible(true);
    }
}
```


图 8-7 JTabbedPane 添加在窗口的显示

4. 容器 JToolBar

javax.swing 包中的 JToolBar 类是一个中间容器类，它是由多个常用工具控件组成的容器，其位置通常位于菜单栏或标题栏的下方，但是也可以改变它的位置，用鼠标拖动出来形成一个独立的可显示工具控件的面板。它不能单独显示在显示器上，需要由容器的 getContentPane()方法获取顶层容器对象后，被添加到顶层容器中才能被看到。

JToolBar 类的常用构造方法见表 8-10。

表 8-10　JToolBar 类的常用构造方法

构 造 方 法	说　　明
public JToolBar ()	创建一个显示在顶部，水平方向，空的工具栏
public JToolBar (String name, int orient)	创建一个名为 name，指定方向的工具栏

例题 8-6　封装了一个 JToolBar 放置在窗口中的程序，程序运行结果如图 8-8 所示。

```
//Test8_6.java
public class Test8_6 {
    public static void main(String[] args){
        JToolBarFrame jtf=new JToolBarFrame("工具
栏面板");
    }
}
/*
*JToolBarFrame.java
*该类封装了一个包含工具栏面板的窗口，工具栏上放置了 4 个带图标的按钮
*/
import javax.swing.*;
import java.awt.*;
public class JToolBarFrame extends JFrame {
    Container container;
    JToolBar jtb;
    JButton bt1,bt2,bt3,bt4;
    Icon image1,image2,image3,image4;
    public JToolBarFrame(String title){
        super(title);
        container=getContentPane();
        //创建工具栏面板，位置在顶部，水平方向，还可以拖动
        //图像文件和当前文件在一个目录中
        jtb=new JToolBar("工具栏",JToolBar.HORIZONTAL);
        image1=new ImageIcon("star.gif");
        image2=new ImageIcon("heart.gif");
        image3=new ImageIcon("lock.gif");
        image4=new ImageIcon("note.gif");
        bt1=new JButton("",image1);
        bt2=new JButton("",image2);
        bt3=new JButton("",image3);
        bt4=new JButton("",image4);
        //可以拖动
        jtb.setFloatable(true);
        //向工具栏里面添加按钮
        jtb.add(bt1);
        jtb.add(bt2);
        jtb.add(bt3);
        jtb.add(bt4);
        //设置工具栏中各个按钮的提示
        bt1.setToolTipText("星星");
        bt2.setToolTipText("心");
        bt3.setToolTipText("锁");
```

图 8-8　JToolBar 添加在窗口的显示

```
        bt4.setToolTipText("本");
        //向顶层容器添加工具栏
        container.add(jtb,BorderLayout.NORTH);
        //设置窗口属性
        setBounds(100,100,300,150);
        setVisible(true);
        setDefaultCloseOperation(JFrame.EXIT_ON_CLOSE);
    }
}
```

8.3 原子组件与布局

在 GUI 程序设计中，有些组件只能作为图形用户界面中不可分割的成分添加到顶层容器或中间容器相应的位置，这些组件称为原子组件。原子组件是组成 GUI 程序的基础组件，一个复杂的 GUI 就是由若干个原子组件对象以各种形式组合而成。当各种组件添加到容器中时，如何安排各种组件的位置，使它们在容器中整齐排列，满足美观要求，称为布局组件。Java 语言封装了一类专门安排组件位置的对象实现 LayoutManager 接口，这些实现 LayoutManager 接口的类提供了组件在容器中布局的方式。

8.3.1 原子组件

Java 语言封装了许多 GUI 程序的原子组件，它们都被封装在 java.awt 包和 javax.swing 包中，同时用到了大量的图标 Icon 类和图像 Image 类。

1. 菜单

javax.swing 包中的菜单栏 JMenuBar、菜单项 JMenuItem 和菜单 JMenu 是窗口框架中与菜单有关的组件。由于一个窗口中一般只有一条菜单栏，且默认放置在工具栏的上方，窗口的顶部。JFrame 对象添加菜单栏的方法为

```
setJMenuBar(JMenuBar menubar);
```

菜单项 JMenuItem 是用来创建一个菜单组的类，菜单 JMenu 是包含在 JMenuItem 中的一个菜单，当把一个菜单看作菜单项添加到某个菜单中时，称为子菜单。

例题 8-7 封装了一个菜单栏和菜单放置在窗口中的程序，程序运行结果如图 8-9 所示。

```
//Test8_7.java
public class Test8_7 {
    public static void main(String[] args){
        JMenuFrame jmf=new JMenuFrame("菜单窗口");
    }
}
/*
*JMenuFrame.java
*该类封装了一个含有菜单栏和一个菜单的窗口
*/
import javax.swing.*;
import java.awt.*;
import java.awt.event.*;
```

图 8-9 菜单添加在窗口的显示

```
public class JMenuFrame extends JFrame{
   JMenuBar menubar;
   JMenuItem item1,item2,item111,item112;
   JMenu menu1,menu11;
   Icon image1,image2,image111,image112;
   public JMenuFrame(String title){
      super(title);
      //初始化图标
      image1=new ImageIcon("star.gif");     //图像文件与当前文件在同一目录
      image2=new ImageIcon("note.gif");     //图像文件与当前文件在同一目录
      image111=new ImageIcon("lock.gif");   //图像文件与当前文件在同一目录
      image112=new ImageIcon("heart.gif"); //图像文件与当前文件在同一目录
      //初始化菜单栏
      menubar=new JMenuBar();
      //初始化菜单项
      item1=new JMenuItem("新建",image1);
      item2=new JMenuItem("保存",image2);
      item111=new JMenuItem("文件 1",image111);
      item112=new JMenuItem("文件 2",image112);
      //初始化菜单
      menu1=new JMenu("文件");
      menu11=new JMenu("最近文件");//子菜单
      //给菜单项设置快捷键
      item1.setAccelerator(KeyStroke.getKeyStroke('A'));//按下大写字母 A
item2.setAccelerator(KeyStroke.getKeyStroke(KeyEvent.VK_S,InputEvent.CTRL_
MASK));//Ctrl+S
      //将菜单项和子菜单添加到菜单上
      menu1.add(item1);
      menu1.addSeparator();//在菜单项之间添加一条分隔线
      menu1.add(item2);
      menu1.addSeparator();//在菜单项之间添加一条分隔线
      menu1.add(menu11);
      menu11.add(item111);
      menu11.add(item112);
      //将菜单添加到菜单栏上
      menubar.add(menu1);
      //将菜单栏添加到当前窗口容器上
      setJMenuBar(menubar);
      //设置窗口属性
      setBounds(100,100,300,200);
      setVisible(true);
      setDefaultCloseOperation(JFrame.EXIT_ON_CLOSE);
   }
}
```

2．标签

javax.swing 包中的标签类 JLabel 用来创建提供信息提示的标签。

3．按钮

javax.swing 包中的按钮类 JButton 用来创建交互信息的按钮。

4．文本框、密码框和文本区

javax.swing 包中的文本框类 JTextField 用来创建输入单行文本的文本框。

javax.swing 包中的密码框类 JPasswordField 用来创建输入密码单行文本的文本框，默认以“*”显示。

javax.swing 包中的文本区类 JTextArea 用来创建输入多行文本的文本区。

5．下拉列表

javax.swing 包中的下拉列表类 JComboBox 用来创建下拉列表，提供单项选择，在下拉列表中看到第一个选项和它旁边的下拉按钮，单击下拉按钮，下拉列表展开。

6．复选框

javax.swing 包中的复选框类 JCheckBox 用来创建复选框，提供多项选择，复选框的右侧是提示文本，框中有选中和未选中两种状态。

7．单选按钮

javax.swing 包中的单选按钮类 JRadioButton 用来创建单选按钮，提供一组单项选择，单选按钮的右侧是提示文本，单选按钮中有选中和未选中两种状态。单选按钮要添加到单选按钮组类 ButtonGroup 中，以确保一组单选按钮每次只能选中一项。

8．进度条

javax.swing 包中的进度条类 JProgressBar 用来创建显示任务运行进度的进度条，随着当前任务的运行，进度条的矩形框会以百分比的形式进行填充。

9．其他常用组件

javax.swing 包几乎包含了桌面操作系统中所有的组件，这些组件组成了可视化软件中的丰富界面。其他常用的一些 GUI 组件见表 8-11。

表 8-11　常用 GUI 组件

类　　名	说　　明	类　　名	说　　明
JCheckBoxMenuItem	复选菜单项	JSlider	滑动条
JList	列表项	JTable	表格
JPopupMenu	弹出快捷菜单	JTree	树组件
JRadioButtonMenuItem	单选菜单项	JSpinner	数字增减项组件

例题 8-8　封装了常用组件放置在窗口中的程序，程序运行结果如图 8-10 所示。

```
//Test8_8.java
public class Test8_8 {
    public static void main(String[] args){
        ComponentFrame cf=new ComponentFrame("常用组件演示窗口");
    }
}
/*
*ComponentFrame.java
*该类封装了一个包含常用组件的窗口，显示各种常用组件的外观
```

```
*/
import javax.swing.*;
import java.awt.*;
public class ComponentFrame extends JFrame{
    //定义各种组件
    JTextField jtf;
    JPasswordField jpf;
    JLabel latextf,latextp,labutton,lacheckbox,laradio,lacombox,laprogress;
    JButton jbt;
    JCheckBox checkbox1,checkbox2,checkbox3;
    JRadioButton radio1,radio2;
    ButtonGroup group;
    JComboBox jcb;
    JTextArea jta;
    JProgressBar jpb;
    //在构造方法内完成初始化组件和添加组件
    public ComponentFrame(String title){
        super(title);
        //初始化组件
        jtf=new JTextField(10);
        jpf=new JPasswordField(10);
        latextf=new JLabel("文本框");
        latextp=new JLabel("密码框");
        labutton=new JLabel("按钮");
        lacheckbox=new JLabel("复选框");
        laradio=new JLabel("单选按钮");
        lacombox=new JLabel("下拉列表");
        laprogress=new JLabel("进度条");
        jbt=new JButton("确定");
        checkbox1=new JCheckBox("分页",true);
        checkbox2=new JCheckBox("分节",true);
        checkbox3=new JCheckBox("分栏",true);
        group=new ButtonGroup();
        radio1=new JRadioButton("男",true);
        radio2=new JRadioButton("女");
        group.add(radio1);                  //将单选按钮加入按钮组，保证单选
        group.add(radio2);
        jcb=new JComboBox();
        jcb.addItem("顶端对齐");
        jcb.addItem("居中对齐");
        jcb.addItem("底端对齐");
        jta=new JTextArea("文本区",6,12);
        jpb=new JProgressBar();
        jpb.setStringPainted(true);
        jpb.setString("升级进行中...");
        jpb.setValue(39);
        //设置窗口布局
        setLayout(new FlowLayout());
        //按照先后顺序添加组件到当前窗口中
        add(latextf);
```

```
        add(jtf);
        add(latextp);
        add(jpf);
        add(labutton);
        add(jbt);
        add(lacheckbox);
        add(checkbox1);
        add(checkbox2);
        add(checkbox3);
        add(laradio);
        add(radio1);
        add(radio2);
        add(lacombox);
        add(jcb);
        add(jta);
        add(laprogress);
        add(jpb);
        //设置窗口属性
        setBounds(100,100,350,300);
        setVisible(true);
        setDefaultCloseOperation(JFrame.EXIT_ON_CLOSE);
    }
}
```

图 8-10　常用组件添加在窗口中的显示

8.3.2　布局管理器

在 GUI 程序设计中，把各种组件添加到中间容器或顶层容器中时，组件的添加位置会影响容器的整体外观，如何安排组件在容器中的位置称为容器的布局管理（Layout Manager）。Java 语言封装了多种布局管理器类用来控制组件在容器中的布局方式，另外，还可以自定义布局方式。在程序设计过程中，使用已经封装好的布局管理器类可以节省代码编写时间，提高程序编写速度。

java.awt 包和 javax.swing 包中都提供了常用的布局管理器类，这些布局管理器类都实现了 java.awt 包中的 LayoutManager 接口，可以使用该接口回调功能。

在 GUI 程序设计过程中，如果顶层容器中包含中间容器，一般是先通过顶层容器的成员方法 getContentPane() 获取顶层容器的窗口内容，再通过继承 java.awt.Container 类的 setLayout(LayoutManager lay)设置该容器的布局管理器，从而实现给顶层容器设置布局管理器的目的。如果给中间容器设置布局，可以直接通过继承 java.awt.Container 类的 setLayout(LayoutManager lay)设置该容器的布局管理器。在设置完布局管理器后，可以按照布局管理器的布局模板，向顶层容器或中间容器中的相应位置添加组件。

如果不设置布局管理器，Java 语言给所有容器类提供了默认布局管理器，如果不调用 java.awt.Container 类的 setLayout(LayoutManager lay)设置该容器的布局管理器，添加组件时就会按照默认的布局安排组件的位置。各种容器的默认布局管理器类见表 8-12。

表 8-12　各种容器的默认布局管理器类

容　器　类	默认布局管理器类	容　器　类	默认布局管理器类
java.awt.Applet	FlowLayout	javax.swing.JApplet	BorderLayout
java.awt.Frame	BorderLayout	javax.swing.JFrame	BorderLayout
java.awt.Dialog	BorderLayout	javax.swing.JDialog	BorderLayout
java.awt.Panel	FlowLayout	javax.swing.JPanel	FlowLayout

1. FlowLayout 布局

java.awt 包中的 FlowLayout 类是指在当前容器中按行从左到右依次排列组件的布局管理器，它是 java.awt 包中的 Applet 类、Panel 类和 javax.swing 包中的 JPanel 类的默认布局管理器。

容器对象继承 java.awt.Container 类的 add(Component com) 方法将组件按照加入的先后顺序从左到右依次排列，依据容器的外观宽度，一行排满后就转到下一行继续从左到右排列，每一行中的组件默认居中排列，组件之间的默认水平和垂直间隙为 5 像素，组件大小默认为最佳大小（即恰好能保证显示组件上的内容）。当可以调整容器外观宽度和高度时，容器中的组件会自动调整左右的排列。FlowLayout 类的常用构造方法见表 8-13。

表 8-13　FlowLayout 类的常用构造方法

构 造 方 法	说　明
public FLowLayout()	创建默认居中对齐的 FlowLayout 对象
public FLowLayout(int align)	创建指定对齐方式的 FlowLayout 对象
public FLowLayout(int align, int hgap, int vgap)	创建指定对齐方式和组件间隙的 FlowLayout 对象

2. BorderLayout 布局

java.awt 包中的 BorderLayout 类是指将当前容器划分为东、西、南、北、中五个区域，分别用常量 BorderLayout.EAST、BorderLayout.WEST、BorderLayout.SOUTH、BorderLayout.NORTH、BorderLayout.CENTER 表示，中间区域 BorderLayout.CENTER 占用空间最大。它是 java.awt 包中的 Frame 类、Dialog 类和 javax.swing 包中的 JApplet 类、JFrame 类、JDialog 类的默认布局管理器。

容器对象继承 java.awt.Container 类的 add(Component com, int index) 方法将组件明确指明添加在容器的哪个区域，添加到某个区域的组件将占据整个区域，每个区域只能默认放置一个组件，如果向某个已经放置组件的区域再添加一个组件，那么先前添加的组件将被后者遮盖。默认情况下，使用 BorderLayout 布局的容器最多添加五个组件，如果需要添加五个以上组件，必须借助中间容器的嵌套或采用其他布局策略。

BorderLayout 类的常用构造方法见表 8-14。

表 8-14　BorderLayout 类的常用构造方法

构 造 方 法	说　明
public BorderLayout()	创建默认没有组件间隙的 BorderLayout 对象
public BorderLayout(int hgap, int vgap)	创建指定组件间隙的 BorderLayout 对象

例题 8-9　封装了 BorderLayout 布局管理器的程序，程序运行结果如图 8-11 所示。

```
//Test8_9.java
public class Test8_9 {
    public static void main(String[] args){
        BorderLayoutFrame blf=new BorderLayoutFrame
("BorderLayout 布局");
    }
}
/*
*BorderLayoutFrame.java
*该类封装了一个使用 BorderLayout 布局管理器的窗口程序
*/
import java.awt.*;
import javax.swing.*;
public class BorderLayoutFrame extends JFrame{
    //定义组件
    JButton jbtw,jbte,jbts;
    JComboBox jcbn;
    JTextArea jtac;
    public BorderLayoutFrame(String title){
        super(title);
        //组件初始化
        jbtw=new JButton("西按钮");
        jbte=new JButton("东按钮");
        jbts=new JButton("南按钮");
        jcbn=new JComboBox();
        jcbn.addItem("顶端对齐");
        jcbn.addItem("居中对齐");
        jcbn.addItem("底端对齐");
        jtac=new JTextArea("中部文本区");
        //设置没有组件间隙的布局管理器，在该容器中，该语句可以省略
        setLayout(new BorderLayout());
        //添加组件到指定区域
        add(jbtw,BorderLayout.WEST);
        add(jbte,BorderLayout.EAST);
        add(jbts,BorderLayout.SOUTH);
        add(jcbn,BorderLayout.NORTH);
        add(jtac,BorderLayout.CENTER);
        //设置窗口属性
       setBounds(100,100,250,200);
       setVisible(true);
       setDefaultCloseOperation(JFrame.EXIT_ON_CLOSE);
    }
}
```


图 8-11 BorderLayout 布局管理器在窗口中的显示

3. GridLayout 布局

java.awt 包中的 GridLayout 类是指将当前容器划分为若干行×若干列的网格区域，组件就添加在这些划分出来的相同大小的矩形区域内。

容器对象继承 java.awt.Container 类的 add(Component com)方法将组件从第一行开始从左到右依次排列到矩形区域内，当某一行放满了，继续从下一行开始。GridLayout 类的常用构造方法见表 8-15。

表 8-15　GridLayout 类的常用构造方法

构 造 方 法	说　明
public GridLayout()	创建默认的 GridLayout 对象
public GridLayout(int rows, int cols)	创建指定行数和列数的 GridLayout 对象
public GridLayout(int rows, int cols, int hgap, int vgap)	创建指定行数和列数及组件间隙的 GridLayout 对象

使用 GridLayout 布局管理器的容器默认最多可添加（行数 × 列数）个组件，而且每个网格矩形区域的大小都相同，其中放置的组件必须与网格矩形区域的大小相同。如果组件的外观与网格区域不匹配，就会造成整个容器外观不协调，此时可以使用容器的嵌套实现复杂的容器外观布局。

例题 8-10　封装了包含 GridLayout 布局管理器的容器嵌套实现窗口复杂布局的程序，程序运行结果如图 8-12 所示。

```
//Test8_10.java
public class Test8_10 {
    public static void main(String[] args){
        ComplexLayoutFrame clf=new ComplexLayoutFrame("面板嵌套");
    }
}
/*
*ComplexLayoutFrame.java
*该类封装了面板嵌套实现窗口复杂布局的程序，大部分 GUI 程序都是使用容器的嵌套设计合理的
*窗口布局
*/
import java.awt.*;
import javax.swing.*;
public class ComplexLayoutFrame extends JFrame{
    //定义组件
    Container container;
    JPanel p1,p2,p11,p21;
    public ComplexLayoutFrame(String title){
        super(title);
        //由于该顶层容器中包含中间容器，必须先获取窗口内容，才能添加中间容器
        container=getContentPane();
        container.setLayout(new GridLayout(2,1));     //设置顶层容器布局
        p1=new JPanel(new BorderLayout());          //中间容器初始化的同时设置布局
        p2=new JPanel(new BorderLayout());          //中间容器初始化的同时设置布局
        p11=new JPanel(new GridLayout(2,1));        //中间容器初始化的同时设置布局
        p21=new JPanel(new GridLayout(2,2));        //中间容器初始化的同时设置布局
        p1.add(new JButton("WestButton"),BorderLayout.WEST);
        p1.add(new JButton("EastButton"),BorderLayout.EAST);
        p11.add(new JButton("Button11"));
        p11.add(new JButton("Button12"));
        p1.add(p11,BorderLayout.CENTER);        //面板 p11 添加到面板 p1 中的中间区域
        p2.add(new JButton("WestButton"),BorderLayout.WEST);
        p2.add(new JButton("EastButton"),BorderLayout.EAST);
        for(int i=1;i<=4;i++)
        {
            p21.add(new JButton("Button"+i));
```

```
        }
        p2.add(p21,BorderLayout.CENTER);        //面板 p21 添加到面板 p2 中的中间区域
        container.add(p1);                      //面板 p1 添加到顶层容器中
        container.add(p2);                      //面板 p2 添加到顶层容器中
        //设置窗口属性
        setLocation(300,400);
        setSize(600,400);
        container.setBackground(new Color(204,204,255));
        setVisible(true);
        setDefaultCloseOperation(JFrame.EXIT_ON_CLOSE);
    }
}
```

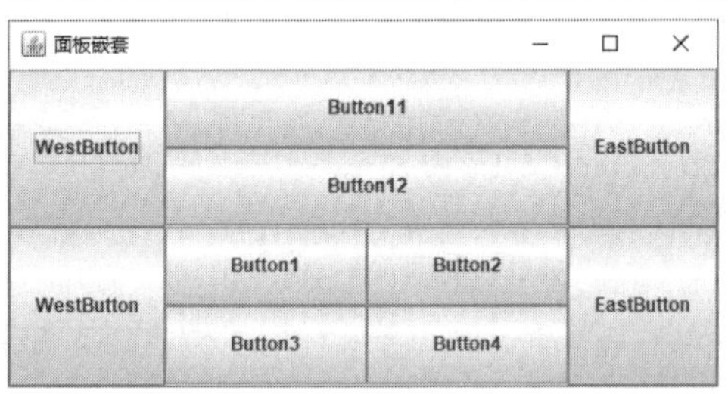

图 8-12 容器嵌套实现窗口复杂布局的显示

4. CardLayout 布局

java.awt 包中的 CardLayout 类对组件布局排列类似于叠放扑克牌，组件被层叠放入容器中最先加入的是第一张（在最前面），依次向下排序。使用 CardLayout 布局时，在同一时刻只能从这些组件中选出一个来显示，就像叠放扑克牌，每次只能显示其中一张，这个被显示的组件将占据所有的容器空间。

容器对象继承 java.awt.Container 类的 add(Component com)方法将组件从上面向下面依次排放，先加入的组件会挡住后加入的组件。CardLayout 类的常用构造方法见表 8-16。

表 8-16 CardLayout 类的常用构造方法

构 造 方 法	说 明
public CardLayout(int hgap, int vgap)	创建一个间距大小为 0 的 CardLayout 对象
public GridLayout(int hgap, int vgap)	创建指定水平间距和垂直间距的 CardLayout 对象

使用 CardLayout 布局管理器的容器默认只能显示一个组件，该组件将占据所有的容器空间。如果组件的外观与整体区域不匹配，就会造成整个容器外观不协调，此时可以使用容器的嵌套实现复杂的容器外观布局。

例题 8-11 封装了 CardLayout 布局管理器的程序，程序运行结果如图 8-13 所示。

```
//Test8_11.java
public class Test8_11 {
    public static void main(String[] args){
        CardLayoutFrame clf=new CardLayoutFrame("CardLayout 布局");
    }
```

```
}
/*
*CardLayoutFrame.java
*该类封装了 CardLayout 布局管理器的窗口程序
*/
import java.awt.*;
import javax.swing.*;
public class CardLayoutFrame extends JFrame{
    //定义组件
    JButton jbt;
    String s;
    public CardLayoutFrame(String title){
        super(title);
        Container con=getContentPane();
        //设置布局
        CardLayout card=new CardLayout();
        setLayout(card);
        for(int i=0;i<5;i++){
            s="按钮"+(i+1);
            jbt=new JButton(s);
            add(jbt,s);
        }
        card.show(con,"按钮 3");        //显示名称为“按钮 3”的组件
        card.next(con);                 //显示当前组件的下一个组件“按钮 4”
        //设置窗口属性
       setBounds(100,100,350,300);
       setVisible(true);
       setDefaultCloseOperation(JFrame.EXIT_ON_CLOSE);
    }
}
```

图 8-13　CardLayout 布局管理器在窗口中的显示

5. BoxLayout 布局

javax.swing 包中的 BoxLayout 类允许多个组件在容器中沿水平方向或垂直方向排列，当容器的大小发生变化时，组件占用空间大小也不会发生变化。如果采用沿水平方向排列组件，当组件的总宽度超出容器的宽度时，组件也不会换行，而是沿同一行继续排列，超出部分将会被隐藏，只有扩大宽度才能看到。如果采用沿垂直方向排列组件，当组件的总高度超出容器的高度时，组件也不会换列，而是沿同一列继续排列，超出部分将会被隐藏，只有扩大高度才能看到。BoxLayout 类只有一个构造方法：

```
public BoxLayout(Container con,int axis);
```

例题 8-12　封装了 BoxLayout 布局管理器的程序，程序运行结果如图 8-14 所示。

```
//Test8_12.java
public class Test8_12 {
    public static void main(String[] args){
        BoxLayoutFrame blf=new BoxLayoutFrame("BoxLayout 布局");
    }
```

```
}
/*
*BoxLayoutFrame.java
*该类封装了利用 BoxLayout 布局管理器的面板
*组合形成复杂的窗口
*由于顶层容器中包含中间容器，所以需要
*getContentPane()获取当前容器对象
*/
import javax.swing.*;
import java.awt.*;
public class BoxLayoutFrame extends JFrame{
    //定义组件
    JPanel panel1,panel2;
    Container con;
    public BoxLayoutFrame(String title){
        super(title);
        //初始化组件
        con=getContentPane();
                                    //获取当前容器对象内容
        panel1=new JPanel();
                                    //设置面板为垂直放置组件的 BoxLayout
        panel1.setLayout(new BoxLayout(panel1,BoxLayout.Y_AXIS));
        panel2=new JPanel();
                                    //设置面板为垂直放置组件的 BoxLayout
        panel2.setLayout(new BoxLayout(panel2,BoxLayout.Y_AXIS));
        //设置顶层容器窗口为水平放置组件的 BoxLayout
        con.setLayout(new BoxLayout(con,BoxLayout.X_AXIS));
        //面板添加组件
        panel1.add(new JLabel("学号"));
        panel1.add(new JLabel("姓名"));
        panel1.add(new JLabel("密码"));
        panel2.add(new JTextField(10));
        panel2.add(new JTextField(10));
        panel2.add(new JPasswordField(10));
        //顶层容器添加面板容器，形成复杂布局
        con.add(panel1);
        //使用 Box 类的方法在两个面板之间添加水平间距 30 像素
        con.add(Box.createHorizontalStrut(30));
        con.add(panel2);
        //设置窗口基本属性
        setDefaultCloseOperation(JFrame.EXIT_ON_CLOSE);
        setSize(300,100);
        setVisible(true);
    }
}
```

图 8-14　BoxLayout 布局管理器在窗口中的显示

8.4 事件处理

Java GUI 程序不仅要设计出整齐美观的用户图形界面，还要完善程序使其能够实现人机交互。所谓人机交互，就是用户能够通过鼠标、键盘或其他输入设备的操作控制程序的执行流程，从而达到人机交互的目的。使用鼠标、键盘或其他输入设备操作程序界面中的各种组件，使组件能够响应用户的操作，称为事件（Event）。例如：移动鼠标，单击按钮组件，在文本框组件中输入字符串等。Java 语言对事件的处理仍然采用面向对象的编程思想，对各种事件对象进行封装和处理，程序中的组件对发生的事件做出响应，完成特定的任务。

8.4.1　委托事件处理模型

基于面向对象程序设计的特点，Java GUI 程序的事件处理机制采用了委托事件处理模型，组件可以把可能发生在自身的事件分别委托给不同的事件处理者进行处理，主要存在事件源、侦听器和事件处理器三种对象。

1. 事件源

事件源（Event Source）是指能够创建一个事件并触发该事件的组件对象。Java GUI 程序中大部分的组件都有可能成为事件源，如按钮、文本框、下拉列表或复选框等。

2. 侦听器

侦听器（Listener）是指侦听事件发生的对象，它与事件源相互关注。一个组件只有注册了侦听器才会成为事件源，没有注册侦听器的组件是不能成为事件源的。事件源注册了侦听器后，相应的操作就会响应相应的事件，并通知事件处理器。Java 程序中的侦听器是实现了一系列接口的类，该类的对象注册到某个组件对象上就会侦听相应事件是否发生。事件源注册侦听器的一般书写格式为

```
组件对象.add***Listener(侦听器对象);
```

例如：一个按钮对象 button 注册回车事件侦听器 OkListenerClass 类的对象 oks。

```
button.addActionListener(oks);
```

3. 事件处理器

事件处理器（Event Handler）是事件处理的真正执行者。事件源注册了侦听器后，当侦听器侦听到有事件发生时，就会自动调用一个方法来处理该事件，而且这个方法必须被重写。符合此条件的就是实现一系列接口的类，当某类实现了接口，就必须重写这些接口中定义的所有方法。与事件处理有关的接口中定义的方法参数都是事件类的对象，这些事件类就是事件处理器。

从事件源、侦听器和事件处理器三者的关系中可以看出，侦听器与事件处理器通常是一类对象。侦听器时刻监听事件源上所有发生的事件类型，一旦该事件类型与自己所负责处理的事件类型一致，就马上进行处理。所谓委托处理模型，就是把事件的处理委托给外部的封装类进行处理，实现了事件源与侦听器分开的机制。

委托事件处理模型如图 8-15 所示。

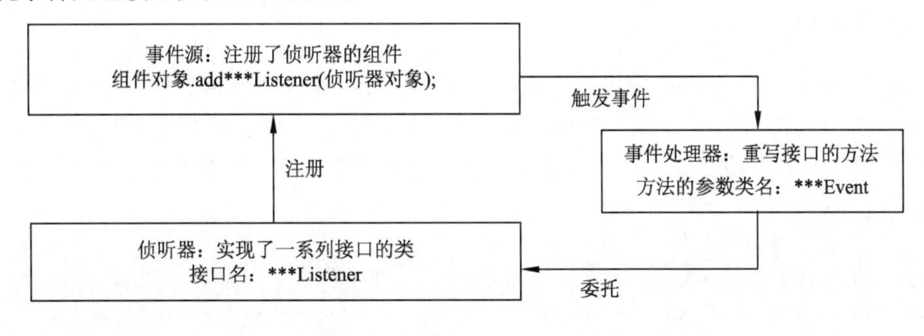

图 8-15　委托事件处理模型

一个事件源对象不能触发所有类型的事件，它只能触发与它相适应的事件，也就是说，只能注册与它相适应的侦听器。例如：按钮对象可以触发回车事件，在按钮对象上就可以注册象征回车的动作侦听器，但不能触发文本修改事件，在按钮对象上就不能注册文本事件的侦听器，即使注册了也不会起作用，该侦听器也不会监听到文本事件。每一个事件源对象可以注册多个侦听器，同样，一个侦听器也可以注册到多个事件源对象上。

java.awt.event 包和 javax.swing.event 包中提供了 Java GUI 程序设计中事件处理的各种事件类，这些事件类都被相应的接口方法进行回调实现事件处理。常用的组件、事件类和接口对应关系见表 8-17。

表 8-17　常用的组件、事件类和接口对应关系

操 作 说 明	组件（事件源）	触发的事件类	侦听器接口
单击按钮	JButton	ActionEvent	ActionListener
在文本框按【Enter】键	JTextField 及其子类	ActionEvent	ActionListener
文本插入符移动	JTextField，JTextArea	CaretEvent	CaretListener
选定一个选项	JComboBox	ItemEvent，ActionEvent	ItemListener，ActionLister
选定（多）项	JList	ListSelectionEvent	ListSelectionListener
单击复选框	JCheckBox	ItemEvent，ActionEvent	ItemListener，ActionLister
单击单选按钮	JRadioButton	ItemEvent，ActionEvent	ItemListener，ActionLister
选定菜单项	JMenuItem	ActionEvent	ActionListener
移动滚动条	JScrollBar	AdjustmentEvent	AdjustmentListener
移动滑动杆	JSlider	ChangeEvent	ChangeListener
窗口打开、关闭、最小化、还原或关闭中	Window 及其子类	WindowEvent	WindowListener
按住、释放、单击、回车或退出鼠标	Component 及其子类	MouseEvent	MouseListener
移动或拖动鼠标	Component 及其子类	MouseEvent	MouseMotionListener
释放或按下键盘上的键回车或退出	Component 及其子类	KeyEvent	KeyListener
从容器中添加或删除组件	Container 及其子类	ContainerEvent	ContainerListener
组件移动、改变大小、隐藏或显示	Component 及其子类	ComponentEvent	ComponentListener
组件获取或失去焦点	Component 及其子类	FocusEvent	FocusListener

8.4.2 动作事件

JButton 类按钮、JTextField 类单行文本框、JTextPassword 类密码框、JMenuItem 类菜单项和 JRadioButton 类单选按钮都可以触发 ActionEvent 类动作事件，它们一般通过单击鼠标辅助完成。

例题 8-13　封装了动作事件执行的程序，并应用委托事件处理模型进行了验证。

```
//Test8_13.java
public class Test8_13 {
   public static void main(String[] args){
      ActionEventFrame aef=new ActionEventFrame("动作事件演示");
   }
}
```

```
/*
*ActionEventFrame.java
*该类封装了添加响应动作事件组件的窗口，实现了 GUI 外观，事件处理器委托了其他封装类去完成
*/
import java.awt.*;
import javax.swing.*;
public class ActionEventFrame extends JFrame {
    //定义组件，也就是事件源
    JTextField jtf;
    JTextArea jta;
    JButton jtb;
    ActionEventListener listener;
    public ActionEventFrame(String title){
        super(title);
        //初始化组件
        jtf=new JTextField(20);
        jtb=new JButton("读入文件");
        jta=new JTextArea(9,30);
        setLayout(new FlowLayout());           //设置布局管理器
        listener=new ActionEventListener();  //初始化委托事件处理侦听器
        listener.setTextField(jtf);          //传递事件处理的组件对象
        listener.setTextArea(jta);           //传递事件处理的组件对象
        //事件源注册侦听器
        jtb.addActionListener(listener);
        jtf.addActionListener(listener);
        //在窗口中添加组件
        add(jtf);
        add(jtb);
        add(new JScrollPane(jta));
        //设置窗口属性
        setBounds(100,100,450,250);
        setVisible(true);
        setDefaultCloseOperation(JFrame.EXIT_ON_CLOSE);
    }
}
/*
*ActionEventListener.java
*该类实现了 ActionListener 接口，用于处理动作事件
*/
import java.awt.event.*;//导入 ActionEvent 类
import java.io.*;
import javax.swing.*;
public class ActionEventListener implements ActionListener {
    JTextField jtf;
    JTextArea jta;
    //传递事件处理的组件对象
    public void setTextField(JTextField jtf){
        this.jtf=jtf;
    }
    //传递事件处理的组件对象
    public void setTextArea(JTextArea jta){
```

```
        this.jta=jta;
    }
    //重写接口中的方法，动作事件 ActionEvent 的处理代码
    public void actionPerformed(ActionEvent e){
        jta.setText(null);
        try{
            File file=new File(jtf.getText());
            //获取文件名，要保证该文件与当前文件在同一目录下
            FileReader fr=new FileReader(file);
            BufferedReader br=new BufferedReader(fr);
            String s=null;
            while((s=br.readLine())!=null){
                jta.append(s+"\n");
            }
            fr.close();
            br.close();
        }catch(IOException ioe){
            jta.append(ioe.toString());
        }
    }
}
```

例题 8-13 中的顶层容器 JFrame 类的子类 ActionEventFrame 中添加了三个组件：JTextField 类对象 jtf、JTextArea 类对象 jta 和 JButton 类对象 jbt。程序的作用为当在单行文本框 jtf 中输入某个文件名字后按【Enter】键或单击按钮 jbt 时，将该文件中的内容读取到内存并显示在文本区 jta 中。因此，对象 jtf 会触发动作事件，对象 jtb 也会触发动作事件，而对象 jta 没有触发任何事件。

为了触发动作事件，必须为对象 jtf 和 jtb 注册侦听器类的对象，该对象是实现了接口 ActionListener 的封装类 ActionEventListener。

事件源注册了侦听器后，将该事件类 ActionEvent 委托给实现了接口 ActionListener 的封装类 ActionEventListener，接口 ActionListener 中只定义了一个方法，该类必须重写接口 ActionListener 的方法 public void actionPerformed(ActionEvent e)，这个方法的参数就是 ActionEvent 类，在该方法体内完成事件处理的所有代码。

程序运行结果如图 8-16 所示。

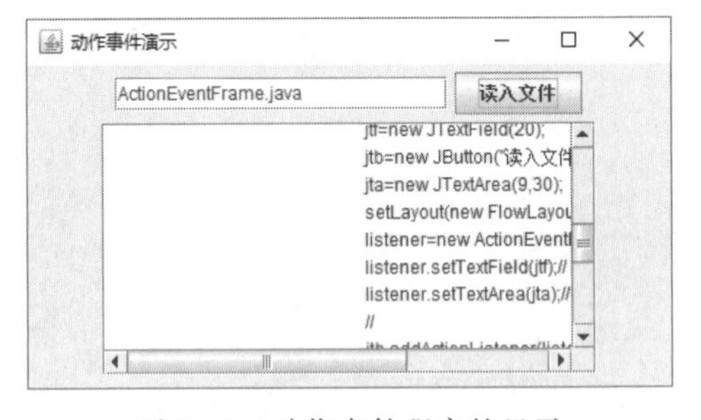

图 8-16 动作事件程序的显示

8.4.3 选项事件

JCheckBox 类复选框、JComboBox 类下拉列表和 JList 类列表项都可以触发 ItemEvent 类选项事件，它们一般是用于将未选中项变为选中项。

例题 8-14 封装了选项事件执行的使用程序，并应用委托事件处理模型进行了验证，不过本例题的侦听器类没有单独封装，而是与放置组件的顶层容器框架封装在一起，简化了代码的工作量。程序运行结果如图 8-17 所示。

```
//Test8_14.java
public class Test8_14 {
    public static void main(String[] args){
```

```
        ItemEventFrame ief=new ItemEventFrame("选项事件演示");
    }
}
/*
*ItemEventFrame.java
*该类封装了通过下拉列表事件实现一系列数值的升序或降序操作。通过选择排序算法进行排序。
*该类将委托事件的侦听器接口封装到窗口类中，简化了代码的工作量。
*为了实现排序算法，该类用到了 Sort_Ascending 类实现升序，用 Sort_Ascending 的子类重
*写排序方法实现降序。通过一个程序实现了封装、继承和多态的综合应用
*/
import java.awt.*;
import java.awt.event.*;
import javax.swing.*;
public class ItemEventFrame extends JFrame implements ItemListener{
    //定义组件和数据初始化
    String s="";
    int[] a={34,12,8,67,88,23,98,101,119,56,1000,1100};
    int[] a1=new int[a.length];
    JComboBox paix;
    JLabel sjq;
    Container c=getContentPane();
    public ItemEventFrame(String title){
        super(title);
        //初始化组件，设置布局和添加组件
        setLayout(new BorderLayout());
        sjq=new JLabel();
        toShow(a);
        paix=new JComboBox();
        paix.addItem("原始数据");
        paix.addItem("升序");
        paix.addItem("降序");
        paix.setEditable(false);//设置下拉列表选项不可编辑
        c.add(sjq,BorderLayout.CENTER);
        c.add(paix,BorderLayout.NORTH);
        //当前对象就是侦听器，所以 this 就是被注册到下拉列表 paix 上
        paix.addItemListener(this);
        //设置窗口属性
        setBounds(100,100,300,120);
        setVisible(true);
        setDefaultCloseOperation(JFrame.EXIT_ON_CLOSE);
    }
    //重写 ItemListener 接口中的唯一的方法
    public void itemStateChanged(ItemEvent e){
        if(e.getItemSelectable() instanceof JComboBox){
            s=(String)(paix.getSelectedItem());
            if(s.equals("原始数据")){
                toShow(a);
            }
            for(int i=0;i<a.length;i++)
                a1[i]=a[i];
```

```
            if(s=="升序"){
                Sort_Ascending sa=new Sort_Ascending();
                sa.sort(a1.length,a1);
                toShow(a1);
            }
            if(s.equals("降序")){
                Sort_Descending sd=new Sort_Descending();
                sd.sort(a1.length,a1);
                toShow(a1);
            }
        }
    }
    //显示数组数据
    public void toShow(int[] a1){
        s=Integer.toString(a1[0]);
        for(int i=1;i<a1.length;i++)
            s=s+","+Integer.toString(a1[i]);
        sjq.setText(s);
    }
}
/*
*Sort_Ascending.java
*该类封装了将数组数据按照选择排序算法升序排序的功能
*/
public class Sort_Ascending {
    int i,j,k,swap;
    public Sort_Ascending(){
        i=j=k=swap=0;
    }
    public int[] sort(int t1,int[] t2){
        //选择排序算法
        for(int i=0;i<t1-1;i++){
            k=i;
            for(j=i+1;j<t1;j++)
                if(t2[j]<t2[k])
                k=j;
            if(k!=j){
                swap=t2[i];
                t2[i]=t2[k];
                t2[k]=swap;
            }
        }
        return t2;
    }
}
/*
*Sort_Descending.java
*该类继承了 Sort_Ascending，并重写了排序算法
*/
public class Sort_Descending extends Sort_Ascending{
```

```
    public int[] sort(int t1,int[] t2){
        //重写选择排序算法
        for(i=0;i<t1-1;i++){
            k=i;
            for(j=i+1;j<t1;j++)
                if(t2[j]>t2[k])
                k=j;
            if(k!=j){
                swap=t2[i];
                t2[i]=t2[k];
                t2[k]=swap;
            }
        }
        return t2;
    }
}
```

图 8-17　选项事件在窗口中的显示

8.4.4　文本插入符事件

JTextField 类单行文本框和 JTextArea 类文本区都可以触发 CaretEvent 类文本插入符事件，它们一般是在输入文本时由于插入符位置的更改而更新文本内容。

例题 8-15　封装了文本插入符事件执行的程序，并应用委托事件处理模型进行了验证，本例题的侦听器类没有单独封装，而是与放置组件的顶层容器框架封装在一起，简化了代码的工作量。程序运行结果如图 8-18 所示。

```
//Test8_15.java
public class Test8_15 {
    public static void main(String[] args){
        CaretEventFrame cef=new CaretEventFrame("文本插入符事件");
    }
}
/*
*CaretEventFrame.java
*该类封装了回车事件和文本插入符事件的窗口程序。单行文本框组件上同时注册了回车侦听器和
*文本插入符侦听器当在单行文本框中输入文本时，随着文本插入符的移动，将单行文本框中的
*文本复制到文本区中，按【Enter】键时，清除单行文本框中的内容按钮组件上注册了回车侦
*听器，单击按钮时，清除文本区的内容。一个文本区上注册了文本插入符侦听器，随着文本区内
*文本插入符的移动，文本区中的文本复制到另一个文本区内。每种事件类对象通过 getSource()
*判断是哪个事件源响应事件，从而自动执行相应代码
*/
import java.awt.*;
import java.awt.event.*;
import javax.swing.*;
import javax.swing.event.*;
```

```
public class CaretEventFrame extends JFrame implements ActionListener,
CaretListener {
    //定义组件
    JTextField jtf;
    JButton jtb;
    JTextArea jta1,jta2;
    //构造方法初始化组件，设置布局，添加组件，注册侦听器
    public CaretEventFrame(String title){
        super(title);
        setLayout(new FlowLayout());
        jtf=new JTextField(15);
        jtb=new JButton("清除文本区内容");
        jta1=new JTextArea(10,10);
        jta2=new JTextArea(10,10);
        add(jtf);
        add(jtb);
        add(jta1);
        add(jta2);
        jtf.addActionListener(this);//当前对象实现了多个接口，被当作侦听器
        jtb.addActionListener(this);
        jtf.addCaretListener(this);
        jta1.addCaretListener(this);
        //设置窗口属性
        setBounds(100,100,350,280);
        setVisible(true);
        setDefaultCloseOperation(JFrame.EXIT_ON_CLOSE);
    }
    //重写ActionListener接口的唯一方法
    public void actionPerformed(ActionEvent a){
        if(a.getSource()==jtf){
            jtf.setText("");
        }
        if(a.getSource()==jtb){
            jta1.setText("");
            jta2.setText("");
        }
    }
    //重写CaretListener接口的唯一方法
    public void caretUpdate(CaretEvent e){
        if(e.getSource()==jtf){
            String s=jtf.getText();
            jta1.append(s);
            jta1.append("\n");
        }
        if(e.getSource()==jta1){
            String s1=jta1.getText();
            jta2.setText(s1);
        }
    }
}
```

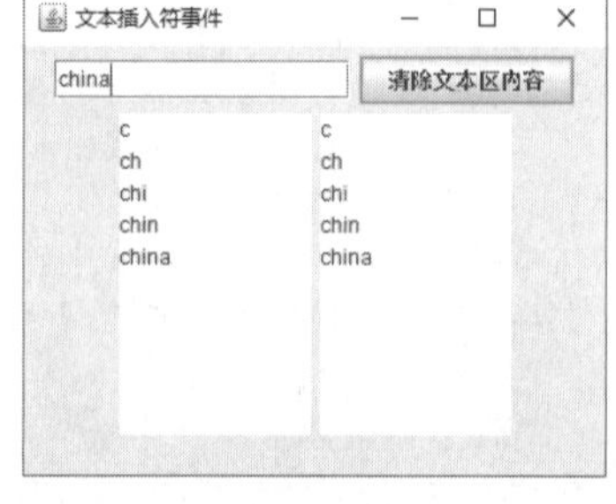

图 8-18　文本插入符事件在窗口中的显示

8.4.5　窗口事件

Window 类窗口及其子类都可以触发 WindowEvent 类窗口事件，一个窗口有打开窗口、正在关闭窗口、关闭窗口、激活窗口、变成非活动窗口、最小化窗口和还原窗口等多种事件。

1. 窗口侦听器

例题 8-16　封装了窗口事件执行的程序，并应用委托事件处理模型进行了验证，本例题的侦听器类没有单独封装，而是与放置组件的顶层容器框架封装在一起，简化了代码的工作量。程序运行结果如图 8-19 所示。

```
//Test8_16.java
public class Test8_16 {
    public static void main(String[] args){
        WindowEventFrame wef=new WindowEventFrame("窗口事件演示");
    }
}
/*
*WindowEventFrame.java
*该类封装了一个空白窗口框架,在该框架上注册了 WindowEvent 侦听器,实现了 WindowListener
*接口。WindowListener 接口定义了七个方法，必须全部都要实现，即使某个方法没操作也要加上
*花括号
*/
import java.awt.*;
import javax.swing.*;
import java.awt.event.*;
public class WindowEventFrame extends JFrame implements WindowListener{
    public WindowEventFrame(String title){
        super(title);
        addWindowListener(this);//注册窗口事件侦听器
        //设置窗口属性
        setBounds(100,100,300,200);
        setVisible(true);
        setDefaultCloseOperation(JFrame.EXIT_ON_CLOSE);
    }
    //需要把七个接口方法全部实现
    public void windowOpened(WindowEvent e){//没有方法体也要写出来
    }
    public void windowClosed(WindowEvent e){
        System.out.println("变成非活动窗口");
    }
    public void windowClosing(WindowEvent e){//没有方法体也要写出来
    }
    public void windowIconified(WindowEvent e){
        System.out.println("最小化窗口");
    }
    public void windowDeiconified(WindowEvent e){
        System.out.println("还原窗口");
    }
    public void windowActivated(WindowEvent e){
        System.out.println("激活窗口");
```

```
    }
    public void windowDeactivated(WindowEvent e){
        System.out.println("变成非活动窗口");
    }
}
```

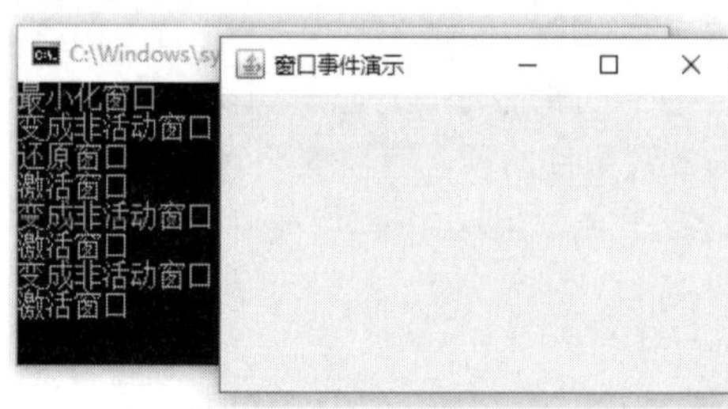

图 8-19　窗口事件在窗口的显示

2. 窗口适配器

因为 WindowListener 接口定义了七个方法，即使程序用不到某些方法的功能也必须将它们全部实现，这无疑增加了代码的工作量。为了方便起见，Java 语言为某些接口提供了 Adapter 适配器类，这些类提供了侦听器接口中所有方法的默认实现。当使用该类事件时，只需封装一类作为事件所对应的 Adapter 类的子类，这一类对象作为侦听器注册到事件源上，仅仅重写需要的方法就可以，其他无关的方法就不用实现了，大大简化了代码工作量。一般来说，***Listener 接口的适配器类名字为***Adapter，如 WindowListener 的适配器名字为 WindowAdapter。

例题 8-17　对例题 8-16 进行修改，假设只用到了其中一个方法的功能，使用窗口适配器类就很方便地实现了该过程。程序运行结果如图 8-20 所示。

```
//Test8_17.java
public class Test8_17 {
    public static void main(String[] args){
        WindowAdapterFrame waf=new WindowAdapterFrame("窗口适配器演示");
    }
}
/*
*WindowAdapterFrame.java
*该类使用 WindowAdapter 类的子类 SubWindowAdapter 作为侦听器，减少了代码工作量
*/
import javax.swing.*;
public class WindowAdapterFrame extends JFrame {
    SubWindowAdapter swa=new SubWindowAdapter();//初始化适配器对象
    public WindowAdapterFrame(String title){
        super(title);
        addWindowListener(swa);                         //注册适配器侦听器
        //设置窗口属性
        setBounds(100,100,300,200);
        setVisible(true);
        setDefaultCloseOperation(JFrame.EXIT_ON_CLOSE);
    }
}
/*
```

```
*SubWindowAdapter.java
*该类作为 WindowAdapter 适配器类的子类，只重写了其中的一个方法，其他方法因为用不到
*就不用重写了
*/
import java.awt.event.*;
public class SubWindowAdapter extends WindowAdapter{
    public void windowIconified(WindowEvent e){
        System.out.println("最小化窗口");
    }
}
```

图 8-20　窗口适配器事件在窗口的显示

8.4.6　鼠标事件

与鼠标操作有关的 GUI 程序都可以触发 MouseEvent 类鼠标事件，任何组件都可以注册鼠标侦听器而成为鼠标事件源，如鼠标进入组件、退出组件、在组件上方单击鼠标或拖动鼠标等都会导致 MouseEvent 类创建一个事件对象。

1. 鼠标侦听器

委托 MouseEvent 类事件处理器的鼠标侦听器有 MouseListener 接口和 MouseMotionListener 接口两种。实现 MouseListener 接口的方法共有五个，见表 8-18。实现 MouseMotionListener 接口的方法共有两个，见表 8-19。要想使用 MouseEvent 类事件，必须重写上述接口的所有方法。

表 8-18　MouseListener 接口中的抽象方法

抽 象 方 法	说　　明
public void mousePressed(MouseEvent e)	在事件源上按下鼠标键触发的鼠标事件
public void mouseClicked(MouseEvent e)	在事件源上单击鼠标键触发的鼠标事件
public void mouseReleased(MouseEvent e)	在事件源上释放鼠标键触发的事件
public void mouseEntered(MouseEvent e)	鼠标进入事件源触发的事件
public void mouseExited(MouseEvent e)	鼠标离开事件源触发的事件

表 8-19　MouseMotionListener 接口中的抽象方法

抽 象 方 法	说　　明
public void mouseDragged(MouseEvent e)	拖动鼠标时触发的鼠标事件
public void mouseMoved(MouseEvent e)	移动鼠标时触发的鼠标事件

2. 鼠标适配器

和窗口侦听器使用方式相类似，可以封装一个类作为 MouseAdapter 类或 MouseMotionAdapter 类鼠标适配器的子类，用到鼠标的哪个操作就只重写该方法，从而简化了代码工作量。

例题 8-18 封装了一类鼠标适配器使用的程序，程序运行结果如图 8-21 所示。

```
//Test8_18.java
public class Test8_18 {
   public static void main(String[] args){
      TicTacToe ttt=new TicTacToe("九宫格游戏");
   }
}
/*
*TicTacToe.java
*该类封装了一个利用鼠标单击事件模拟三子棋游戏。两个用户在 3×3 的网格中轮流将各自的标记
*填在空格中（×或○）。如果一个用户在网格的水平方向、垂直方向或对角线方向放置三个连续标
*记，则得胜。如果网格的所有单元格都标满了标记还没有连续，就会出现平局。在窗口容器中的
*面板上绘制标记，并利用鼠标单击事件显示标记的 GUI 对象
*/
import java.awt.*;
import java.awt.event.*;
import javax.swing.*;
import javax.swing.border.LineBorder;//导入画边框线的类
public class TicTacToe extends JFrame{
   private char whoseTurn='X';
   private Cell[][] cells=new Cell[3][3];//定义单元格类对象
   private JLabel jlblStatus=new JLabel("X 用户先走");
   public TicTacToe(String title){//构造方法显示窗口界面
      super(title);
      JPanel p=new JPanel(new GridLayout(3,3,0,0));
      for(int i=0;i<3;i++){
         for(int j=0;j<3;j++){
            p.add(cells[i][j]=new Cell());
         }
      }
      p.setBorder(new LineBorder(Color.RED,1));
      jlblStatus.setBorder(new LineBorder(Color.YELLOW,1));
      add(p,BorderLayout.CENTER);
      add(jlblStatus,BorderLayout.SOUTH);
      //设置窗口属性
      setSize(300,200);
      setVisible(true);
      setDefaultCloseOperation(JFrame.EXIT_ON_CLOSE);
   }
   public boolean isFull(){//判断单元格是否布满
      for(int i=0;i<3;i++)
         for(int j=0;j<3;j++)
            if(cells[i][j].getToken()==' ')
         return false;
      return true;
   }
   public boolean isWon(char token){//判断赢的结果
```

```
    for(int i=0;i<3;i++)
        if((cells[i][0].getToken()==token)&&(cells[i][1].getToken()==token)
          &&(cells[i][2].getToken()==token))
        return true;
    for(int j=0;j<3;j++)
        if((cells[0][j].getToken()==token)&&(cells[1][j].getToken()==token)
          &&(cells[2][j].getToken()==token))
        return true;
    if((cells[0][0].getToken()==token)&&(cells[1][1].getToken()==token)
        &&(cells[2][2].getToken()==token))
        return true;
    if((cells[0][2].getToken()==token)&&(cells[1][1].getToken()==token)
        &&(cells[2][0].getToken()==token))
        return true;
    return false;
}
class Cell extends JPanel{//定义内部类绘制单元格面板
    private char token=' ';
    public Cell(){
        setBorder(new LineBorder(Color.BLACK,1));
        addMouseListener(new MyMouseListener());//单元格内注册鼠标事件适配器
    }
    public char getToken(){
        return token;
    }
    public void setToken(char c){
        token=c;
        repaint();//调用系统绘制图形的方法
    }
    public void paint(Graphics g){ //调用绘制图形的方法，系统自动调用
        super.paintComponent(g);
        if(token=='X'){
            g.drawLine(10,10,getWidth()-10,getHeight()-10);
            g.drawLine(getWidth()-10,10,10,getHeight()-10);
        }else if(token=='0'){
            g.drawOval(10,10,getWidth()-20,getHeight()-20);
        }
}
//作为内部类Cell的内部类继承MouseAdapter适配器类，只重写了一个方法
private class MyMouseListener extends MouseAdapter {
    public void mouseClicked(MouseEvent e){
        if(token==' '&&whoseTurn!=' '){
            setToken(whoseTurn);
            if(isWon(whoseTurn)){
                jlblStatus.setText(whoseTurn+"赢了！ 游戏结束");
                whoseTurn=' ';
            }else if(isFull()){
                jlblStatus.setText("平局!游戏结束");
                whoseTurn=' ';
            }else{
                whoseTurn=(whoseTurn=='X')?'0':'X';
                jlblStatus.setText(whoseTurn+"用户走");
```

```
                }
            }
        }
    }
  }
}
```

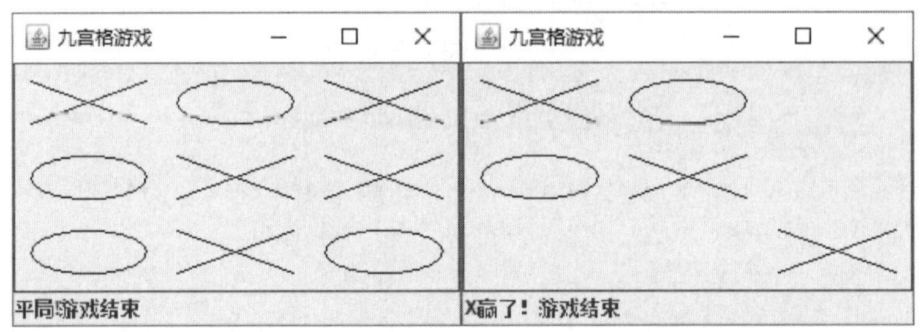

图 8-21　鼠标适配器事件在窗口中的显示

8.4.7　焦点事件和键盘事件

FocusEvent类焦点事件和KeyEvent类键盘事件通常结合在一起使用。焦点事件侦听器（包括焦点事件适配器）主要用来处理获取或失去键盘焦点的事件，获得键盘焦点事件是指当前事件源可以接收从键盘上输入的字符，失去键盘焦点事件是指当前事件源不能接收到来自键盘输入的字符。键盘事件侦听器（包括键盘事件适配器）主要用来处理来自键盘的输入，例如：按下键盘上的某个键、放开某个键或输入某个键盘上的字符等。

委托FocusEvent类事件处理器的焦点侦听器为FocusListener接口，实现FocusListener接口的方法共有两个，见表8-20。要想使用FocusEvent类事件，必须重写上述接口的所有方法。委托FocusEvent类事件处理器的焦点适配器为FocusAdapter类，要想使用FocusEvent类事件，可以封装FocusAdapter类的子类，并重写其中所需要处理的抽象方法。

表 8-20　FocusListener接口中的抽象方法

抽 象 方 法	说　　明
public void focusGained(FocusEvent e)	处理获得键盘焦点的事件
public void focusLost(FocusEvent e)	处理失去键盘焦点的事件

委托KeyEvent类事件处理器的键盘侦听器为KeyListener接口，实现KeyListener接口的方法共有三个，见表8-21。要想使用KeyEvent类事件，必须重写上述接口的所有方法。委托KeyEvent类事件处理器的焦点适配器为KeyAdapter类，要想使用KeyEvent类事件，可以封装KeyAdapter类的子类，并重写其中所需要处理的抽象方法。

表 8-21　KeyListener接口中的抽象方法

抽 象 方 法	说　　明
public void keyTyped(KeyEvent e)	处理从键盘输入某个字符的事件
public void keyPressed(KeyEvent e)	处理按下键盘某个键的事件
public void keyReleaseded(KeyEvent e)	处理放开键盘某个键的事件

例题 8-19　封装了一类焦点事件和键盘事件使用的程序，程序运行结果如图 8-22 所示。

```
//Test8_19.java
public class Test8_19 {
    public static void main(String[] args){
        FocusKeyEventFrame fkef=new FocusKeyEventFrame("模拟序列号");
    }
}
/*
*FocusKeyEventFrame.java
*安装程序时经常要求输入序列号，并且要在几个文本框中依次输入。每个文本框输入的字符数都是
*固定的，当在第一个文本框中输入了恰好的字符个数后，输入光标会自动转移到下一个文本框中。
*单击按钮会将所有文本框中的内容清除，由于单行文本框没有注册回车事件，在单行文本框中回车
*时不会响应事件
*/
import java.awt.*;
import javax.swing.*;
import java.awt.event.*;
public class FocusKeyEventFrame extends JFrame implements ActionListener,FocusListener,
KeyListener{
        JButton jbt;
        JTextField[] text;
        public FocusKeyEventFrame(String title){
        super(title);
        jbt=new JButton("重置");
        text=new JTextField[3];
        setLayout(new FlowLayout());
        for(int i=0;i<3;i++){
            text[i]=new JTextField(7);
            text[i].addFocusListener(this);   //文本框注册焦点事件
            text[i].addKeyListener(this);     //文本框注册键盘事件
            add(text[i]);
        }
        jbt.addActionListener(this);          //按钮注册动作事件
        add(jbt);
        text[0].requestFocusInWindow();       //默认焦点光标出现在第一个文本框内
        //设置窗口属性
        setBounds(100,100,300,100);
        setVisible(true);
        setDefaultCloseOperation(JFrame.EXIT_ON_CLOSE);
    }
    //实现ActionListener接口的方法，只有按钮会响应
    public void actionPerformed(ActionEvent e){
        for(int i=0;i<3;i++){
            text[i].setText(null);
        }
    }
    //实现KeyListener接口的方法，只有一个方法有操作，但其他方法也必须重写空的方法体
    public void keyPressed(KeyEvent e){
        JTextField jtf=(JTextField)e.getSource();
        if(jtf.getCaretPosition()>=6){
```

```
            jtf.transferFocus();
        }
    }
    public void keyTyped(KeyEvent e){
    }
    public void keyReleased(KeyEvent e){
    }
    //实现 FocusListener 接口的方法，只有一个方法有操作，但其他方法也必须重写空的方法体
    public void focusGained(FocusEvent e){
        JTextField jtf=(JTextField)e.getSource();
        jtf.setText(null);
    }
    public void focusLost(FocusEvent e){
    }
}
```

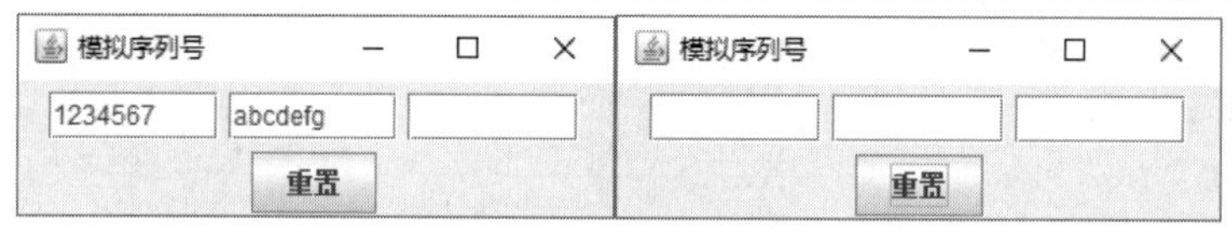

图 8-22 焦点侦听器事件和键盘侦听器事件在窗口的显示

8.4.8 系统托盘图标支持

基于 Windows 系统设计 GUI 程序时，几乎所有的程序都有最小化到桌面任务栏的功能，称为系统托盘。桌面的系统托盘即当程序最小化或者关闭按钮程序并没有退出，而是最小化在任务状态区域，当单击那个区域所在的图标时有提示以及其他操作。在 Microsoft Windows 中，它被称为“任务栏状态区域 （Taskbar Status Area）”，系统托盘由运行在桌面上的所有应用程序共享。Java 由两个类来实现系统托盘图标支持：SystemTray 类和 TrayIcon 类。在某些平台上，可能不存在或不支持系统托盘，所以要首先使用 SystemTray.isSupported()来检查当前的系统是否支持系统托盘，SystemTray 可以包含一个或多个 TrayIcon，可以使用 add(TrayIcon icon)方法将它们添加到托盘，当不再需要托盘时，可以使用 remove(TrayIcon icon)方法移除它。

TrayIcon 由图像、弹出菜单和一组相关侦听器组成。每个 Java 应用程序都有一个 SystemTray 实例，在应用程序运行时，它允许应用程序与桌面系统托盘建立连接。SystemTray 实例可以通过 getSystemTray ()方法获得。

例题 8-20 封装了一类系统托盘图标支持使用的程序，程序运行结果如图 8-23 所示。

```
//Test8_20.java
public class Test8_20 {
    public static void main(String[] args){
        SystemTrayFrame stf=new SystemTrayFrame("系统托盘图标");
    }
}
/*
*SystemTrayFrame.java
*该类封装了由图像、弹出菜单和一组相关侦听器组成的系统*托盘功能。当前窗口最小化时，程序以
*图标的方式放置在任务栏的通知区域，双击图标时，窗口还原到原来状态
*/
```

```
import java.awt.*;
import javax.swing.*;
import java.awt.event.*;
public class SystemTrayFrame extends JFrame implements ActionListener{
    JButton jbt1,jbt2;//定义按钮对象
    //初始化窗口组件、添加组件和注册按钮回车事件
    public SystemTrayFrame(String title){
        super(title);
        jbt1=new JButton("置于托盘");
        jbt2=new JButton("系统退出");
        setLayout(new FlowLayout());
        jbt1.addActionListener(this);
        jbt2.addActionListener(this);
        add(jbt1);
        add(jbt2);
        systemTray();//调用系统托盘支持事件
        //设置窗口属性
        setBounds(100,100,300,100);
        setVisible(true);
        setDefaultCloseOperation(JFrame.EXIT_ON_CLOSE);
    }
    public void actionPerformed(ActionEvent e){
        if(e.getSource()==jbt1){
            setVisible(false);//所谓最小化，就是将窗口隐藏不显示
        }
        if(e.getSource()==jbt2){
            System.exit(0);
        }
    }
    public void systemTray(){
        if(SystemTray.isSupported()){
            //获得系统托盘
            SystemTray tray=SystemTray.getSystemTray();
            //图标图像文件和当前文件在同一目录下
            Image image=Toolkit.getDefaultToolkit().getImage("arrow.gif");
            //创建弹出式菜单
            PopupMenu popupMenu=new PopupMenu();
            //创建托盘图标，注册鼠标适配器，使用匿名类对象重写了单击事件
           TrayIcon trayIcon=new TrayIcon(image, "系统托盘", popupMenu);
           trayIcon.addMouseListener(new MouseAdapter() {  //匿名类对象
           public void mouseClicked(MouseEvent e) {
               if (e.getClickCount()==2) {
                setVisible(true);
               }
           }
         }); //此处分号不可缺少
         try {
             tray.add(trayIcon);
          } catch (Exception e) {
               e.printStackTrace();
```

```
            }
        } else {
            System.out.println("系统不支持托盘图标");
            return;
        }
    }
}
```

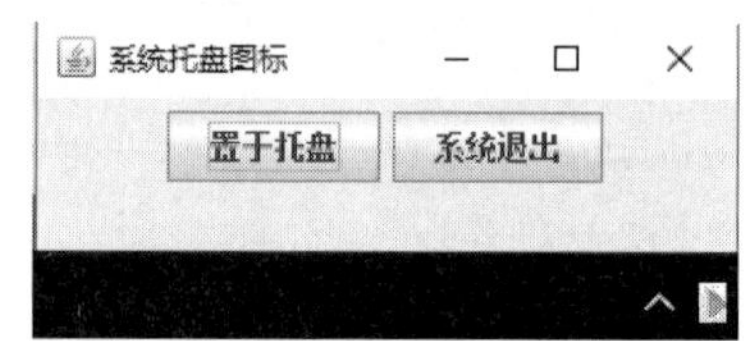

图 8-23 系统托盘图标在窗口中的显示

8.4.9 GUI 程序设计过程

Java 语言的 GUI 程序设计不仅要设计出良好的人机交互外观，同时要触发流畅的人机交互事件。Java 语言提供了 java.awt 包、java.awt.event 包、javax.swing 包和 javax.swing.event 包中的相关组件类和事件类完成 Java GUI 程序设计的大部分功能。

要实现一个完整的 GUI 程序，通常要按照以下步骤进行：

（1）导入 java.awt 包、java.awt.event 包、javax.swing 包、javax.swing.event 包和其他相关包。

（2）封装一类作为顶层容器类（JFrame、JDialog）的子类并实现一系列侦听器接口。

（3）在该封装类中定义相关组件，预先设计相关组件对象名称。

（4）在该封装类中编写构造方法，构造方法的作用是用来设计顶层容器的外观。在构造方法中完成组件对象的初始化、顶层容器的布局，添加组件、组件注册侦听器、顶层容器的外观属性等。

（5）设计 GUI 程序中实现功能算法的成员方法，以便在事件处理器中被调用。

（6）重写侦听器接口的所有方法。在重写方法中的事件处理器时，调用相关算法的成员方法。

（7）封装程序执行主类，创建 GUI 类的对象，测试 GUI 程序效果。

8.5 对 话 框

Java 语言的 GUI 程序设计中，除了窗口框架 JFrame 类是用来显示人机交互界面的顶层容器外，对话框也是一种常用的顶层容器。窗口和对话框在外观上比较类似，但二者也有区别。窗口类对象可以单独运行显示，可以改变外观的最大化、最小化或还原等操作。对话框不能单独运行显示，它必须要依赖于某个窗口，靠窗口中的某个组件响应事件才可显示出来，且不能改变外观大小等操作。

javax.swing 包中的 JDialog 类对话框是 Window 类的子类，通过继承 JDialog 类可以封装自定义的对话框，该对话框一定要有所依赖的窗口。

对话框分为无模式和有模式两种。如果一个对话框是有模式对话框，表示当这个对话框处于激活状态时，只让程序响应对话框内部的事件，而且堵塞其他子程序的执行，不能再激活对话框所在程序中的其他窗口组件，直到该对话框关闭退出。如果一个对话框是无模式对话框，表示当这个对话框处于激活状态时，程序在响应对话框内部事件的同时，并不堵塞其他子程序的执行，能够可以激活对话框所在程序中的其他窗口组件。为了保证程序执行的安全性，在设计对话框对象时，一般采用有模式对话框的方式。

8.5.1　标准对话框

为了方便程序设计和人机交互，javax.swing 包中提供了许多已经封装好的标准对话框，用户不必编写其中相关代码，只需调用相关功能，实现标准的交互控制。

1. 选项对话框

javax.swing 包中的 JOptionPane 类是依赖于某个容器组件，调用其封装的方法可以方便地弹出要求用户提供值或向其发出通知的标准对话框，根据不同的方法显示出不同外观的 JOptionPane 对象。

（1）显示消息对话框。JOptionPane 类中封装了一个静态方法可以弹出一个显示消息的消息对话框，它是有模式对话框，共三个重载方法：

```
public static void showMessageDialog(Component parentComponent,
                           Object message) throws HeadlessException
public static void showMessageDialog(Component parentComponent,
                           Object message,
                           String title,
                           int messageType) throws HeadlessException
public static void showMessageDialog(Component parentComponent,
                           Object message,
                           String title,
                           int messageType,
                           Icon icon) throws HeadlessException
```

其中，参数 parentComponent 指定对话框可见时的位置，如果 parentComponent 为 null，对话框会在显示器的正前方显示；如果 parentComponent 不为 null，对话框在组件 parentComponent 的正前方居中显示。

参数 message 指定对话框上显示的消息内容，只要是可以显示的 Object 类的对象均可，通常显示一串字符表示消息。

参数 title 指定对话框的标题。

参数 messageType 由 JOptionPane 的静态常量指定，这些常量规定了对话框显示不同消息时的图标以指示消息类型，主要有:

```
JOptionPane.ERROR_MESSAGE            //错误图标
JOptionPane.INFORMATION_MESSAGE      //信息图标
JOptionPane.WARNING_MESSAGE          //警告图标
JOptionPane.QUESTION_MESSAGE         //问题图标
JOptionPane.PLAIN_MESSAGE            //无图标
```

参数 icon 指定要在对话框中显示的图标，该图标可以帮助用户识别要显示的消息种类。

例题 8-21　封装了一类消息对话框使用的程序，程序运行结果如图 8-24 所示。

```
//Test8_21.java
```

```
public class Test8_21 {
   public static void main(String[] args){
      MessageDialogFrame mdf=new MessageDialogFrame("消息对话框窗口");
   }
}
/*
*MessageDialogFrame.java
*该类封装了弹出消息对话框的程序。使用正则表达式判断在文本框内输入的只能是英文字母，当输入
*的不是英文字母时，弹出“警告”对话框
*/
import javax.swing.*;
import java.awt.event.*;
import java.awt.*;
public class MessageDialogFrame extends JFrame implements ActionListener {
   JTextField jtf;
   JTextArea jta;
   String regex="[a-zA-Z]+";//正则表达式规则
   public MessageDialogFrame(String title){
      super(title);
      jtf=new JTextField(20);
      jta=new JTextArea(10,10);
      add(jtf,BorderLayout.NORTH);
      add(jta,BorderLayout.CENTER);
      jtf.addActionListener(this);
      //设置窗口属性
      setBounds(600,400,300,100);
      setVisible(true);
      setDefaultCloseOperation(JFrame.EXIT_ON_CLOSE);
   }
   public void actionPerformed(ActionEvent e){
      if(e.getSource()==jtf){
         String s=jtf.getText();
         if(s.matches(regex)){//判断正则表达式
            jta.append(s+",");
         }else{  //弹出“警告对话框”，显示在显示器的正中间
         JOptionPane.showMessageDialog(null,"您输入了非法字符","消息对话框",
JOptionPane.WARNING_MESSAGE);
            jtf.setText(null);
         }
      }
   }
}
```

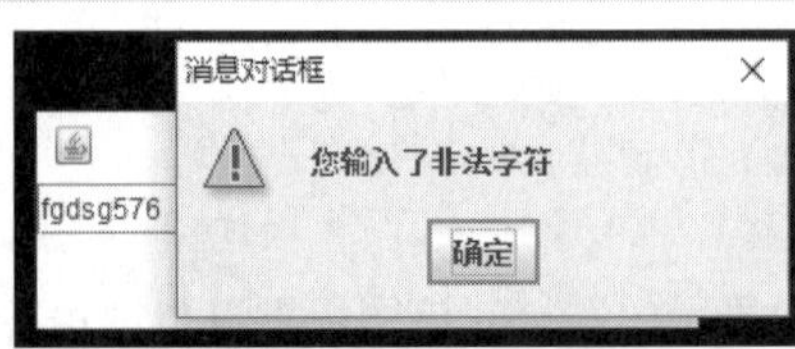

图 8-24　消息对话框在窗口中的显示

（2）输入对话框。JOptionPane 类中封装了一个静态方法，可以弹出一个包含单行文本框的输入对话框，它是有模式对话框，通过该对话框包含的单行文本框可以输入字符串，除了包含一个单行文本框，还包含一个“确定”按钮和一个“取消”按钮。单击“确定”按钮，输入对话框将返回该字符串的内容，单击“取消”按钮，可以使对话框消失不可见。它共有六个重载方法：

```
public static String showInputDialog(Component parentComponent,
                            Object message) throws HeadlessException
public static String showInputDialog(Object message,
                            Object initialSelectionValue) throws HeadlessException
public static String showInputDialog(Component parentComponent,
                            Object message,
                            Object initialSelectionValue) throws HeadlessException
public static String showInputDialog(Component parentComponent,
                            Object message) throws HeadlessException
public static String showInputDialog(Component parentComponent,
                            Object message,
                            String title,
                            int messageType) throws HeadlessException
public static Object showInputDialog(Component parentComponent,
                            Object message,
                            String title,
                            int messageType,
                            Icon icon,
                            Object[] selectionValues,
                            Object initialSelectionValue) throws HeadlessException
```

其中，参数 parentComponent、参数 message、参数 title、参数 messageType、参数 icon 的含义同显示消息对话框。

参数 selectionValues 指定候选的字符串数组。

参数 initialSelectionValue 指定在组合框中显示的初始字符串选项。

例题 8-22　封装了一类输入对话框使用的程序，程序运行结果如图 8-25 所示。

```
//Test8_22.java
public class Test8_22 {
    public static void main(String[] args){
        InputDialogFrame idf=new InputDialogFrame("输入对话框窗口");
    }
}
/*
*InputDialogFrame.java
*该类封装了弹出输入对话框的程序。在文本框内输入若干个数字，如果单击输入对话框中的“确定”
*按钮，程序就计算这些数字的乘积
*/
import javax.swing.*;
import java.awt.event.*;
import java.awt.*;
import java.util.*;
public class InputDialogFrame extends JFrame implements ActionListener {
    JTextArea jta;
```

```
    JButton jbt;
    public InputDialogFrame(String title){
        super(title);
        jta=new JTextArea(10,10);
        jbt=new JButton("弹出输入对话框");
        add(jbt,BorderLayout.NORTH);
        add(new JScrollPane(jta),BorderLayout.CENTER);
        jbt.addActionListener(this);
        //设置窗口属性
        setBounds(600,400,300,300);
        setVisible(true);
        setDefaultCloseOperation(JFrame.EXIT_ON_CLOSE);
    }
    public void actionPerformed(ActionEvent e){
        //弹出输入对话框显示在当前窗口的正前方
        String str=JOptionPane.showInputDialog(this,"输入数字，用空格分隔",
"输入对话框",JOptionPane.PLAIN_MESSAGE);
        if(str!=null){
            Scanner scanner=new Scanner(str);
            double plus=1;
            int i=0;
            while(scanner.hasNext()){
                try{
                    double number=scanner.nextDouble();
                    if(i==0)
                        jta.append(""+number);
                    else
                        jta.append("*"+number);
                    plus=plus*number;
                    i++;
                }catch(InputMismatchException ex){
                    jta.append("输入数字的格式不正确\n");
                }
            }
            jta.append("="+plus+"\n");
        }
    }
}
```

图 8-25　输入对话框在窗口中的显示

（3）确认对话框。JOptionPane 类中封装了一个静态方法，可以弹出一个确认对话框，它是有模式对话框，在对话框中包含相应的按钮，单击某一个按钮后，该静态方法会返回下列 int 类型值之一：

```
JOptionPane.YES_OPTION
JOptionPane.NO_OPTION
JOptionPane.CANCEL_OPTION
JOptionPane.OK_OPTION
JOptionPane.CLOSED_OPTION
```

返回的具体值依赖于用户所单击对话框上的按钮和对话框上的关闭图标。

确认对话框共有四个重载方法：

```
public static int showConfirmDialog(Component parentComponent,
                        Object message) throws HeadlessException
public static int showConfirmDialog(Component parentComponent,
                        Object message,
                        String title,
                        int optionType) throws HeadlessException
public static int showConfirmDialog(Component parentComponent,
                        Object message,
                        String title,
                        int optionType,
                        int messageType) throws HeadlessException
public static int showConfirmDialog(Component parentComponent,
                        Object message,
                        String title,
                        int optionType,
                        int messageType,
                        Icon icon) throws HeadlessException
```

其中，参数 parentComponent、参数 message、参数 title、参数 messageType、参数 icon 的含义同显示消息对话框。

参数 optionType 由 JOptionPane 的静态常量指定，这些常量规定了确认对话框显示不同确认消息时的按钮个数以指示确认类型，主要有：

```
JOptionPane.YES_NO_OPTION                 //包含“是”和“否”两个按钮
JOptionPane.YES_NO_CANCEL_OPTION          //包含“是”、“否”和“取消”三个按钮
JOptionPane.OK_CANCEL_OPTION              //包含“确定”和“取消”两个按钮
```

例题 8-23　封装了一类确认对话框使用的程序，程序运行结果如图 8-26 所示。

```
//Test8_23.java
public class Test8_23 {
   public static void main(String[] args){
      ConfirmDialogFrame cdf=new ConfirmDialogFrame("确认对话框窗口");
   }
}
/*
*ConfirmDialogFrame.java
*该类封装了弹出确认对话框的程序。在文本框内输入字符串，在文本框内按【Enter】键弹出
*确认对话框。如果单击确认对话框中的“是”按钮，就将字符串放入文本区内
*/
import javax.swing.*;
import java.awt.event.*;
```

```
import java.awt.*;
public class ConfirmDialogFrame extends JFrame implements ActionListener {
    JTextArea jta;
    JTextField jtf;
    public ConfirmDialogFrame(String title){
        super(title);
        jta=new JTextArea(10,10);
        jtf=new JTextField(20);
        add(jtf,BorderLayout.NORTH);
        add(new JScrollPane(jta),BorderLayout.CENTER);
        jtf.addActionListener(this);
        //设置窗口属性
        setBounds(600,400,300,200);
        setVisible(true);
        setDefaultCloseOperation(JFrame.EXIT_ON_CLOSE);
    }
    public void actionPerformed(ActionEvent e){
        String str=jtf.getText();
        //弹出确认对话框显示在当前窗口的正前方
        int n=JOptionPane.showConfirmDialog(this,"确认是否正确","确认对话框",
JOptionPane.YES_NO_OPTION);
        if(n==JOptionPane.YES_OPTION){
            jta.append("\n"+str);
        }else if(n==JOptionPane.NO_OPTION){
            jtf.setText(null);
        }
    }
}
```

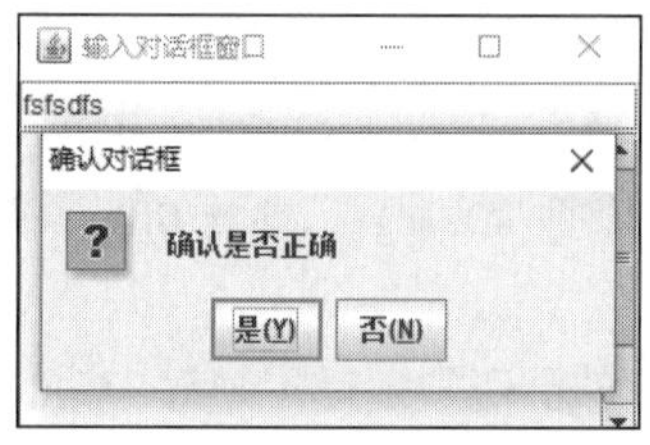

图 8-26 确认对话框在窗口中的显示

2. 文件对话框

当编写 GUI 程序时，有时需要打开和保存文件。javax.swing 包中提供了 JFileChooser 类，它表示一个文件对话框，可以显示文件和目录，浏览文件系统，该对话框是有模式对话框。JFileChooser 类并不是 JDialog 类的子类，使用构造方法创建一个 JFileChooser 对象后，需要调用 showOpenDialog()方法显示打开文件的对话框，调用 showSaveDialog()方法显示保存文件的对话框，它们的一般书写格式为

```
public int showOpenDialog(Component parent) throws HeadlessException
public int showSaveDialog(Component parent) throws HeadlessException
```

其中，参数 parent 指定对话框可见时的位置，如果 parent 为 null，对话框会在显示器的正前方显示；如果 parent 不为 null，对话框在组件 parent 的正前方居中显示。

当单击文件对话框上的相应按钮时，文件对话框将消失，showOpenDialog()方法和 showSaveDialog()方法将返回下列 int 类型值之一：

```
JFileChooser.APPROVE_OPTION  //相当于单击“确定”按钮
JFileChooser.CANCEL_OPTION   //相当于单击“取消”按钮
```

例题 8-24　封装了一类文件打开和保存对话框使用的程序，程序运行结果如图 8-27 所示。

```
//Test8_24.java
public class Test8_24 {
   public static void main(String[] args){
      FileChooserFrame fcf=new FileChooserFrame("文件对话框");
   }
}
/*
*FileChooserFrame.java
*该类封装了文件对话框中的打开文件和保存文件程序。打开文件时将指定目录下的文件内容读取并
*显示在文本区内，保存文件时将文本区内的内容写到指定目录下的文件中
*/
import java.awt.*;
import javax.swing.*;
import java.awt.event.*;
import java.io.*;
public class FileChooserFrame extends JFrame implements ActionListener {
   JFileChooser filechooser;
   JMenuBar menubar;
   JMenu menu;
   JMenuItem openItem,saveItem;
   JTextArea jta;
   FileReader fileReader;                //文件字符输入流
   BufferedReader bufferReader;          //文件字符缓冲输入流
   FileWriter fileWriter;                //文件字符输出流
   BufferedWriter bufferWriter;          //文件字符缓冲输出流
   public FileChooserFrame(String title){
      super(title);
      filechooser=new JFileChooser();
      menubar=new JMenuBar();
      menu=new JMenu("文件");
      openItem=new JMenuItem("打开文件");
      saveItem=new JMenuItem("保存文件");
      openItem.addActionListener(this);
      saveItem.addActionListener(this);
      menu.add(openItem);
      menu.add(saveItem);
      menubar.add(menu);
      setJMenuBar(menubar);
      jta=new JTextArea(10,10);
      jta.setFont(new Font("楷体_gb2312",Font.PLAIN,20));
      add(new JScrollPane(jta),BorderLayout.CENTER);
      //设置窗口属性
      setBounds(600,400,300,200);
      setVisible(true);
      setDefaultCloseOperation(JFrame.EXIT_ON_CLOSE);
   }
```

```
    public void actionPerformed(ActionEvent e){
        if(e.getSource()==saveItem){//打开“保存”文件对话框
            int state=filechooser.showSaveDialog(this);
            if(state==JFileChooser.APPROVE_OPTION){
                try{
                    //指定当前文件和当前目录
                    File dir=filechooser.getCurrentDirectory();
                    String name=filechooser.getSelectedFile().getName();
                    File file=new File(dir,name);
                    fileWriter=new FileWriter(file);
                    bufferWriter=new BufferedWriter(fileWriter);
                    bufferWriter.write(jta.getText());
                    fileWriter.close();
                    bufferWriter.close();
                }catch(IOException ex){
                    ex.printStackTrace();
                }
            }
        }else if(e.getSource()==openItem){
            int state=filechooser.showOpenDialog(this);//打开“打开”文件对话框
            if(state==JFileChooser.APPROVE_OPTION){
                jta.setText(null);
                try{
                    //指定当前文件和当前目录
                    File dir=filechooser.getCurrentDirectory();
                    String name=filechooser.getSelectedFile().getName();
                    File file=new File(dir,name);
                    fileReader=new FileReader(file);
                    bufferReader=new BufferedReader(fileReader);
                    String s=null;
                    while((s=bufferReader.readLine())!=null){
                        jta.append(s+"\n");
                    }
                    fileReader.close();
                    bufferReader.close();
                }catch(IOException ex){
                    ex.printStackTrace();
                }
            }
        }
    }
}
```

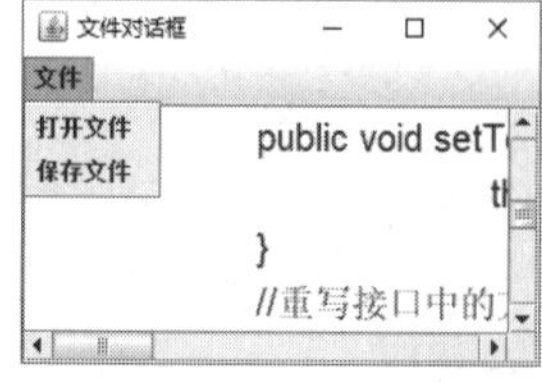

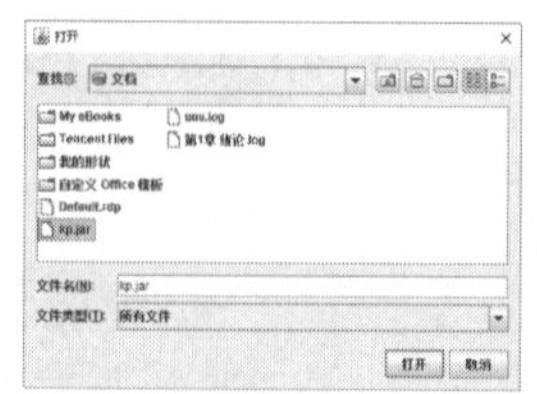
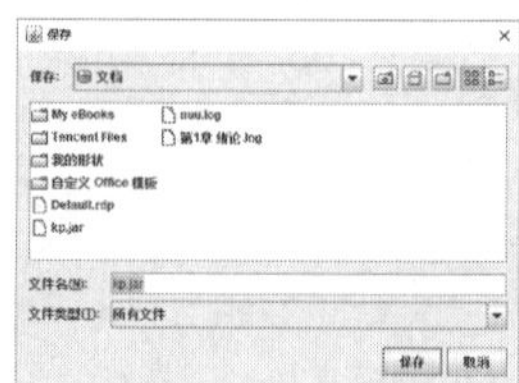

图 8-27　文件对话框在窗口中的显示

3. 颜色对话框

在 Java GUI 程序中经常会用到对文本或图形设置颜色，javax.swing 包中提供了 JColorChooser 类，它可以显示一个颜色选择对话框，利用这个选择对话框选取颜色并应用到程序中，该对话框是有模式对话框。JColorChooser 类并不是 JDialog 类的子类，使用构造方法创建一个 JColorChooser 对象后，需要调用 showDialog()方法显示选择颜色的对话框，它的一般书写格式为：

```
public static Color showDialog(Component component, String title,
                    Color initialColor) throws HeadlessException
```

其中，参数 component 指定对话框可见时的位置，如果 component 为 null，对话框会在显示器的正前方显示；如果 component 不为 null，对话框在组件 component 的正前方居中显示。

参数 title 指定对话框的标题。

参数 initialColor 指定颜色对话框返回的初始颜色。

当选择相应的颜色后，如果单击“确定”按钮，颜色对话框将消失，showDialog()方法返回对话框所选择的颜色对象；如果单击“取消”按钮或“关闭”图标，颜色对话框将消失，showDialog()方法返回 null。

例题 8-25　封装了一类颜色对话框使用的程序，程序运行结果如图 8-28 所示。

```
//Test8_25.java
public class Test8_25 {
   public static void main(String[] args){
      ColorChooserFrame ccf=new ColorChooserFrame("颜色对话框");
   }
}
/*
*ColorChooserFrame.java
*该类封装了颜色对话框使用的程序，选择颜色为当前容器的背景色
*/
import java.awt.*;
import javax.swing.*;
import java.awt.event.*;
public class ColorChooserFrame extends JFrame implements ActionListener {
   JButton jbt;
   public ColorChooserFrame(String title){
      super(title);
      jbt=new JButton("打开颜色对话框");
      jbt.addActionListener(this);
      setLayout(new FlowLayout());
      add(jbt);
      //设置窗口属性
      getContentPane().setBackground(Color.RED);
      setBounds(600,400,300,200);
      setVisible(true);
      setDefaultCloseOperation(JFrame.EXIT_ON_CLOSE);
   }
   public void actionPerformed(ActionEvent e){
      //打开颜色对话框，返回当前容器的背景颜色
      Color newColor=JColorChooser.showDialog(this,"颜色",
```

```
getContentPane().getBackground());
        if(newColor!=null){//选择指定颜色设置为当前容器的背景颜色
            getContentPane().setBackground(newColor);
        }
    }
}
```

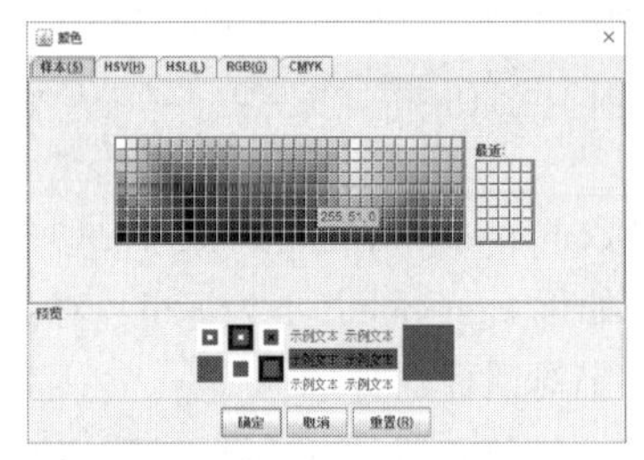

图 8-28　颜色对话框在窗口中的显示

8.5.2　自定义对话框

对话框作为一个顶层容器组件，它的创建和窗口框架的创建相同，默认布局管理器类为 BorderLayout。通过建立 javax.swing.JDialog 的子类封装一个自定义的对话框，在该对话框中设置布局，添加组件并响应事件。对话框不能添加到其他容器中，必须依赖于一个窗口或对话框，只能由其他组件的事件处理器将对话框显示在系统显示器上。JDialog 类的常用构造方法见表 8-22。

表 8-22　JDialog 类的常用构造方法

构 造 方 法	说　　明
public JDialog()	创建一个没有标题的初始不可见的对话框
public JDialog(Dialog owner)	创建一个没有标题的初始不可见的依赖于对话框 owner 的对话框
public JDialog(Dialog owner, boolean modal)	创建一个没有标题的初始不可见、指定 modal 模式、依赖于对话框 owner 的对话框
public JDialog(Frame owner, String title, boolean modal)	创建一个标题为 title 的初始不可见，指定 modal 模式，依赖于窗口 owner 的对话框

例题 8-26　封装了一类自定义对话框使用的程序，程序运行结果如图 8-29 所示。

```
//Test8_26.java
public class Test8_26 {
    public static void main(String[] args){
        DialogFrame df=new DialogFrame("自定义对话框");
    }
}
/*
*DialogFrame.java
*该类封装了使用自定义对话框的程序。当前容器的按钮对象触发事件先显示一个对话框对象。在
*对话框的文本框中输入文本，并将该文本设为顶层容器的新标题
*/
import java.awt.*;
import javax.swing.*;
import java.awt.event.*;
public class DialogFrame extends JFrame implements ActionListener{
```

```
    JButton jbt;
    MyDialog mydia;//定义自定义对话框对象
    public DialogFrame(String title){
        super(title);
        jbt=new JButton("打开对话框");
        jbt.addActionListener(this);
        add(jbt,BorderLayout.NORTH);
        //对话框依赖于当前窗口且为有模式
        mydia=new MyDialog(this,"我的对话框",true);
        //设置窗口属性
        setBounds(600,400,300,100);
        setVisible(true);
        setDefaultCloseOperation(JFrame.EXIT_ON_CLOSE);
    }
    public void actionPerformed(ActionEvent e){
        mydia.setVisible(true);//单击按钮后显示对话框
        String str=mydia.getTitle();
        setTitle(str);//将输入的文本设置为当前窗口的新标题
    }
}
/*
*MyDialog.java
*该类封装了使用自定义对话框作为 JDialog 子类的程序。与定义 JFrame 的方法相同
*/
import java.awt.*;
import javax.swing.*;
import java.awt.event.*;
public class MyDialog extends JDialog implements ActionListener {
    JTextField jtf;
    String title;
    //定义一个无参数构造方法
    public  MyDialog(){
    }
    //定义一个有三个参数构造方法
    public  MyDialog(JFrame frame,String stitle, boolean modal){
        super(frame,stitle,modal);
        jtf=new JTextField(10);
        jtf.addActionListener(this);
        setLayout(new FlowLayout());
        add(new JLabel("输入待设定标题"));
        add(jtf);
        //设置对话框属性
        setBounds(60,60,200,100);
        setDefaultCloseOperation(JFrame.DISPOSE_ON_CLOSE);
    }
    public void actionPerformed(ActionEvent e){
        title=jtf.getText();
        setVisible(false);//在文本框中按下【Enter】键后，对话框消失
    }
    public String getTitle(){
        return title;
    }
}
```

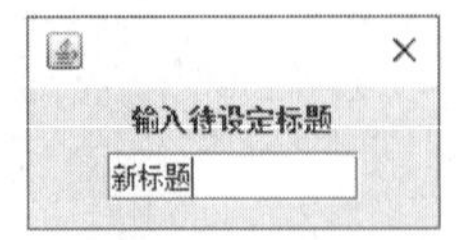

图 8-29　自定义对话框在窗口中的显示

拓展阅读

为了扩展 Java GUI 程序设计的新思路，发挥 Java GUI 程序设计的新优势，Java 提出了 JavaFX 的概念。JavaFX 是一个强大的图形和多媒体处理工具包集合，它使用 FXML 来设计和布局界面，能够帮助程序员设计、创建、测试、调试和部署 Java 桌面 GUI 程序，包括动画和 CSS 集成。JavaFX 应用的创建跟普通的 Java 应用创建一样，不过 JavaFX 的应用主程序需要继承 Application 这个类。

习　题

1. 封装一个 JFrame，标题为“计算的窗口”，在该窗口中组件的布局是 FlowLayout。窗口中添加两个文本区，当在一个文本区中输入若干个数时，另一个文本区同时对输入的数进行求和运算并求出平均值，也就是说随着输入的变化，另一个文本区不断地更新求和及平均值。

2. 编写一个算术测试程序。封装一个 Teacher 类负责给出算术题目，随机给出两个整数并进行运算，判断回答者的答案是否正确；封装一个 GUI 类 ComputerFrame，回答者可以通过 GUI 看到题目并给出答案；封装一个程序执行入口类运行该程序。GUI 界面如图 8-30 所示。

3. 编写模拟一个信号灯的程序。在 JFrame 的北面添加一个下拉列表，该下拉列表有默认“信号”“红灯”“绿灯”“黄灯”选项。在窗口的中心添加一个画布，当用户在下拉列表选择某项后，在画布上画出相应的信号灯。封装一个 Canvas 的子类 SignalCanvas，负责画灯；封装一个 GUI 类，实现选择画图。封装一个程序执行入口类测试该程序。GUI 界面如图 8-31 所示。

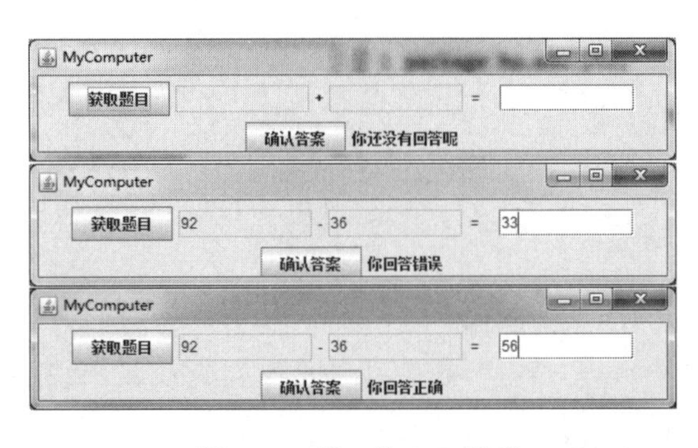

图 8-30　题 2 的 GUI 界面

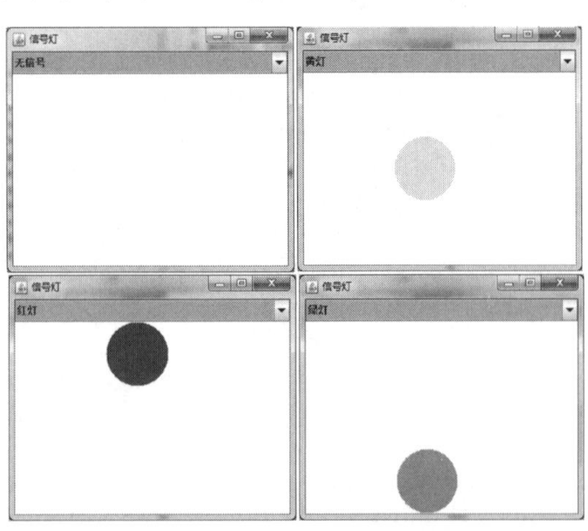

图 8-31　题 3 的 GUI 界面

4. 编写一个应用程序，要求封装一个 Panel 的子类 MyPanel，MyPanel 中有一个文本框和一个按钮，要求 MyPanel 的实例作为其按钮的 ActionEvent 事件的监视器，当单击时，程序获取文本框中的文本，并将该文本作为按钮的名称。再封装一个 JFrame 的子类，即窗口，窗口的布局为 BorderLayout，窗口中添加两个 MyPanel 面板，分别添加到窗口的东面和西面。封装一个程序执行入口类进行测试。

5. 编写一个类似于 Windows 系统中的记事本程序，主要学习对话框和窗口的有机结合。

6. 封装一个求一元二次方程根的类 SquareEquation，要求考虑解方程的异常，再封装一个窗口类 EquationFrame。要求窗口使用三个文本框和一个文本区，其中三个文本框用来显示并更新方程对象的系数，文本区用来显示方程的根。窗口中有一个按钮，用户单击按钮后，程序用文本框中的数据修改方程的系数，并将方程的根显示在文本区中。最后封装一个程序执行入口类进行测试。GUI 界面如图 8-32 所示。

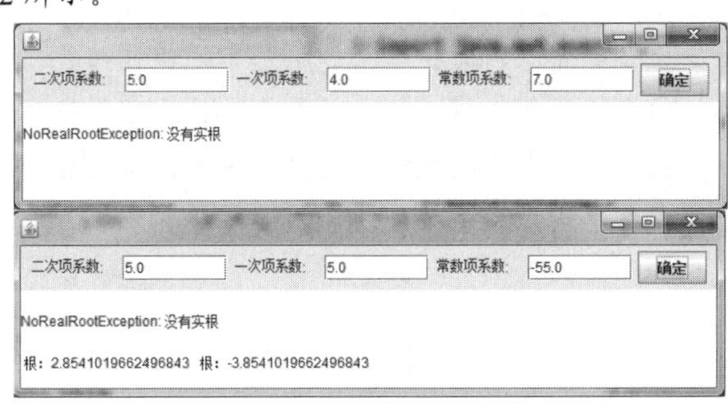

图 8-32　题 6 的 GUI 界面

7. 封装一个 FontFamily 类，该类对象获取当前机器可用的全部字体名称。封装一个对话框 FontDialog，该对话框是有模式对话框，采用 BorderLayout 布局，包含一个 JComboBox 放在北面显示全部字体的名称，包含一个 JLabel 放在中间，显示字体的效果；包含两个按钮放在南面。单击 Yes 按钮，在对话框所依赖的窗口中设置字体的效果；单击 Cancel 按钮取消。封装一个窗口 FrameHaveDialog，该窗口有一个按钮和一个文本区，当单击该按钮时，弹出对话框 FontDialog，然后根据用户在对话框下拉列表中选择的字体显示文本区中的文本。最后封装一个程序执行入口类进行测试。GUI 界面如图 8-33 所示。

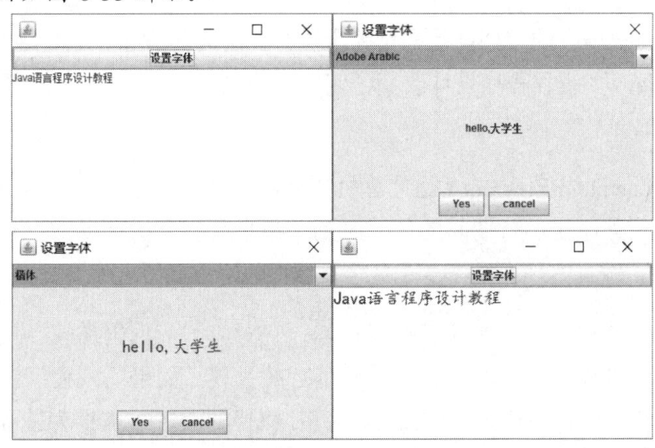

图 8-33　题 7 的 GUI 界面

第9章　多　线　程

现代计算机运行时，多项任务可以同时执行是一项基本的操作功能。当前的计算机系统和各种运行平台都支持并行执行独立任务的特性。随着计算机多核处理器技术的不断发展，并行处理任务显得越来越重要。在单核处理器中，要模拟并行处理技术，就需要程序设计一种并发处理机制。Java 语言提供了用于并发程序设计的多线程机制，利用这种机制，可以完成许多单一任务无法完成的功能。

9.1　概　　述

一台计算机可以同时执行多个程序，比如可以在使用文字编辑器进行文字处理同时运行音乐播放器进行音乐欣赏，还可以同时打开多个文字编辑器、多个网页浏览器等。从宏观上看，每个文字编辑器、音乐播放器和网页浏览器分别对应一个程序，它们可以同时处于运行的状态。深入到每个程序内部，每个程序又包含多个独立的子任务同时在运行，这些子任务在 Java 语言程序设计中称为多线程。Java 虚拟机就是通过多线程机制提高程序运行效率的。合理地进行多线程程序设计，可以更加充分地利用各种计算机资源，提高程序的执行效率。

9.1.1　基本概念

在本章之前，Java 语言的程序设计都是单个执行控制流，都有一个开始入口、一个总体执行顺序和一个结束点。Java 多线程程序设计改变了传统顺序执行流的结构，会出现多个结束点的情况。

1．程序

计算机程序（Computer Program）是计算机执行的一系列指令序列，是一段静态的代码，是应用软件执行的蓝本。程序在执行期间的任一时刻，都只有一个执行点。

2．进程

进程（Process）是程序的一次动态执行过程，它对应了从代码加载、执行到执行完毕的一个完整执行流，这也是进程本身从产生、发展到消亡的过程。如果一段程序没有被加载和执行，它就不能成为一个进程。也就是说，一个正在被 CPU 执行的程序才被称为进程，它独立地占有整个单个 CPU 资源，通常描述整个程序的执行状态。

3．多任务

多任务（Multitasking）是指 CPU 在同一时刻运行多个程序的能力。一个程序同时被加载多次或多个不同的程序同时被加载并在同一时刻运行就称为多任务状态。多任务状态下，单 CPU 会轮流执行每个任务，操作系统将 CPU 的时间片分配给每一个进程，使得每个进程都有机会使用 CPU 资源，此时就有了并行处理的感觉。现在，几乎每台计算机都有多个 CPU 处理器（多核计算机），但是并行执行的进程数目并不是由 CPU 数目制约的。在多任务状态下，每个进程都有独立的代码和数据空间，彼此之间不能交互数据。为了制造并行执行的现象，CPU 必须在各个进程之间快速切换，当 CPU 切换执行进程时，进程切换的开销是比较大的。

4．线程

线程（Thread）是描述一个程序变成进程时，在进程内部多个独立活动的执行状态，这些独立活动之间会共享该进程的内存资源。一个进程在执行过程中，可以形成多条执行代码控制流，每一条执行代码流就是一个线程。线程是比进程更小的执行单位，当在同一个进程内部有多个代码流同时执行，这多个代码流就成为多线程（MultiThread）。每一个线程都有自己的开始入口、执行顺序和结束点，多线程的操作就形成了程序的并发状态。但是线程不是程序，它自己本身不能运行，必须在程序主入口中被加载才可以在程序中运行。既然进程独立占有一块内存空间，而线程是存在于一个进程中，当一个进程中有多个线程时，这多个线程就可以共享这一块内存空间（这会造成数据共享的不一致，使得计算机数据不安全，后面章节将会专门解决此问题）。相对于“重量级”的进程，线程就显得“轻量级”了。

当一段完整的程序被加载到计算机内存中被执行时就形成一个进程，如果一个进程中只有一个线程，称为单进程单线程，就类似于一个人（单线程）在一张桌子（单进程）上吃饭。如果一个进程中有多个线程，称为单进程多线程，就类似于多个人（多线程）在一张桌子（单进程）上吃饭。如果有多个进程同时在被执行，每个进程都只有一个线程，称为多进程单线程，就类似于多个人（多线程），每个人都在自己的桌子（单进程）上吃饭。如果有多个进程同时在被执行，每个进程都有多个线程，称为多进程多线程，就类似于有多张桌子（多进程），每张桌子上都有多个人（多线程）在吃饭。在计算机中运行某个软件，相当于打开一个进程。在这个软件运行的过程中（在这个进程里），多个工作支撑完成该软件运行，那么这“工作”分别有一个线程。例如：启动 QQ 软件就相当于打开一个进程，运行迅雷就又打开一个进程。在 QQ 的这个进程中，传输文字打开一个线程，传输语音又打开了一个线程或者弹出对话框又打开一个线程，所以一个进程负责多个线程的同时执行。

9.1.2　线程的执行

Java 语言在程序设计上具有支持多线程开发的特点，能够设计出同时处理多个任务的应用程序。与多进程的执行过程称为并行程序相类似，在一个进程内部存在多线程时，就相当于几个事情在同时发生，由于它是在进程内部进行的，称为并发程序，Java 虚拟机会快速地从一个线程切换到另一个线程，轮流执行每一个线程，使得每个线程都有机会使用 CPU 资源。从 Java 面向对象程序设计的角度来说，线程也是一种封装类，执行线程时首先要创建某个线程类的对象，由该对象调用自己的成员变量或成员方法。

每个 Java Application 应用程序都有一个默认的主线程，当 Java Application 应用程序从执行主类的入口 main()方法开始执行时，就是 Java 虚拟机加载代码到内存中执行程序顺序流的过程，发现 main()方法后就会自动启动一个线程，称为主线程，该线程负责执行 main()的方法体。在 main()

的方法体内再创建的线程对象，称为程序中的其他线程，该应用程序称为多线程程序。如果 main()方法中没有创建其他线程，该程序称为单线程程序，当 main()执行完最后一条语句，即 main()方法遇到 return 语句时，JVM 就会结束程序的运行。如果在多线程程序中，JVM 会在主线程和其他线程之间轮流切换，保证每个线程都有机会使用 CPU 资源，此时即使 main()方法执行完最后的语句（主线程结束），JVM 也不会结束 Java 应用程序，JVM 一直要等到 Java 应用程序中的所有线程都执行结束后，才结束应用程序。

当内存中加载了多个进程时，计算机的操作系统让各个进程轮流执行，当轮到 Java Application 应用程序的进程时，JVM 就保证让当前进程的多个线程都有机会使用 CPU 资源，即让多个线程轮流执行。如果计算机有多个 CPU 处理器，JVM 就能充分利用这些 CPU，以获得真实的线程并发执行效果。

例如有如下的一段代码：

```
public class LoopTest {
   public static void main(String[] args){
      while(true){
         System.out.println("The first loop!");
      }
      while(true){
         System.out.println("The second loop!");
      }
   }
}
```

如果执行上述单线程代码，第二个 while 循环永远没有机会得到执行。有了 Java 多线程技术，要想让两个 while 循环体都有机会得到执行，就可以在 main()主线程中创建两个线程，每个线程执行一个 while 循环。即 JVM 负责管理这三个线程，每个线程将被轮流执行，一个线程中的 while 循环执行一段时间后，就会轮到另一个线程中的 while 循环执行一段时间或主线程执行一段时间，使得每个线程都有机会使用 CPU 资源。

9.2 线　　程

Java 是一种面向对象的程序设计语言，类是 Java 程序的重要组成部分，编写线程程序也不例外。编写线程程序主要是创建线程类的对象，java.lang 包中的 Thread 类是线程封装的模型。

9.2.1 线程的创建

封装线程对象的类是编写线程的基础，Java 语言中封装线程类的方式主要有两种：一种是通过封装 Thread 类的子类，另一种是封装实现接口 java.lang.Runnable 的类。

1. 通过继承方式创建线程

通过创建 java.lang 包中的 Thread 类的对象就可创建一个线程，要使该线程具有实际的含义，就必须封装一个 Thread 类的子类。Thread 类的构造方法有多种重载形式，见表 9-1。

表 9-1　Thread 类的构造方法

构 造 方 法	说　　明
public Thread()	创建一个空的线程对象

续表

构 造 方 法	说　　明
public Thread(Runnable target)	创建一个实现 Runnable 接口类对象的线程对象
public Thread(ThreadGroup group,Runnable target)	创建一个实现 Runnable 接口类对象且属于 group 线程组的线程对象
public Thread(String name)	创建一个名为 name 的线程对象
public Thread(ThreadGroup group,String name)	创建一个名为 name 且属于 group 线程组的线程对象
public Thread(Runnable target,String name)	创建一个实现 Runnable 接口类对象且名为 name 的线程对象
public Thread(ThreadGroup group, Runnable target,String name)	创建一个实现 Runnable 接口类对象且属于 group 线程组，名为 name 的线程对象

在编写 Thread 类的子类时，必须要重写超类的 run()方法，在 run()方法体内编写线程的具体操作代码，否则线程就什么都不做，因为超类的 run()方法体内没有任何操作语句，它的一般书写格式为

```
public void run(){…}
```

线程对象创建后，必须通过调用 Thread 类的 start()方法才会让其成为一个线程，只有执行完 run()方法后，该线程才会结束运行。

例题 9-1　封装了一类线程对象，程序运行结果如图 9-1 所示。

```
/*
*Test9_1.java
*该执行主类中一共由三个线程，一个主线程，还有两个线程。这两个线程模拟两只蚂蚁准备吃掉
*主线程提供的蛋糕。两只蚂蚁线程轮流吃蛋糕，当蛋糕被吃完时，两只蚂蚁线程结束
*/
public class Test9_1 {
    public static void main(String[] args){            //主线程
        Cake cake=new Cake(20);                        //创建蛋糕对象
        System.out.println("蛋糕大小为"+cake.getSize()+"克");
        Ant whiteAnt=new Ant("白蚂蚁",cake);            //创建线程对象
        Ant blackAnt=new Ant("黑蚂蚁",cake);            //创建线程对象
        whiteAnt.start();//线程调用 start()表示加载，准备被 JVM 轮流执行
        blackAnt.start();//线程调用 start()表示加载，准备被 JVM 轮流执行
        //whiteAnt.run();//是主线程的一部分，不是 white 线程对象的
        System.out.println("主线程结束");
          //该语句不一定是最后执行
    }
}
/*
*Cake.java 封装了蛋糕对象
*/
public class Cake {
    int size;
    public Cake(){
    }
    public Cake(int size){                    //默认蛋糕的克数
        this.size=size;
    }
    public void setSize(int size){            //定制蛋糕的克数
```

图 9-1　使用继承方式创建线程

```
        this.size=size;
    }
    public int getSize(){                    //当前蛋糕的克数小
        return size;
    }
    public void eated(int m){                //蛋糕被吃掉m克
        if(size-m>=0)
            size=size-m;
    }
}
/*
*Ant.java
*该类封装了Thread类的子类，模拟蚂蚁吃蛋糕，在吃蛋糕时，主动休息片刻，可以让出CPU的
*使用权，即主动让另外的线程得到CPU资源的机会。由于Thread类是java.lang包提供，所
*以不用导入包
*/
public class Ant extends Thread {
    Cake cake;
    Ant(String name,Cake ca){
        super(name);//调用超类的构造方法，为线程设置名字
        cake=ca;
    }
    //必须重写超类的run()方法，线程的操作都放在该方法体内
    public void run(){
        while(true){                //只要蛋糕尺寸还有，就一直吃
            int n=2;                //假设一口吃2克
            System.out.print(this.getName()+"吃"+n+"克蛋糕.");
            cake.eated(n);          //蚂蚁吃蛋糕
            System.out.println(getName()+"发现蛋糕还剩"+cake.getSize()+"克");
            try{
                this.sleep(1000);  //调用超类的sleep方法
            }catch(InterruptedException i){
                i.printStackTrace();
            }
            if(cake.getSize()<=0){
                System.out.println(getName()+"线程结束");
                return;//结束run()方法，也就是结束线程
            }
        }
    }
}
```

在例题9-1中的main()主线程方法体内，创建了两个Ant类的实例，Ant类是Thread类的子类，这两个实例对象调用start()方法将其加载到JVM中等候分配CPU资源，让CPU分配时间片给每个线程以方便轮流执行它们的run()方法，如果直接调用run()方法，CPU资源并不认为这是线程，只是作为主线程的语句来执行。当加上主线程在内的三个线程被轮流执行时，在具体某一个时间片，到底执行的是哪个线程，这要完全由CPU调度来决定。尽管调度策略是一定的，但在每次执行程序时，计算机的状态并不确定，所以每次执行时，调度的结果是随机的，线程的每次输出也是随机的，而且每次程序执行时，这多个线程谁先结束也是随机的。

2. 通过实现 Runnable 接口的方式创建线程

通过创建 Thread 类的子类的方式创建线程虽然简单方便，可以增加新的成员变量和新的成员方法，但是必须把 Thread 类作为其直接超类。而 Java 语言只支持单重继承，假如该类还需要一个直接超类，按照单重继承的原则，上述途径就不可行了。为了解决此问题，Java 语言提供了使用实现 Runnable 接口的方式。使用 Runnable 接口比使用 Thread 类的子类更具有灵活性。

java.lang 包中的 Runnable 接口只封装了一个 run()方法：

```
public void run()
```

任何实现该接口的类都必须重写该方法。定义好 run()方法后，创建线程时，应该用 Thread 类的构造方法直接创建线程对象，使用构造方法的一般书写格式为

```
public Thread(Runnable target)
```

该构造方法中的参数为一个 Runnable 类型的接口，在创建线程对象时必须向构造方法的参数传递一个实现 Runnable 接口类的实例，该实例对象称为线程的目标对象。当线程调用 start()方法后，一旦轮到它来应用 CPU 资源，目标对象就会自动调用接口中被重写的 run()方法，当 run()方法体被执行完后，该目标对象就结束了。

例题 9-2 对例题 9-1 进行改动，使用实现 Runnable 接口的方式创建线程，Cake 类仍然采用例题 9-1 的封装，程序的运行结果如图 9-2 所示。

```
/*
*Test9_2.java
*该执行主类中一共有三个线程，一个主线程，还有两个线程。这两个线程类是通过 Thread 类创建，
*因为 AnotherAnt 类并不是线程类或其子类。
*模拟两只蚂蚁准备吃掉主线程提供的蛋糕，两只蚂蚁线程轮流吃蛋糕，当蛋糕被吃完时，两只蚂蚁线程结束
*/
public class Test9_2 {
    public static void main(String[] args){        //主线程
        Cake cake=new Cake(20);                     //创建蛋糕对象
        System.out.println("蛋糕大小为"+cake.getSize()+"克");
        AnotherAnt ant1=new AnotherAnt(cake);       //创建对象，并不是线程
        //AnotherAnt ant2=new AnotherAnt(cake);     //创建对象，并不是线程
        Thread whiteAnt=new Thread(ant1);//将对象 ant1 作为参数创建线程对象
        Thread blackAnt=new Thread(ant1);//将对象 ant2 作为参数创建线程对象
        whiteAnt.setName("白蚂蚁");//调用 Thread 类的方法给线程对象命名
        blackAnt.setName("黑蚂蚁");//调用 Thread 类的方法给线程对象命名
        whiteAnt.start();//线程调用 start()表示加载，准备被 JVM 轮流执行
        blackAnt.start();//线程调用 start()表示加载，准备被 JVM 轮流执行
        //whiteAnt.run();//此语句没有结果，因为该对象中的 run()方法没有被重写
        //ant1.run();//此语句是主线程的，仅仅表示 ant1 对象调用了 run()方法
        System.out.println("主线程结束");//该语句不一定是最后执行
    }
}
/*
*AnotherAnt.java
*该类封装了实现 Runnable 接口的类，模拟蚂蚁吃蛋糕，在吃蛋糕时，主动休息片刻，可以让出 CPU
*的使用权，即主动让另外的线程得到 CPU 资源的机会。该类不是 Thread 类或其子类
```

```
*/
public class AnotherAnt implements Runnable {
    int n=2;//假设一口吃 2 克

    Cake cake;
    AnotherAnt(Cake ca){
        cake=ca;
    }
    //必须重写超类的 run()方法，线程的操作都放在该方法体内
    public void run(){
        while(true){                    //只要蛋糕尺寸还有，就一直吃
            System.out.print(Thread.currentThread().getName()+"吃"+n+"克蛋糕.");
            cake.eated(n);              //蚂蚁吃蛋糕
            System.out.println(Thread.currentThread().getName()+" 发 现 蛋 糕 还 剩
"+cake.getSize()+"克");
            try{
                Thread.sleep(1000);//调用 Thread 类的静态 sleep()方法
            }catch(InterruptedException i){
                i.printStackTrace();
            }
            if(cake.getSize()<=0){
                System.out.println(Thread.currentThread().getName()+"线程结束");
                return;//结束 run 方法
            }
        }
    }
}
```

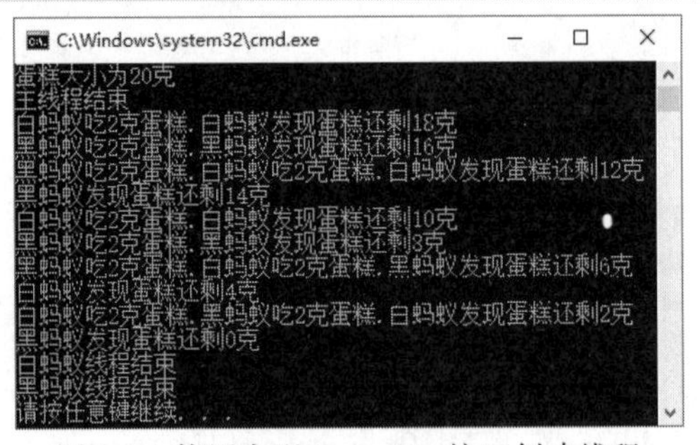

图 9-2　使用实现 Runnable 接口创建线程

在例题 9-2 中的 main()主线程方法体内，创建了两个 AnotherAnt 类的实例，但是这两个实例对象并不是 Thread 类，只有把它们作为参数传递给 Thread 类的构造方法才能创建出相应的线程实例，这两个线程实例调用 start()方法将其加载到 JVM 中等候分配 CPU 资源，让 CPU 分配时间片给每个线程，每个线程自动回调 Runnable 接口中被重写的 run()方法，如果直接调用 run()方法，CPU 资源并不认为这是线程，只是作为主线程的语句来执行。当加上主线程在内的三个线程被轮流执行时，在具体某一个时间片，到底执行的是哪个线程，这要完全由 CPU 调度来决定。尽管调度策略是一定的，但在每次执行程序时，计算机的状态并不确定，所以每次执行时，调度的结果是随机的，线程的每次输出也是随机的，而且每次程序执行时，这多个线程谁先结束也是随机的。

9.2.2 线程的功能与实现

Thread 类作为 java.lang 包提供的常用类，是 Object 类的子类，继承了 Object 类的所有方法。当创建了一个 Thread 类的线程实例后，就可以调用 Thread 类的所有方法去实现多线程的功能了。Thread 类的常用方法见表 9-2。

表 9-2 Thread 类的常用方法

方　法	说　明
static Thread currentThread()	获取当前正在被执行的线程对象
final String getName()	返回当前线程的名称
final void setName(String name)	修改当前线程的名称
final int getPriority()	返回当前线程的优先级的 int 类型值
final void setPriority(int newPriority)	修改当前线程的优先级
final ThreadGroup getThreadGroup()	返回当前线程所属的线程组
void interrupt()	中断线程
final boolean isAlive()	判断当前线程是否处于活动状态
final void join(long millis)throws InterruptedException	等待该线程终止
void run()	重写线程执行代码
static void sleep(long millis)throws InterruptedException	在指定的毫秒数内让当前正在执行的线程休眠（暂停执行）
void start()	设置线程进入等待运行状态
static void yield()	暂停当前正在执行的线程对象，并执行其他线程
final void notify()	继承自 Object 类，唤醒一个正在等待的线程
final void notifyAll()	继承自 Object 类，唤醒所有正在等待的线程
final void wait(long timeout)throws InterruptedException	继承自 Object 类，当前线程进入等待指定的毫秒数状态

1. start()方法

线程对象调用 start()方法将启动线程，让该线程对象进入 CPU 调度状态，一旦轮到它来使用 CPU 资源，就可以脱离创建它的线程开始独立执行自己的线程。当线程调用 start()方法后，就不能再次调用了，否则将抛出 IllegalThreadStateException 异常。start()方法仅仅是启动线程进入 CPU 调度的标志，没有执行线程的具体操作。

2. run()方法

Thread 类的 run()方法与 Runnable 接口的 run()方法功能和作用相同，都用来定义线程对象被调度后所执行的操作代码，它是系统自动调用且线程必须引用的方法。Thread 类的默认 run()方法体中没有代码，只有当线程对象创建时并重写该方法才可以实现具体操作。判断一个线程是否结束，就是判断 run()方法是否执行完毕，它是线程释放内存的唯一标志。在 run()方法没有执行结束之前，再调用 start()方法是没有意义的。

3. sleep()方法

CPU 在进行线程的调度时是随机分配时间片的，有时会给某些线程优先执行的机会，当这些优先被执行的线程未结束时，其他线程是没有机会被执行的，为了让那些没有优先机会的线程得到优先机会，可以在优先级别高的线程的 run()方法中调用 Thread.sleep(int longSecond)静态方法让其放弃 CPU 资源，睡眠一段时间。睡眠时间的长短由 int 类型的毫秒单位参数决定，如果线程在睡眠状态时被唤醒，系统将抛出 InterruptedException 异常，因此，sleep 方法必须由 try{ … }catch(){ … }语句块进行处理。

4. isAlive()方法

线程被创建出实例后，调用 isAlive()方法返回值为 false。当一个线程调用 start()方法并占有 CPU 资源后，该线程的 run()方法就开始执行，在线程的 run()方法没有结束之前，线程调用 isAlive()方法返回值为 true。当线程执行完 run 方法后，线程仍然可以调用 isAlive()方法，此时返回值为 false。

如前所述，一个正在运行的线程没有执行完 run()方法时，不能再创建同一个线程实例，由于线程只能引用最后分配的对象，先前的对象引用就成了垃圾，并且不能被 Java 系统收回，因为 JVM 认为那个垃圾实例正在运行，如果突然释放，可能引起错误甚至设备的毁坏。

例题 9-3 封装了一个线程分配两次的程序，程序运行结果如图 9-3 所示。

```
//Test9_3.java
public class Test9_3 {
    public static void main(String[] args){
        TimeThread tt=new TimeThread();
                                //创建目标对象
        Thread showTime=new Thread(tt);
                                //创建线程对象
        showTime.start();//线程被加载
    }
}
/*
*TimeThread.java
*该类封装了实现 Runnable 接口的类，实现线程每隔 1 s 输出本地时间。在 3 s 后，该线程又被
*重新创建实例，并进入调度状态，之前的实例就成为垃圾，但该垃圾仍在执行，输出结果中每秒能
*看到两行相同的本地时间。要想避免这种问题，创建实例之前应该用 isAlive()方法进行判断
*/
import java.util.Date;
import java.text.SimpleDateFormat;
public class TimeThread implements Runnable {
    int time=0;
    SimpleDateFormat sm=new SimpleDateFormat("hh:mm:ss");
    Date date;
    public void run(){
        while(true){//此处用的是死循环，想要结束，按【Ctrl+C】组合键即可
            date=new Date();
            System.out.println(sm.format(date));
            time++;
            try{
                Thread.sleep(1000);//线程睡眠 1000 ms
            }catch(InterruptedException e){
                e.printStackTrace();
            }
            if(time==3){//重新创建同样的实例
                Thread thread=new Thread(this);//当前对象作为线程
                thread.start();
```

```
            }
        }
    }
}
```

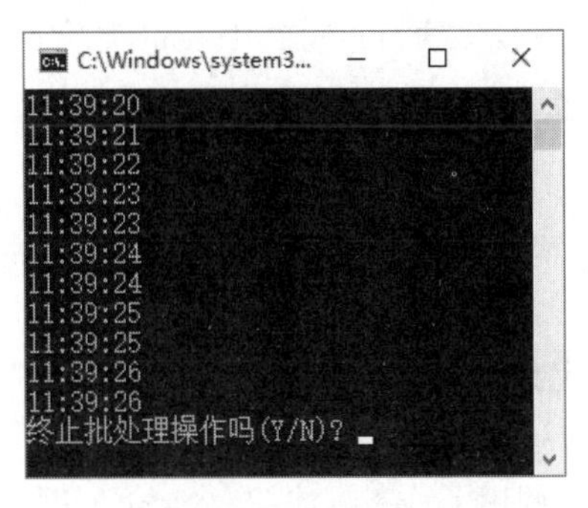

图 9-3　同一线程被分配两次的显示

9.2.3　线程的状态和生命周期

由于线程是运行在进程内部的，可以把线程看作比进程单位更小的进程单元，所以它也像进程一样有一个从产生到消亡的生命周期。在一个线程的生命周期内，它总是处于某一种状态，线程的状态表示了线程正在进行的活动以及它在这段时间内线程能完成的任务。在正常的程序流程中，线程一般要经历五种状态：新建状态、就绪状态、运行状态、中断状态和消亡状态，如图 9-4 所示。

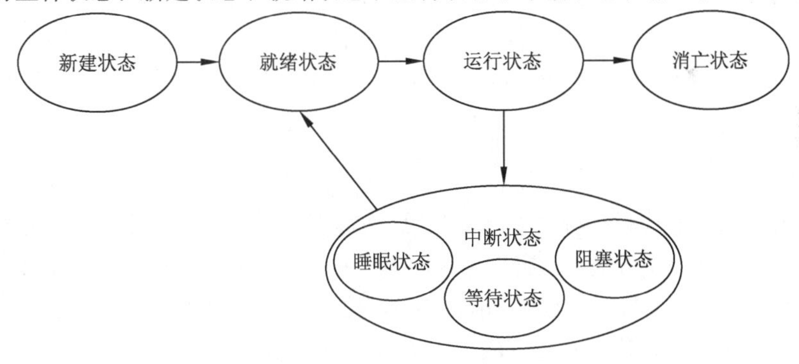

图 9-4　线程的生命周期

1. 新建状态

当一个 Thread 类及其子类的对象被声明并创建时，新生的线程对象就处于新建状态，此时它已经有了相应的内存空间和其他资源。例如：

```
Thread t=new Thread("Athread");//线程对象 t 处于新建状态
```

2. 就绪状态

处于新建状态的线程还不能与其他线程一起并发运行，这时需要调用线程的成员方法 start()启动线程，使得线程处于就绪状态，等待 CPU 时间片分配给它来享用 CPU 资源。一旦轮到 CPU 时间片分配给该线程，即 JVM 将 CPU 使用权切换给该线程时，它就可以脱离它的主线程独立开始自己的生命周期了。例如：

```
t.start();//线程对象t处于就绪状态
```

3. 运行状态

当处于就绪状态的线程被 CPU 分配到时间片并开始享用 CPU 资源时，它就处于运行状态。这时,如果是线程或其子类对象,就自动执行重写的 Thread 类的 run()方法;如果是实现的 Runnable 接口，就自动回调接口中被重写的 run()方法。

4. 中断状态

如果一个处于运行状态的线程遇到一些特殊情况而暂停运行时，它就处于中断状态。如下四种情况会导致当前线程中断：

（1）JVM 将 CPU 资源从当前线程切换到其他线程，使本线程让出 CPU 的使用权而处于中断状态。

（2）线程使用 CPU 资源时，调用了静态方法 sleep(long mill)，使当前线程处于睡眠状态，此时它就进入中断状态并让出 CPU 资源。经过参数 mill 毫秒之后，该线程就重新进入就绪状态等待 CPU 分配时间片，以便从中断处继续运行。

（3）线程使用 CPU 资源时，调用了从 Object 类继承的 wait()方法，使当前线程处于等待状态，此时它就进入中断状态并让出 CPU 资源。处于等待状态的线程不会自动进入就绪状态等待 CPU 分配时间片，必须由其他线程调用从 Object 类继承的 notify()方法或 notifyAll()方法来通知它，使其重新进入就绪状态等待 CPU 分配给它时间片，以便从中断处继续运行。

（4）线程使用 CPU 资源时，执行某个操作（如执行读/写文件流）时，使当前线程处于阻塞状态，此时它就进入中断状态并让出 CPU 资源去执行刚才的阻塞操作。处于阻塞状态的线程必须等待阻塞操作的过程结束后，才会重新进入就绪状态等待 CPU 分配给它时间片，以便从中断处继续运行。

5. 消亡状态

一个处于运行状态的线程执行完 run()方法后，它就处于消亡状态，此时线程不再具有运行状态，并释放内存。结束 run()方法的运行有两种原因：一种是正常执行 run()方法体内的所有内容到最后的 return 语句并退出，另一种是在 run()方法体内执行到强制结束 run()方法的语句并退出。判断一个线程消亡的唯一标志就是 run()方法的方法体结束并退出。

例题 9-4 封装了阐述线程生命周期的程序，程序运行结果如图 9-5 所示。

```
//Test9_4.java
public class Test9_4 {
   public static void main(String[] args){          //主线程
       ShowThread1 t1=new ShowThread1();             //创建线程对象
       ShowThread2 st=new ShowThread2();             //创建目标对象
       Thread t2=new Thread(st);                     //创建线程对象
       t1.start();                                   //线程被加载
       t2.start();                                   //线程被加载
       for(int i=0;i<15;i++){                        //主线程代码
          System.out.print("主线程"+i+" ");
          try{
          Thread.sleep(500);//调用 Thread 类的静态方法，睡眠状态 500 ms
          }catch(InterruptedException e){
```

```
            }
        }
    }
}
/*
*ShowThread1.java
*该类作为 Thread 类的子类，重写 run()方法
*/
public class ShowThread1 extends Thread {
    public void run(){
        for(int i=0;i<15;i++){
            System.out.print("A线程"+i+" ");
            try{
            sleep(500);//调用自己的 sleep()方法
            }catch(InterruptedException e){
            }
        }
    }
}
/*
*ShowThread2.java
*该类实现了 runnable 接口，重写 run()方法
*/
public class ShowThread2 implements Runnable{
    public void run(){
        for(int i=0;i<15;i++){
            System.out.print("B线程"+i+" ");
            try{
            Thread.sleep(500);//调用 Thread 类的静态方法，睡眠状态 500 ms
            }catch(InterruptedException e){
            }
        }
    }
}
```

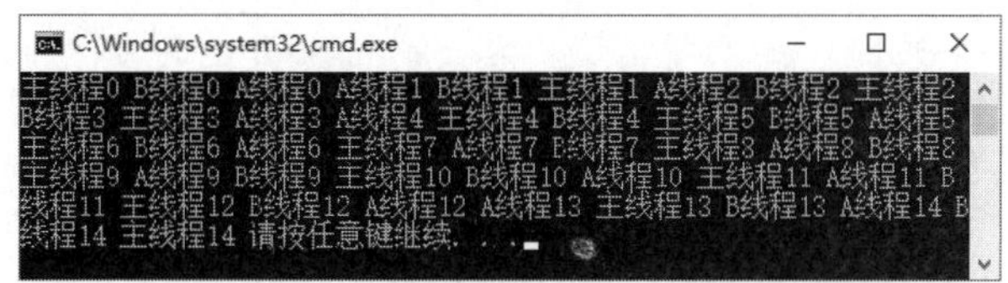

图 9-5 线程生命周期的显示

例题 9-4 中显示了多个线程轮流执行时的程序。JVM 首先将 CPU 资源分配给主线程，并创建出另外两个线程对象，让它们进入新建状态。当执行到语句 t1.start();和 t2.start();时，JVM 就知道已经有三个线程：主线程、t1 和 t2 需要轮流占用 CPU 资源了，表示在就绪状态。从运行结果来看，输出谁的结果就表示哪个线程在运行状态。主线程的 for 循环只执行了第一次循环，JVM 就将 CPU 资源切换给 t2 线程了。此后，三个线程轮流执行，每个线程都会进入睡眠状态 500 ms，以便更加直观地观察线程循环的执行过程。当输出到“A 线程 14”时，表示 t1 线程的 run()方法

结束，即 t1 线程进入消亡状态。接着其他线程依次执行结束，进入消亡状态。该程序在不同的计算机或同一台计算机反复运行时得到的结果不尽相同，输出结果依赖于当前 CPU 的使用情况。

9.2.4 线程的调度和优先级

当线程对象调用 start()方法语句后，就处于就绪状态，此时它就进入多线程等待队列由 CPU 调度时刻，CPU 分配给它资源，该线程马上进入运行状态。JVM 中默认存在一个线程调度器负责管理线程，根据每个线程的任务紧急程度调度线程的优先执行时间。例如：用于文件输入输出的线程需要尽快执行，而用于垃圾收集的线程则不那么紧急，CPU 就自动分辨出多线程任务的轻重缓急，自动调度线程的优先级。

Java 语言的 Thread 类封装了表示线程优先级的 int 类型类常量，共有三个：Thread.MIN_PRIORITY、Thread.MAX_PRIORITY、Thread.NORM_PRIORITY。每个 Java 线程的优先级都在常数 1 ~ 10 之间，如果没有明确地设置线程的优先级别，每个线程的优先级都为常数 5，即 Thread.NORM_PRIORITY。

对于一个新建线程，系统会自动为其指定优先级：

（1）新建线程将继承创建它的超类线程的优先级，这个超类线程有可能是主线程，也有可能是自定义的线程类。

（2）一般情况下，主线程具有普通优先级，即 Thread.NORM_PRIORITY。

（3）线程的优先级可以通过 Thread 类封装的 public void setPriority(int grade)方法修改，grade 的值必须在 1 ~ 10 之间，否则会抛出 IllegalArgumentException 异常。通过 Thread 类封装的 public int getPriority()方法返回线程的优先级。可能有的操作系统只能识别 1、5、10 三个优先级的值。

Java 的 JVM 优先级调度器总是保证优先级别高的线程能始终运行，只有当时间片空闲时，才会使具有同等优先级的线程以轮流的方式顺序使用时间片。例如：存在 A、B、C 和 D 共 4 个线程，A 和 B 的优先级高于 C 和 D，Java 的 JVM 调度器首先以轮流的方式执行 A 和 B，一直等到 A 和 B 进入消亡状态后，才会在 C 和 D 之间轮流切换。在程序设计中，一般不建议使用设置优先级的方式来保证线程算法的执行，要保证正确的、跨平台的 Java 多线程代码，必须假设线程在任何时刻都有可能被剥夺 CPU 资源的使用权或获得 CPU 资源的使用权。

9.2.5 线程组

Java 语言中的每个线程必须属于某个线程组，线程组对象由 java.lang.ThreadGroup 类创建，线程组可以使一组线程作为一个对象进行统一处理和维护。表 9-1 中列出了 Thread 类封装线程组的构造方法，一个线程在创建时可以显式地指明其所属的线程组，一个线程组也可以隶属于某个线程组，也就是说，一个线程组不仅可以包含任意数量的线程，也可以包含其他线程组。如果线程创建时没有显式指定线程组，则新创建的线程自动属于父线程所在的线程组。

在 Java Application 应用程序中，Java 运行系统为该应用程序创建了一个名为 main 的线程组，它是最顶层线程组，如果在主线程中创建的线程没有指定线程组，则这些线程都将属于 main 线程组。线程组的存储结构类似于目录，是一个单根树结构，除了树状结构根部的线程组之外，每个线程组都有一个父线程组。Java 程序使用 java.lang.ThreadGroup 类创建一个线程组对象，它的构造方法见表 9-3。

表 9-3　ThreadGroup 类的构造方法

构造方法	说明
public ThreadGroup(String name)	创建一个新线程组，新线程组的父线程组是目前正在运行线程的线程组
public ThreadGroup(ThreadGroup parent,String name)	创建一个新线程组，新线程组的父线程组是指定的线程组

例题 9-5　封装了线程组使用的程序，程序运行结果如图 9-6 所示。

```
/*
*Test9_5.java
*该类封装了通过线程类和线程组类获取当前正在运行的线程个数及其名称的程序
*/
public class Test9_5 {
    public static void main(String[] args){
        System.out.print("方法 main 所在的线程组含有");
        System.out.println(Thread.activeCount()+"个线程");//活动线程个数
        Thread t=Thread.currentThread();            //创建当前线程对象
        ThreadGroup tg=t.getThreadGroup();          //返回当前线程所属线程组对象
        for(;tg!=null;tg=tg.getParent()){
            System.out.print("线程组"+tg.getName());//当前线程组的名称
            System.out.print("含有");
            System.out.println(tg.activeCount()+"个线程");
            int n=tg.activeCount();//tg 线程组所含的线程个数
            Thread[] tList=new Thread[n];           //创建存储线程对象的数组
             //把此线程组及其子组中的所有活动线程复制到指定数组中
            int m=tg.enumerate(tList);
            for(int i=0;i<m;i++){
            System.out.println("  其中第"+(i+1)+"个线程名为"+tList[i].getName());
            }
        }
    }
}
```

从例题 9-5 可以看出，main()成员方法所在的线程是 main 主线程，该线程所在的线程组为 main 线程组，main 线程组的父线程组是 system 线程组，system 线程组包含五个线程，这个结果反映出了 Java 中 JVM 调度程序时的多线程特征。

图 9-6　主线程运行时的线程组显示

9.3　多线程同步机制

在 9.1.1 节提到的进程和线程基本概念中，线程是进程中的一部分子任务，进程运行时独立占用一块内存空间，而一个进程中的多个线程是共享此进程内存空间的，这时就会出现一个问题：当两个或多个线程同时访问一块内存空间，并且都有可能修改该内存空间的数据。例如：如果两个线程同时对同一个变量进行读（取值）和写（赋值）操作，每个线程的运行状态是未知的，那么就有可能造成数据读和写的不正确，这种线程之间的干扰是 Java 的 JVM 无法自动解决的，必须在多线程程序设计时预先考虑并人工解决，称为多线程同步机制。

9.3.1 概述

在同一个程序中的多个线程对象一般是为了完成一个或一些共同的目标而同时存在的，所以多个线程之间经常需要共享同一块内存等资源，比如访问相同的对象或变量等。这时，如果不对线程访问相同内存或资源进行协调处理，则有可能出现内存或资源冲突。

1. 多线程共享数据的问题

线程之间共享数据是为了更好地提高内存资源的利用率，如果处理不好，容易出现内存的一致性错误。

例题 9-6 封装了多线程处理共享数据时出现问题的程序。该程序模拟天气数据分析，天气数据中的温度和大气压力数据由采集者进行采集，由分析者进行分析。WeatherData 类封装了天气数据和对数据的采集和分析操作方法，Collector 类封装了采集者线程，Analizer 类封装了分析者线程，采集者和分析者自己做自己的工作，彼此不干扰，是两个线程，但对同一个天气数据进行操作。程序运行结果如图 9-7 所示。

```
//Test9_6.java
public class Test9_6 {
   public static void main(String[] args){
      WeatherData wd=new WeatherData();
      Collector threadC=new Collector(wd);
      Analizer threadA=new Analizer(wd);
      threadC.start();
      threadA.start();
   }
}
/*
*WeatherData.java
*该类封装了天气数据的数据结构，包括温度和压力两个变量，数据更新的方法和数据分析的方法
*/
public class WeatherData {
   private int temperature,pressure;
   public void update(int t, int p){          //更新数据
      temperature=t;
      pressure=p;
   }
   public void analyze(){                     //分析数据
      int at=temperature;
      int ap=pressure;
      for(int i=0;i<1000;i++){                //延时，让并发问题更容易突出
      }
      if(at!=temperature){
         System.out.print("温度数据不正常: ");
         System.out.println("当前温度: "+at+", 不等于采集温度: "+temperature);
         System.exit(0);                      //出现问题，就退出程序
      }else{
```

```
            System.out.print("温度数据正常");
            System.out.println("当前温度: "+at+", 等于采集温度: "+temperature);
        }
        if(ap!=pressure){
            System.out.print("压力数据不正常: ");
            System.out.println("当前压力: "+ap+", 不等于采集压力: "+pressure);
            System.exit(0);                         //出现问题，就退出程序
        }else{
            System.out.print("压力数据正常");
            System.out.println("当前压力: "+ap+", 等于采集压力: "+pressure);
        }
    }
}
/*
*Collector.java
*该类封装了采集数据的线程类，把数据传递给 WeatherData 对象进行保存和操作
*/
public class Collector extends Thread {
    WeatherData wData;
    public Collector(WeatherData wd){
        wData=wd;
    }
    public void run(){
        int i,j;
        for(;true;){                          //一直采集数据，传递数据
            i=(int)(Math.random()*1000);
            j=(int)(Math.random()*1000);
            wData.update(i,j);                //传递数据
        }
    }
}
/*
*Analizer.java
*该类封装了分析数据的线程类，把 WeatherData 对象中的数据取出进行分析
*/
public class Analizer extends Thread {
    WeatherData wData;
    public Analizer(WeatherData wd){
        wData=wd;
    }
    public void run(){
        for(;true;){//一直取出数据，分析数据
            wData.analyze();
        }
    }
}
```

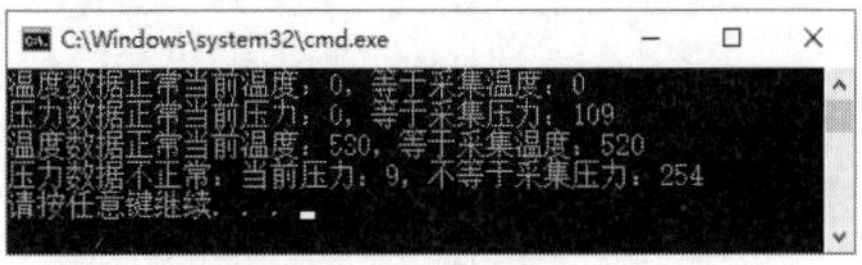

图 9-7　多线程共享内存显示（结果不唯一）

从图 9-7 可以看出，结果显然是不正确的。采集者线程在操作天气数据对象的 update()方法更新数据并且还没有完成数据更新时，分析者线程是不能操作天气数据对象的 analyze()方法的。反之，分析者线程在操作天气数据对象的 analyze()方法读取数据并且还没有完成分析数据时，采集

者线程是不能操作天气数据对象的 update()方法的。例题 9-6 没有对此做出协调，采集者线程在操作天气数据对象的 update 方法更新数据并且还没有完成数据更新时，分析者线程有可能正好轮到使用 CPU 资源，从而操作天气数据对象的 analyze()方法。反之，分析者线程在操作天气数据对象的 analyze()方法读取数据并且还没有完成分析数据时，采集者线程有可能正好轮到使用 CPU 资源，从而操作天气数据对象的 update()方法，造成了天气数据对象的数据出现了混乱。正确的线程调度方式应该是当采集者线程在操作天气数据对象的 update()方法更新数据时，分析者线程即使在运行状态，也不能操作天气数据对象的方法，直到采集者线程执行完后才可操作相应的方法，反之，当分析者线程在操作天气数据对象的 analyze()方法读取数据时，采集者线程即使在运行状态，也不能操作天气数据对象的方法，直到分析者线程执行完后才可操作相应的方法。也就是说，两个线程对象在分别操作更新数据的方法和分析数据的方法之间应当做到相互排斥，这种排斥是为了避免共享数据的错误，称为操作方法的同步。

2. 多线程同步

如果要正确协调多个并发线程之间共用内存资源，就需要对要操作的方法或代码块进行同步处理。JVM 通过给每个线程对象加锁（Lock）的方式实现多线程的同步机制。每个线程对象内部锁住的是一些同步方法或同步语句块，一个方法或语句块要被同步，程序中需要在方法声明或语句块的前面加上 synchronized 关键字。

对象锁仅仅是一种形容，它并不是真正将对象锁住，JVM 通过对象的锁确保在任何同一个时刻内最多只有一个线程能够运行与该对象相关联的同步方法或同步语句块。当没有线程在运行与对象相关联的同步方法或同步语句块时，对象锁是不存在的，这时任何线程都可以进来运行与该对象相关联的同步方法或同步语句块，但每次只能有一个线程进去运行这些代码。一旦有线程进去运行这些该对象相关联的同步方法或同步语句块，对象锁就存在了，其他想要进去的线程只能处于阻塞状态，等待锁的开启。如果线程执行完同步方法或同步语句块并从中退出，则对象锁自动打开。如果对象锁是打开的并且有多个线程等待进入运行同步方法或同步语句块，则优先级别高的线程先进去。如果优先级相同，则最终进入的线程是随机的。如果线程进入对象执行的不是同步方法，则对象锁仍然是开启的。

例题 9-7 封装了一类使用同步方法实现多线程正确共享对象数据的程序，程序运行结果如图 9-8 所示。

```
//Test9_7.java
public class Test9_7 {
   public static void main(String[] args){
       ShareData sd=new ShareData();
       SynClass syn1,syn2,syn3;
       syn1=new SynClass(sd,1);
       syn2=new SynClass(sd,2);
       syn3=new SynClass(sd,3);
       syn1.start();
       syn2.start();
       syn3.start();
       for(int i=1;i<=3;i++){
          System.out.println("主线程"+i);
       }
```

```
    }
}
/*
*ShareData.java
*该类封装了多个线程准备操作的数据类，包含了两个同步方法
*/
public class ShareData {
    public synchronized void method1(int id){//synchronized修饰同步方法
        System.out.println("线程"+id+"进入方法1");
        try{
            Thread.sleep(1000);
        }catch(InterruptedException e){
            e.printStackTrace();
        }
        System.out.println("线程"+id+"离开方法1");
    }
    public synchronized void method2(int id){//sychronized修饰同步方法
        System.out.println("线程"+id+"进入方法2");
        try{
            Thread.sleep(1000);
        }catch(InterruptedException e){
            e.printStackTrace();
        }
        System.out.println("线程"+id+"离开方法2");
    }
}
/*
*SynClass.java
*该类封装了操作数据的线程类
*/
public class SynClass extends Thread {
    private ShareData sData;
    private int id;
    public SynClass(ShareData sd,int d ){
        sData=sd;
        id=d;
    }
    public void run(){//线程方法
        System.out.println("运行线程"+id);
        sData.method1(id);
        sData.method2(id);
        System.out.println("结束线程"+id);
    }
}
```

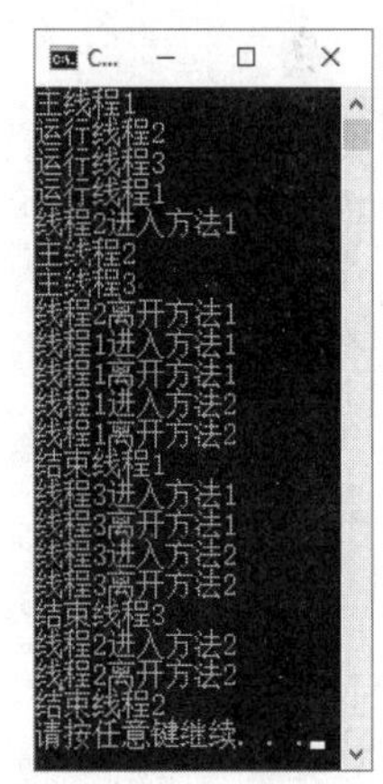

图 9-8　同步方法的显示

从图 9-8 可以看出，由于在封装数据的 ShareData 类中方法都加了 synchronized 修饰，表示该方法被同步处理了，当有多个线程操作同一个 sd 对象时，线程 2 进入方法 1 时，就获得了 sd 对象的锁，其他线程是不能再操作此方法的，只有等线程 2 执行完方法 1 时，其他线程才有机会进入方法 1，从而正确调度了共享内存数据时的多线程执行。

例题 9-8　封装了一类使用同步方法实现多线程正确共享对象数据的 GUI 程序，程序运行结果如图 9-9 所示。

```
//Test9_8.java
public class Test9_8 {
    public static void main(String[] args){
        new FrameMoney("模拟财务");
    }
}
/*
*FrameMoney.java
*该类封装了多线程同步的 GUI 程序，以可视化的方式模拟会计存钱和出纳取钱的程序
*/
import java.awt.*;
import javax.swing.*;
import java.awt.event.*;
public class FrameMoney extends JFrame implements Runnable,ActionListener
{
    int money=100;
    JTextArea text1,text2;
    Thread counter,cashier;
    int weekDay;
    JButton start=new JButton("开始");
    JPanel pane;
    public FrameMoney(String title){
        super(title);
        counter=new Thread(this);//把该类创建成一个线程对象，模拟会计
        cashier=new Thread(this);//把该类创建成一个线程对象，模拟出纳
        text1=new JTextArea(12,15);
        text2=new JTextArea(12,15);
        pane=new JPanel();
        pane.setLayout(new FlowLayout());
        add(start,BorderLayout.SOUTH);
        pane.add(text1);
        pane.add(text2);
        add(pane,BorderLayout.CENTER);
        setVisible(true);
        setSize(400,300);
        validate();
        setDefaultCloseOperation(JFrame.EXIT_ON_CLOSE);
        start.addActionListener(this);
    }
    public void actionPerformed(ActionEvent e){
        if(!(cashier.isAlive())){
            counter=new Thread(this);
            cashier=new Thread(this);
        }
        try{
            counter.start();
            cashier.start();
        }catch(Exception e1){
        }
    }
```

```
    public synchronized void saveAndTake(int number){//方法同步，共享数据
        if(Thread.currentThread()==counter)
        {
           text1.append("今天是第"+weekDay+"天\n");
           for(int i=1;i<=3;i++){//会计使用存取方法存入 90 万元，每存入 30 万元就稍歇一下
           money=money+number;
           //此时出纳仍不能使用存取方法，因为会计还没有使用完存取方法
              try{
                 Thread.sleep(1000);
              }catch(InterruptedException e){
              }
              text1.append("余额为 "+money+"0000\n");
           }
        }
        else if(Thread.currentThread()==cashier){
           text2.append("今天是第"+weekDay+"天\n");
        for(int i=1;i<=2;i++){//出纳使用存取方法取出 30 万元，每取出 15 万元就稍歇一下
        money=money-number/2;
        //此时会计仍不能使用存取方法，因为出纳还没有使用完存取方法
              try{
                 Thread.sleep(1000);
              }catch(InterruptedException e){
              }
              text2.append("余额为"+money+"0000\n");
           }
        }
    }
    public void run(){//线程方法
        if(Thread.currentThread()==counter||Thread.currentThread()==cashier){
           for(int i=1;i<=3;i++){//从星期一到星期三会计和出纳都要使用账本
              weekDay=i;
              saveAndTake(30);
           }
        }
    }
}
```

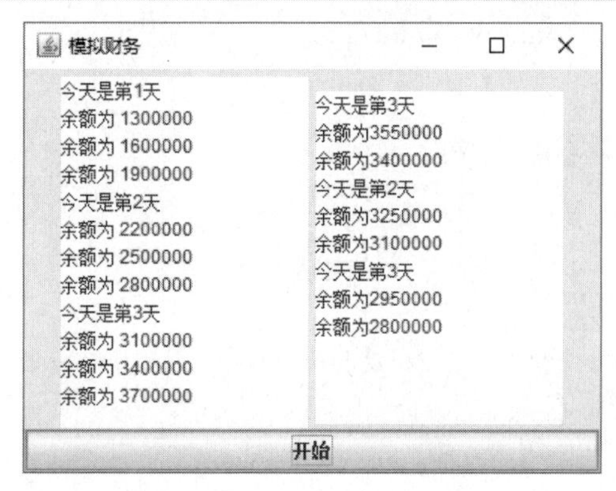

图 9-9　同步方法的 GUI 显示

9.3.2 多线程同步的调度

通过 synchronized 修饰方法，可以调度多线程共享内存时的同步问题。对于同步方法，可能还会涉及多线程的顺序执行问题。例如：当一个线程使用的同步方法中用到某个变量，而此变量又需要其他线程修改后才能符合本线程的要求，此时，就应该对多线程的同步进行调度。

1. 同步调度的方法

Java 语言的 Object 类提供了 wait()、notify()和 notifyAll()三个方法，可以实现对多线程的同步调度，这三个方法都是 final 方法，即被所有类（包括 Thread 类）继承但不允许重写。它们的一般书写格式为

```
public final void wait() throws InterruptedException
public final void wait(long timeout) throws InterruptedException
public final void notify()
public final void notifyAll()
```

wait()方法可以中断当前方法的执行，使本线程等待或等待一段时间（单位为 ms），暂时让出 CPU 的使用权，并允许其他线程使用这个同步方法。其他线程如果在使用这个同步方法则不需要等待，当它执行完这个同步方法的同时，应当调用 notifyAll()方法通知所有的由于使用这个方法而处于等待的线程结束等待，进入就绪状态，某个就绪状态的线程进入运行状态后就会从刚才的中断处继续执行这个同步方法。这就实现了调度线程顺序执行的问题，保证程序按照预先确定的算法正常执行。如果调用 notify()方法，那么只是通知处于等待中的某一个线程结束等待，至于是哪一个线程结束等待，一般遵循先中断先继续的原则。

例题 9-9 对例题 9-6 进行改进。该例题不仅保证了数据在更新与分析时互不干扰，而且还保证了数据更新与分析的先后顺序。当采集者在更新数据并且还没有完成数据更新时，分析者不会去取数据。反之，当分析者正在读取数据时，采集者不应当更新数据。数据更新与分析应当交替进行，而且应当先进行数据更新。程序运行结果如图 9-10 所示。

```
//Test9_9.java
public class Test9_9 {
    public static void main(String[] args){
        NewWeatherData nwd=new NewWeatherData();
        NewCollector nc=new NewCollector(nwd);
        NewAnalizer na=new NewAnalizer(nwd);
        nc.start();
        na.start();
        System.out.println("主线程结束");
    }
}
/*
*NewWeatherData.java
*该类封装了天气数据的数据结构，包括温度和压力两个变量，一个标志变量，数据更新的方法和数据
*分析的方法
*/

public class NewWeatherData {
    private int temperature,pressure;
```

```
    private boolean ready=false;
    public synchronized void update(int t,int p){//同步方法
        System.out.println("进入更新数据方法内部");
        if(ready){                  //前面更新的数据还没有被分析
            System.out.println("等待数据分析完成...");
            try{                    //wait()方法必须处理异常
                wait();             //进入等待状态，等待数据分析
            }catch(InterruptedException e){
                e.printStackTrace();
            }
            System.out.println("继续更新数据...");
        }
        temperature=t;
        pressure=p;
        System.out.println("更新完成：温度为"+t+"，压力为"+p);
        ready=true;
        notifyAll();                //通知其他线程进入就绪状态
    }
    public synchronized void analyze(){//同步方法
        System.out.println("进入分析数据方法内部");
        if(!ready){                 //数据还没有更新完成
            System.out.println("等待数据更新完成...");
            try{                    //wait()方法必须处理异常
                wait();             //进入等待状态，等待数据更新
            }catch(InterruptedException e){
                e.printStackTrace();
            }
            System.out.println("继续分析数据...");
        }
        int t=temperature;
        int p=pressure;
        System.out.println("分析完成：温度为"+t+"，压力为"+p);
        ready=false;
        notifyAll();                //通知其他线程进入就绪状态
    }
}
/*
*NewCollector.java
*该类封装了采集数据的线程类，把数据传递给 NewWeatherData 对象进行保存和操作
*/
public class NewCollector extends Thread {
    NewWeatherData wData;
    public NewCollector(NewWeatherData wd){
        wData=wd;
    }
    public void run(){
        System.out.println("采集者线程开始工作");
        int i,j;
        for(int y=0;y<3;y++){                 //采集数据，传递数据
            i=(int)(Math.random()*1000);
```

```
            j=(int)(Math.random()*1000);
            wData.update(i,j);              //传递数据
        }
        System.out.println("采集者线程结束工作");
    }
}
/*
*NewAnalizer.java
*该类封装了分析数据的线程类，把NewWeatherData对象中的数据取出进行分析
*/
public class NewAnalizer extends Thread {
    NewWeatherData wData;
    public NewAnalizer(NewWeatherData wd){
        wData=wd;
    }
    public void run(){
        System.out.println("分析者线程开始工作");
        for(int y=0;y<3;y++){               //取出数据，分析数据
            wData.analyze();
        }
        System.out.println("分析者线程结束工作");
    }
}
```

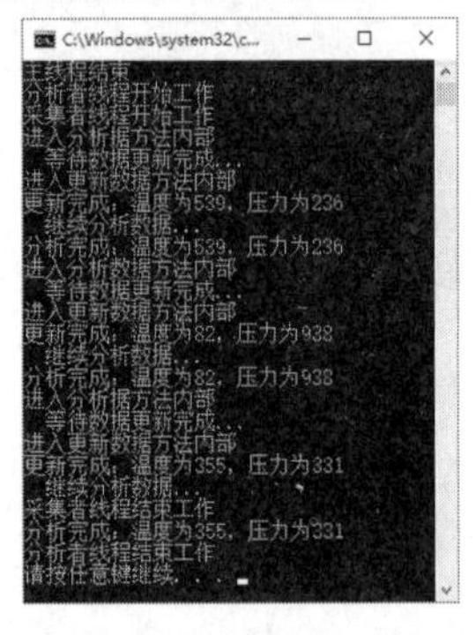

图 9-10　同步调度程序的显示

2．线程死锁

对于共享资源的线程互斥性操作或线程同步，可以使多线程程序得到正确运行。但同时会引发线程死锁问题，导致资源短缺使得所有线程都进入等待状态或阻塞状态，程序陷入无休止状态，这是不允许发生的问题。

造成线程死锁的主要原因是若干线程各自分别占用某资源，又同时需要对方的资源，即不同的线程分别占用对方需要的同步资源不放弃，都在等待对方放弃自己需要的同步资源，结果造成相互无限制地等待对方放弃资源，谁也不能执行下去。例如：所有的线程都调用了wait()方法而进入等待状态，但没有安排线程调用notify()方法或notifyAll()方法来唤醒它们。这些问题都是JVM无法自动处理的，只能在程序设计时人为地避免这些问题。

例题 9-10　封装了一个可能出现死锁问题的程序，程序运行结果如图9-11所示。

```
//Test9_10.java
```

```
public class Test9_10 {
   public static void main(String[] args){
      DeadLock dl1=new DeadLock();
      DeadLock dl2=new DeadLock();
      dl1.start();
      dl2.start();
   }
}
/*
*DeadLock.java
*该类封装了一类有可能出现线程死锁问题的程序
*/
public class DeadLock extends Thread {
   public static Object oa=new Object();
   public static Object ob=new Object();
   public void run(){//线程方法
      boolean flag=true;
      System.out.println(getName()+"开始运行");
      for(;true;flag=!flag){
         //使用同步代码块实现同步
         synchronized(flag?oa:ob){
            System.out.println(getName()+": "+(flag?"对象A":"对象B")+"被锁住");
            try{
               Thread.sleep((int)(Math.random()*1000));
            }catch(InterruptedException e){
            }
            synchronized (flag?ob:oa){
               System.out.println(getName()+": "+(flag?"对象B":"对象A")+"被锁住");
               try{
                  Thread.sleep((int)(Math.random()*1000));
                  }catch(InterruptedException e){
            }
            System.out.println(getName()+":"+(flag?"对象B":"对象A")+"的锁被打开");
            }//内层同步语句块结束
            System.out.println(getName()+":"+(flag?"对象A":"对象B")+"的锁被打开");
         }//外层同步语句块结束
      }//for 循环结束
   }//run()方法结束
}
```

从图 9-11 中可以看出,运行结果每次可能不尽相同，但最终一般都会出现对象 A 和对象 B 都被锁住的情况，从而造成程序处在停止状态但不退出。在例题 9-10 中，程序在 main()方法中创建了两个线程 dl1 和 dl2。这两个线程的 run()方法包含一对嵌套的同步语句块，内外层同步语句块所关联的对象会发生交替变化。当外层的同步语句块与对象 A（oa）相关联时，内层的同步语句块与对象 B（ob）相关联。反之，当外层的同步语句块与对

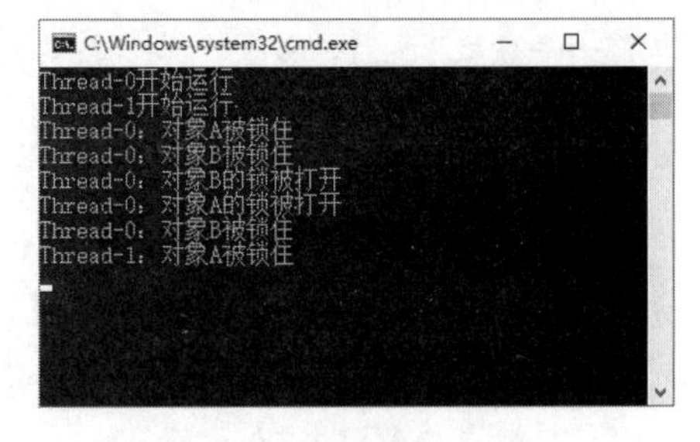

图 9-11　死锁程序的显示

象 B（ob）相关联时，内层的同步语句块与对象 A（oa）相关联。这样，就有可能出现一个线程在运行与对象 A 相关联的同步语句块（这时对象 A 的锁被锁住），并在等待对象 B 的锁被打开。而同时另一个线程则在运行与对象 B 相关联的同步语句块（这时对象 B 的锁被锁住），并在等待对象 A 的锁被打开。从而，这两个线程都处于阻塞状态，都在等待资源的就绪，但实际上永远无法就绪。程序处于死锁状态，程序运行中断但不退出。

现在已经提出了许多算法和原则来解决死锁问题，但这些算法和原则都不能完全保证没有死锁现象的出现。所以，只有在程序设计过程中尽量减少同步方法和同步语句块的代码量，平衡多线程和同步处理之间的关系，从而真正提高程序运行的效率。

拓展阅读

在 Java 9 之前，关于进程 Process API 对使用本地进程的基本支持比较少，例如获取进程的 PID 和所有者、进程的开始时间、进程使用了多少 CPU 时间以及多少本地进程正在运行等。Java 9 向进程 Process API 新增了一个名为 ProcessHandle 的接口来增强 java.lang.Process 类。ProcessHandle 接口的实例标识一个本地进程，它允许查询进程状态并管理进程。ProcessHandle 嵌套接口 Info 可以让程序员摆脱因为要获取一个本地进程的 PID 而不得不使用本地代码的窘境。

习　题

1. 编写多线程程序。先封装一个类对象 RandomNumber，功能是先产生一个大于 10 的随机整数 n，再产生 n 个随机数并存放于数组中。然后封装两个线程 Thread1（要求是 Thread 的子类）和 Thread2（要求实现 Runnable 接口）并发地对所生成的随机数进行排序。其中，Thread1 要求采用冒泡排序法进行排序，并输出排序结果；Thread2 要求采用快速排序法进行排序，并输出排序结果。最后编写主线程 TestThread，加入上述两个线程实现程序的并发，比较这两个线程排序的结果。

2. 模拟三个人排队买票。张文明、李小伟和赵伟林买电影票，售票员只有三张 5 元的钱，电影票 5 元一张。张文明拿 20 元一张的人民币排在李小伟的前面，李小伟排在赵伟林的前面拿一张 10 元的人民币买票，赵伟林拿一张 5 元的人民币买票。

3. 编写多线程程序。封装一类对象 RandomAdd，功能是先产生一个 10 的随机整数 n，再产生 n 个随机数并存放于数组中，然后将这 n 个数相加，并求出这 n 个数的和 s1，同时计算出求 s1 所需的时间 t1。编写主线程 TestThread，创建两个线程并发地进行相加运算。其中，一个线程计算前一半数之和 s21，另一个线程计算后一半数之和 s22，然后将 s21 和 s22 这两个数相加得到和 s2，计算采用双线程进行求和运算所花费的时间 t2。输出 s1 和 s2 以及 t1 和 t2 的大小。

4. 编写多线程程序。功能为设置两个字母 A 和 B，实现两个独立的线程分别输出 10 次字母名，每次显示后休眠一段随机时间（1 000 ms），哪个先显示完毕，就将该字母的 ASCII 码值加 1，分别用 Runnable 接口和 Thread 类实现。

5. 编写多线程程序。使用同步方法实现三个线程打印递增的数字，线程 1 先打印 1、2、3、4、5，接着是线程 2 打印 6、7、8、9、10，然后是线程 3 打印 11、12、13、14、15，再由线程 1 打印 16、17、18、19、20，依此类推，直到打印到 75。程序的输出结果应该为

```
线程 1: 1
线程 1: 2
线程 1: 3
线程 1: 4
线程 1: 5

线程 2: 6
线程 2: 7
线程 2: 8
线程 2: 9
线程 2: 10
...

线程 3: 71
线程 3: 72
线程 3: 73
线程 3: 74
线程 3: 75
```

6. 编写多线程程序。设计实现一个符合生产者和消费者问题的程序，对一个对象（枪膛）进行操作，其最大容量是 12 颗子弹。生产者线程是一个压入线程，它不断向枪膛中压入子弹。消费者线程是一个射出线程，它不断从枪膛中射出子弹。为了防止两个线程访问一个资源时出现死锁情况，要使用 wait()和 notify()或 notifyAll()方法，使两个线程交替执行。要考虑两个线程的同步问题，模拟体现对枪膛的压入和射出操作。

第 10 章　网络程序设计

计算机网络是通过传输介质、通信设施和网络通信协议，把分散在不同地点的计算机设备互连起来，实现资源共享和数据传输的系统。网络程序设计就是编写程序使处于联网状态的两个（或多个）设备（计算机或其他嵌入式设备）之间进行数据传输。Java 语言是在网络环境下产生的，它对网络程序设计提供了良好的支持，通过其提供的接口可以很方便地进行网络编程。

10.1 概　　述

计算机网络是个复杂的系统，按照解决复杂问题的方法，把计算机网络实现的功能分到不同的网络层次上，层与层之间用接口连接。通信的双方具有相同的层次，层次实现的功能由协议数据单元来描述。计算机网络体系结构是计算机网络层次和协议的集合，网络体系结构对计算机网络实现的功能，以及网络协议、层次、接口和服务进行了描述，但并不涉及具体的实现。

为了促进计算机网络的发展，国际标准化组织 ISO 在现有网络的基础上，提出了不基于具体机型、操作系统或公司的网络体系结构，称为开放系统互连参考模型，即 OSI-RM （Open Systems Interconnection Reference Model）。OSI-RM 模型把网络通信的工作分为七层，分别是物理层、数据链路层、网络层、传输层、会话层、表示层和应用层。这七层模型作为网络程序设计的基础已经成为计算机网络体系结构的标准，许多应用网络在此标准上对网络协议进行了扩充或改进。

10.1.1 TCP/IP

传输控制协议/互联网协议（Transmission Control Protocol/Internet Protocol，TCP/IP）在互联网的发展中起到了中坚力量的作用，它与 OSI-RM 是一脉相承的关系，如图 10-1 所示。

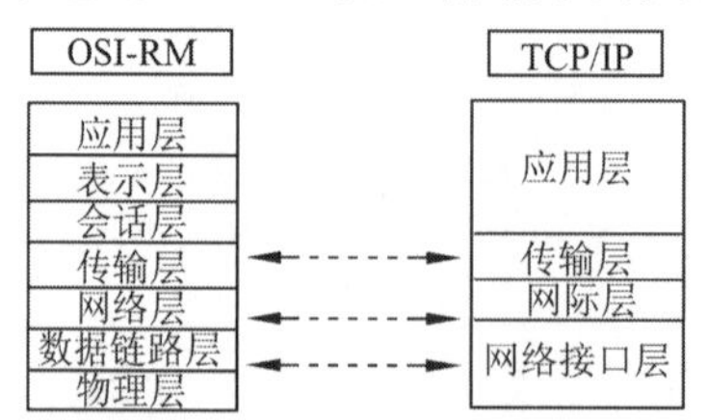

图 10-1　OSI 分层模型和 TCP/IP 分层模型的对应关系

在网络协议的支持下，要进行数据的可靠传输，具备良好的网络通信技术是网络程序设计的基础。目前网络通信一般是基于“请求-响应”模型，即通信的一端发送数据，另一端反馈数据。

在网络通信中，第一次主动发起通信的程序称为客户端（Client）程序，简称客户端。在第一次通信中等待连接的程序称为服务器端（Server）程序，简称服务器。一旦通信建立，则客户端和服务器端完全一样，没有本质的区别。因此，网络程序设计中的两种程序就分别是客户端和服务器端。例如 QQ 程序，每个 QQ 用户安装的都是 QQ 客户端程序，而 QQ 服务器端程序则运行在腾讯公司的机房中，为大量的 QQ 用户提供服务。这种网络编程的结构称为客户端/服务器结构，也叫 Client/Server 结构，简称 C/S 结构。使用 C/S 结构的程序，在开发时需要分别开发客户端和服务器端。这种结构的优势在于，由于客户端是专门开发的，所以根据需要实现各种效果以适应不同程序的需要，而服务器端也需要专门进行开发。但是这种结构也存在着很多不足，例如通用性差，几乎不能通用等，也就是说，一种程序的客户端只能和对应的服务器端通信，而不能和其他服务器端通信，在实际维护时，也需要维护专门的客户端和服务器端，维护的压力比较大。

其实在运行很多程序时，没有必要使用专用的客户端，而需要使用通用的客户端，例如浏览器，使用浏览器作为客户端的结构称为浏览器/服务器结构，也叫 Browser/Server 结构，简称 B/S 结构。使用 B/S 结构的程序，在开发时只需要开发服务器端即可。这种结构的优势在于，开发的压力比较小，不需要维护客户端。但是这种结构也存在着很多不足，例如浏览器的限制比较大，表现力不强，无法进行系统级操作等。

C/S 结构和 B/S 结构是现在网络程序设计中常见的两种结构，在进行程序设计时根据不同的需求采用不同的网络结构。

10.1.2　IP 地址与通信端口

在网络中的若干台计算机进行网络通信时首先要查找到目标计算机，目前普遍采用 IP 地址作为网络中计算机网络地址的标识机制。IP 地址是一个由 32 位的二进制数组成，将其每 8 位分成一组，转换成十进制数，就形成了 IPv4，如 202.194.210.4。随着互联网的不断发展，目前已经出现了 IPv6 版本。为了处理方便，IP 地址可以使用域名的方式进行替换，使用字符表示 IP 地址，如 www.baidu.com。

在基于网络程序设计中，有时会在一台计算机上模拟客户端和服务器端程序，TCP/IP 协议提出了一个特殊的单机 IP 地址 127.0.0.1，其对应的域名为 localhost。

一个 IP 地址可以对应多个域名，一个域名只能对应一个 IP 地址。在网络中传输的数据，全部是以 IP 地址作为地址标识，所以在真正传输数据以前需要将域名转换为 IP 地址，实现这种功能的服务器称为 DNS 服务器，也就是域名解析。例如：当用户在浏览器输入域名时，浏览器首先请求 DNS 服务器，将域名转换为 IP 地址，然后将转换后的 IP 地址反馈给浏览器，再进行实际的数据传输。当 DNS 服务器正常工作时，使用 IP 地址或域名都可以很方便地找到计算机网络中的某个设备，例如服务器计算机。当 DNS 不正常工作时，只能通过 IP 地址访问该设备，所以 IP 地址的使用要比域名通用一些。

IP 地址和域名可以解决在网络中找到一个计算机的问题，但是往往在一台计算机中可以同时运行多个网络服务器程序，这多个网络服务器程序对于不同用户来说就相当于是不同的计算机，它们的 IP 地址应该是不同的，而实际上，这多个网络服务器程序却是一个 IP 地址。为了区分相同的 IP 地址对应不同的服务器程序，需要在 IP 地址中用到端口（Port）的概念。

在学习端口的概念以前，首先来看一个例子。一般一个公司前台会有一个电话，每位员工会有一个分机，如果需要找到某位员工，需要首先拨打前台总机，然后转分机号即可。这减少了公司的开销，也方便了每位员工。在该示例中前台总机的电话号码就相当于 IP 地址，而每位员工的分机号就相当于端口。

有了端口的概念以后，在同一台计算机中每个程序对应唯一的端口，这样一台计算机上就可以通过端口区分发送给每个端口的数据了，也就是说，一台计算机上可以并发运行多个网络程序，而不会在互相之间产生干扰。

在硬件上规定，端口的号码必须位于 0 ~ 65 535 之间，其中 0 ~ 1 023 号端口为系统保留（如 telnet 占用端口 23，http 占用端口 80）。每个端口唯一的对应一个网络程序，一个网络程序可以使用多个端口。这样一个网络程序运行在一台计算上时，不管是客户端还是服务器，都是至少占用一个端口进行网络通信。在接收数据时，首先发送给对应的计算机，然后计算机根据端口把数据转发给对应的程序。将 IP 地址与端口号结合起来就形成一个完整的计算机地址，它的一般书写格式如下：

```
202.194.210.4:8080  //该 IP 地址的端口号为 8080
202.194.210.4:2000  //该 IP 地址的端口号为 2000
```

有了 IP 地址和端口的概念以后，在进行网络通信交换数据时，就可以通过 IP 地址查找到该台计算机，然后通过端口标识这台计算机上的一个唯一的程序，就可以进行网络数据的交换了。

10.1.3 URL 的基本概念

要使用网络上的资源，通常要借助于统一资源定位器（Uniform Resource Locator，URL）来获取。一个完整的 URL 书写格式为

```
[协议]://域名或 IP[:端口号][路径]/资源名
```

例如：

```
http://127.0.0.1:8080/hk/mypage.html
```

说明：

（1）协议是网络上 URL 必须要有的资源传输标识，不同的资源其传输协议是不同的。常用的协议有超文本传输协议 http 或 https、文件传输协议 ftp、获取本地文件协议 file、发邮件协议 mailto、打电话协议 tel 和发短信协议 sms 等。一般情况下，浏览器默认的协议为 http 或 https。

（2）域名或 IP 地址用来唯一标识计算机地址。

（3）端口号用来标识在一台计算机上的多个服务器程序。

（4）路径表示资源位置。

（5）资源是网络最重要传输的数据文件，如网络文件、网络页面文件以及网络应用程序等。

10.1.4 Java Web 开发

Java 语言用于网络程序设计通常称为 Java Web 程序设计，它提供了完整的 Java API 用于辅助 Java Web 开发。按照以上与网络有关的基本概念，Java API 都有相应的封装类去完成功能。几乎所有的 Java Web 开发有关的 API 都封装在 java.net 包中。

1. InetAddress 类

为了使用网络地址，java.net 包中提供了 InetAddress 类用于封装 IP 地址或域名相关功能。InetAddress 类没有公共的构造方法，使用其类方法获取 IP 地址，其常用的成员方法见表 10-1。

表 10-1　InetAddress 类的常用成员方法

方　　法	说　　明
static InetAddress getByName(String host) throws UnknownHostException	根据指定主机名返回主机的 IP 地址对象
String getHostAddress()	返回 IP 地址对象所含的 IP 地址
String getHostName()	返回 IP 地址对象的主机名
static InetAddress getLocalHost() throws UnknownHostException	返回本地主机的 IP 地址对象

例题 10-1　封装了 InetAddress 类使用的程序，程序运行结果如图 10-2 所示。

```
//Test10_1InetAddress.java
import java.net.*;//导入网络有关的类
public class Test10_1InetAddress {
    public static void main(String[] args){
        InetAddress iaddress1,iaddress2,iaddress3;
        try{
            //获取指定域名的 IP 地址

iaddress1=InetAddress.getByName("www.baidu.com");
            System.out.println(iaddress1.toString());
            //获取本地主机名称
            iaddress2=InetAddress.getByName(null);//默认本地主机
            System.out.println(iaddress2.toString());
            iaddress3=InetAddress.getLocalHost();//本地主机
            System.out.println(iaddress3.toString());
            System.out.println(iaddress2.equals(iaddress2));
            //验证 iaddress2
            System.out.println(iaddress2.getHostAddress());
            System.out.println(iaddress2.getHostName());
        }catch(UnknownHostException e){
            e.printStackTrace();
        }
    }
}
```

图 10-2　InetAddress 类的使用显示

2. URL 类

URL 是描述如何寻找网络资源的字符串，大多数 URL 指向网络上某台计算机中的文件，有时还可以指向网络上的其他资源，如数据库查询和命令输出。URL 具有三个重要组成部分：访问资源的协议、资源的位置和资源。

java.net 包提供了 URL 类封装访问远程资源信息的功能。URL 类的常用构造方法见表 10-2，URL 类的常用成员方法见表 10-3。

表 10-2　URL 类的常用构造方法

构 造 方 法	说　　明
public URL(String spec) throws MalformedURLException	根据字符串创建一个 URL 对象
public URL(String protocol, String host, int port, String file) throws MalformedURLException	根据指定的协议、主机名、端口号和文件创建一个 URL 对象

续表

构 造 方 法	说　　明
public URL(String protocol, String host, String file) throws MalformedURLException	根据指定的协议、主机名和文件创建一个 URL 对象
public URL(URL context, String spec) throws MalformedURLException	根据指定的 URL 解析字符串创建一个 URL 对象

表 10-3　URL 类的常用成员方法

方　　法	说　　明
final Object getContent() throws IOException	获取当前 URL 对象的内容
String getFile()	获取当前 URL 对象的文件名
String getHost()	获取当前 URL 对象的主机名
int getPort()	获取当前 URL 对象的端口号
String getProtocol()	获取当前 URL 对象的协议
final InputStream openStream()throws IOException	打开到当前 URL 的连接并返回一个用于从该连接读入的 InputStream

例题 10-2　封装了 URL 类使用的程序。

```
//Test10_2.java
import java.net.*;
public class Test10_2 {
   public static void main(String[] args){
       try{
       URL myurl=new URL("http://www.baidu.com");//创建 URL 对象
       URLDemo url=new URLDemo();
       url.print(myurl);
       }catch(MalformedURLException e){
           e.printStackTrace();
       }
   }
}
/*
*URLDemo.java
*该类封装了 URL 常用方法的使用
*/
import java.net.*;
import java.io.*;
public class URLDemo {
   //URL 类的常用方法都会抛出 MalformedException 异常，要进行处理
   public void print(URL my){
       try{
           System.out.println("在 URL ("+my+") 当中: ");
           System.out.println("协议是"+my.getProtocol());
           System.out.println("主机名是"+my.getHost());
           System.out.println("文件名是"+my.getFile());
           System.out.println("端口号是"+my.getPort());
           System.out.println("引用是"+my.getRef());
```

```
            //获取资源并输出
            System.out.println("输出资源内容: ");
        BufferedReader br=new BufferedReader(new InputStreamReader(my.openStream()));
            String s;
            while((s=br.readLine())!=null){
                System.out.println(s);
            }
            br.close();//关闭流
        }catch(MalformedURLException e){
            e.printStackTrace();
        }catch(IOException i){
            i.printStackTrace();
        }
    }
}
```

10.2 基于 TCP 的 Java 网络程序设计

TCP（Transmission Control Protocol）是一种基于连接的协议，可以在计算机之间提供可靠的数据传输。在网络通信中，TCP 方式就类似于拨打电话，使用该种方式进行网络通信时，需要建立专门的虚拟连接，然后进行可靠的数据传输，如果数据发送失败，则客户端会自动重发该数据。重要的数据一般使用 TCP 方式进行数据传输。由于 TCP 需要建立专用的虚拟连接以及确认传输是否正确，所以使用 TCP 方式的速度稍微慢一些。

通过 TCP 进行通信的双方称为服务器端（Server）和客户端（Client），服务器端和客户端可以是两台计算机也可以是一台计算机，在两端进行程序设计时采用的方法是不同的。当两个程序需要通信时，它们通过使用 Socket 类创建套接字对象并连接在一起，套接字对象是由 IP 地址和端口号组合而成。通过 TCP 进行网络数据通信的程序设计过程如图 10-3 所示。

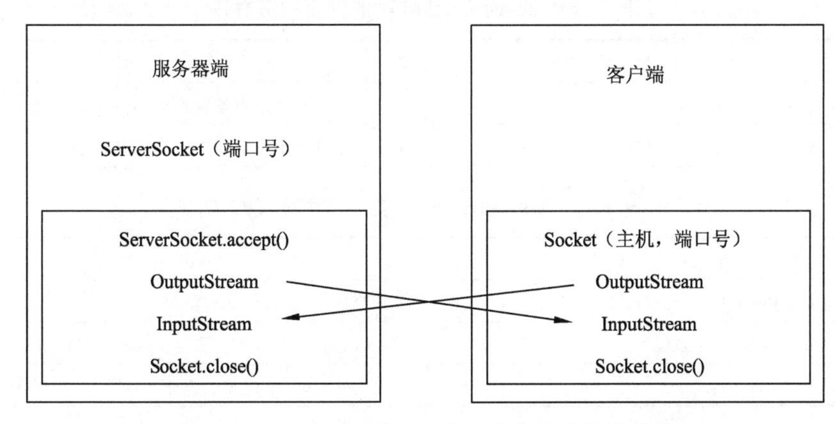

图 10-3 通过 TCP 进行网络通信的程序设计过程

10.2.1 Socket 类和 ServerSocket 类

套接字通常用来表示网络通信两端的主机，套接字对象通常由 IP 地址和端口号组合而成，主要由 java.net 包提供的 Socket 类和 ServerSocket 类组成。

1. 客户端套接字

客户端程序创建 Socket 类的对象负责连接到服务器的套接字对象，再由相应的成员方法进行数据传输。Socket 类的常用构造方法见表 10-4，常用成员方法见表 10-5。

表 10-4　Socket 类的常用构造方法

构 造 方 法	说　　明
public Socket()	创建一个未连接的 Socket 对象
public Socket(InetAddress address, int port)throws IOException	创建一个指定 IP 地址和端口号的 Socket 对象
public Socket(String host, int port)throws UnknownHostException, IOException	创建一个指定主机和端口号的 Socket 对象

表 10-5　Socket 类的常用成员方法

方　　法	说　　明
void close() throws IOException	关闭当前 Socket 对象
void connect(SocketAddress endpoint) throws IOException	将当前 Socket 对象连接到服务器对象
InetAddress getInetAddress()	获取 Socket 对象的地址
InputStream getInputStream() throws IOException	获取 Socket 对象的输入流
OutputStream getOutputStream() throws IOException	获取 Socket 对象的输出流

2. 服务器端套接字

客户端负责建立连接到服务器的套接字对象，即客户端负责呼叫。为了能使客户端成功连接到服务器，服务器必须建立一个 ServerSocket 对象，该对象通过将客户端的套接字对象和服务器端的套接字对象连接起来，从而达到通信的目的。ServerSocket 类的常用构造方法见表 10–6，常用成员方法见表 10-7。

表 10-6　ServerSocket 类的常用构造方法

构 造 方 法	说　　明
public ServerSocket() throws IOException	创建一个没有绑定服务器的 ServerSocket 对象
public ServerSocket(int port) throws IOException	创建一个绑定到指定端口的 ServerSocket 对象

表 10-7　ServerSocket 类的常用成员方法

方　　法	说　　明
void close() throws IOException	关闭当前 ServerSocket 对象
Socket accept() throws IOException	侦听 Socket 对象并进行连接，返回 Socket 对象
InetAddress getInetAddress()	获取 ServerSocket 对象的地址

10.2.2　基于 TCP 的 Java 网络程序设计过程

基于 TCP 连接方式的服务器端和客户端 Java 网络程序设计，要对两端分别编程。

1. 服务器端程序设计

服务器端程序设计一般按照以下步骤进行：

（1）创建 java.net.ServerSocket 实例对象，注册在服务器端进行连接的端口号和允许连接的最大客户端数目。

（2）调用 java.net.ServerSocket 类的成员方法 accept()来等待并侦听来自客户端的连接。当有客户端与该服务器建立起连接时，java.net.ServerSocket 类的成员方法 accept()将返回通信链路在服务器端的套接字 java.net.Socket 类实例对象，通过该套接字实例对象可以与客户端进行数据通信。

（3）调用 java.net.Socket 类的成员方法 getInputStream()和 getOutputStream()获得该套接字（Socket）所对应的输入流（InputStream）和输出流（OutputStream）。

（4）通过获得的输入流（InputStream）和输出流（OutputStream）与客户端进行数据通信，并处理从客户端获得的数据以及需要向客户端发送的数据。

（5）在数据通信结束后，关闭输入流（InputStream）、输出流（OutputStream）和套接字（Socket）。

2. 客户端程序设计

在服务器端创建 java.net.ServerSocket 实例对象，并且调用 java.net.ServerSocket 类的成员方法 accept()之后，服务器端开始等待客户端与其连接。

（1）创建 java.net.Socket 类的实例对象，与服务器建立连接。在创建 java.net.Socket 类的实例对象时需要指定服务器端的主机名以及进行连接的端口号（即在服务器端创建 java.net.ServerSocket 类的实例对象时所注册的端口号）。主机名和端口号必须完全匹配才能建立起连接，并创建 java.net.Socket 类的实例对象成功。在创建 java.net.Socket 类的实例对象成功之后的步骤应与服务器端的相应步骤一致。

（2）调用 java.net.Socket 类的成员方法 getInputStream()和 getOutputStream()获得该套接字（Socket）所对应的输入流（InputStream）和输出流（OutputStream）。

（3）通过获得的输入流（InputStream）和输出流（OutputStream）与服务器端进行数据通信，并处理从服务器端获得的数据以及需要向服务器端发送的数据。

（4）在数据通信结束后，关闭输入流（InputStream）、输出流（OutputStream）和套接字（Socket）。

例题 10-3　封装了一个基于 TCP 的网络聊天程序，该程序分为服务器端程序和客户端程序，服务器端和客户端可以位于一台计算机上，也可以分别位于连接在互联网的两台计算机上。如果在一台计算机上，则需要在该计算机上分别运行程序。在运行程序的时候，需要先运行服务器端的程序，否则将出现连接异常。当服务器端程序正常运行后，服务器端就处于等待状态，等待来自客户端的连接。然后在客户端可以运行多个客户端程序，同时与服务器端进行通信。程序运行结果如图 10-4 所示。

```
//Test10_3ChatServer.java，服务器端程序
import java.awt.*;
import javax.swing.*;
import java.awt.event.*;
import java.net.*;
import java.io.*;
public class Test10_3ChatServer extends JFrame{
    private ObjectInputStream input;                //输入流
    private ObjectOutputStream output;              //输出流
    private JTextField enter;                       //输入框
    private JTextArea display;                      //显示区
    private int clientNumber=0;                     //连接的客户端数目
    public Test10_3ChatServer(String title){        //初始化聊天界面
```

```
    super(title);
    Container con=getContentPane();
    enter=new JTextField();
    enter.setEnabled(false);                          //输入框不可编辑，灰色
    //通过匿名类创建事件响应，向客户端发送数据
    enter.addActionListener(new ActionListener(){
        public void actionPerformed(ActionEvent e){
        try{
            String s=e.getActionCommand();
            output.writeObject(s);
            output.flush();
            displayAppend("服务器端: "+s);          //调用自定义方法
            enter.setText("");                      //清除输入框的原有内容
        }catch(Exception ex){
            ex.printStackTrace();
        }
      }
    }
  );
       con.add(enter,BorderLayout.NORTH);
       display=new JTextArea();
       con.add(new JScrollPane(display),BorderLayout.CENTER);
       setSize(350,150);
       setVisible(true);
       setDefaultCloseOperation(JFrame.EXIT_ON_CLOSE);
}
//在显示区显示内容的方法
public void displayAppend(String s){
    display.append(s+"\n");
    display.setCaretPosition(display.getText().length());
    enter.requestFocusInWindow();                     //转移输入焦点到输入框
}
//结束聊天的标志
public boolean isEndSession(String m){
    if(m.equalsIgnoreCase("q"))
        return true;
    if(m.equalsIgnoreCase("quit"))
        return true;
    if(m.equalsIgnoreCase("exit"))
        return true;
    if(m.equalsIgnoreCase("end"))
        return true;
    if(m.equalsIgnoreCase("结束"))
        return true;
    return false;
}
//服务器端运行程序
public void chatRun(){
    try{
        ServerSocket server=new ServerSocket(5000);//指定服务器程序的端口号
```

```
        String m;                                   //来自客户端的消息
        while(true){//正常情况下，服务器程序始终运行
            clientNumber++;
            displayAppend("等待连接["+clientNumber+"]");
            Socket so=server.accept();      //连接套接字，接收客户端连接
            displayAppend("接收到客户端连接["+clientNumber+"]");
            output=new ObjectOutputStream(so.getOutputStream());  //输出流
            input=new ObjectInputStream(so.getInputStream());     //输入流
            output.writeObject("连接成功");
            output.flush();
            enter.setEnabled(true);         //输入框可以编辑
            do{
                m=(String)input.readObject();  //读取来自客户端的数据
                displayAppend("客户端: "+m);
            }while(!isEndSession(m));       //如果没有接收到退出的消息，就运行
            output.writeObject("q");        //通知客户退出程序
            output.flush();
            enter.setEnabled(false);
            output.close();                 //关闭流
            input.close();                  //关闭流
            so.close();                     //关闭套接字
            displayAppend("连接["+clientNumber+"]结束");
        }
    }catch(Exception h){
        h.printStackTrace();
    }
  }
  //程序执行入口，主程序
  public static void main(String[] args){
      Test10_3ChatServer tchat=new Test10_3ChatServer("聊天服务器");
      tchat.chatRun();
  }
}
//Test10_3ChatClient.java，客户端程序
import java.awt.*;
import javax.swing.*;
import java.awt.event.*;
import java.net.*;
import java.io.*;
public class Test10_3ChatClient extends JFrame{
   private ObjectInputStream input;                 //输入流
   private ObjectOutputStream output;               //输出流
   private JTextField enter;                        //输入框
   private JTextArea display;                       //显示区
   public Test10_3ChatClient(String title){        //初始化聊天界面
      super(title);
      Container con=getContentPane();
      enter=new JTextField();
      enter.setEnabled(false); //输入框不可编辑，灰色
                                 //通过匿名类创建事件响应，向服务器端发送数据
```

```
    enter.addActionListener(new ActionListener(){
        public void actionPerformed(ActionEvent e){
        try{
            String s=e.getActionCommand();
            output.writeObject(s);
            output.flush();
            displayAppend("客户端: "+s);          //调用自定义方法
            enter.setText("");                    //清除输入框的原有内容
        }catch(Exception ex){
            ex.printStackTrace();
        }
      }
    }
  );
      con.add(enter,BorderLayout.NORTH);
      display=new JTextArea();
      con.add(new JScrollPane(display),BorderLayout.CENTER);
      setSize(350,150);
      setVisible(true);
      setDefaultCloseOperation(JFrame.EXIT_ON_CLOSE);
  }
  //在显示区显示内容的方法
  public void displayAppend(String s){
     display.append(s+"\n");
     display.setCaretPosition(display.getText().length());
     enter.requestFocusInWindow();                //转移输入焦点到输入框
  }
  //结束聊天的标志
  public boolean isEndSession(String m){
     if(m.equalsIgnoreCase("q"))
        return true;
     if(m.equalsIgnoreCase("quit"))
        return true;
     if(m.equalsIgnoreCase("exit"))
        return true;
     if(m.equalsIgnoreCase("end"))
        return true;
     if(m.equalsIgnoreCase("结束"))
        return true;
     return false;
  }
  //客户端运行程序，与服务器端的主机名和端口号必须一致
  public void chatRun(String host,int port){
     try{
        displayAppend("尝试连接");
        Socket so=new Socket(host,port);       //连接套接字，与服务器建立连接
        String m;//来自服务器端的消息
        output=new ObjectOutputStream(so.getOutputStream());
        input=new ObjectInputStream(so.getInputStream());
```

```
            enter.setEnabled(true);//输入框可以编辑
            do{
                m=(String)input.readObject();        //读取来自服务器端的数据
                displayAppend("服务器端: "+m);
            }while(!isEndSession(m));
            output.writeObject("q");                 //通知服务器端退出程序
            output.flush();
            enter.setEnabled(false);
            output.close();                          //关闭流
            input.close();                           //关闭流
            so.close();                              //关闭套接字
            System.exit(0);
        }catch(Exception h){
            h.printStackTrace();
        }
    }
    //程序执行入口，主程序
    public static void main(String[] args){
        Test10_3ChatClient tchat=new Test10_3ChatClient("聊天客户端");
        tchat.chatRun("localhost",5000);
    }
}
```

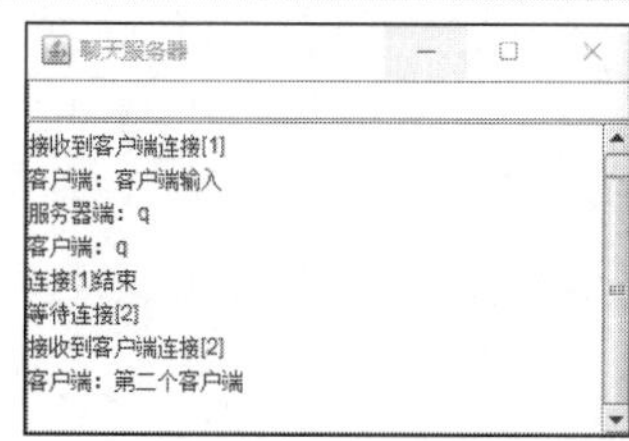

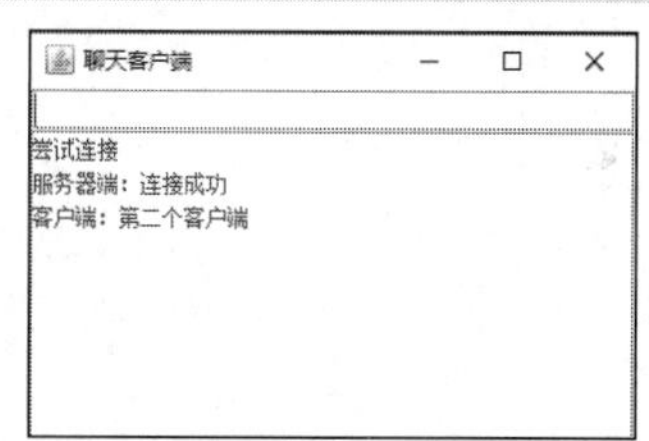

图 10-4　基于 TCP 的网络聊天程序

从例题 10-3 可以看出，当服务器端程序正常运行后，客户端程序就可以连接服务器并开始聊天了。但是，当前只能连接一个客户端，要连接另一个客户端，必须要将当前客户端关闭。这显然不是网络程序设计所需要的，当服务器端程序正常运行后，应该能够连接多个客户端并响应。为了解决此问题，就要使用多线程技术，服务器端接收到一个客户端的套接字后，就应该启动一个专门为该客户端服务的线程。

例题 10-4　封装了一个利用多线程进行网络交互的程序，客户端输入圆的半径并发送给服务器，服务器把计算出的圆的面积返回给客户端，可以把计算量大的工作放在服务器端，客户端负责计算量小的工作，实现客户端与服务器端的交互工作来完成某项任务。程序运行结果如图 10-5 所示。

```
/*
*Test10_4Server.java
*该类封装了服务器端程序，接收客户端的数据并处理返回给客户端
*/
import java.net.*;
```

```
import java.io.*;
import java.util.*;
public class Test10_4Server {
   public static void main(String[] args){
      ServerSocket server=null;
      ServerThread thread;
      Socket so=null;
      while(true){
         try{
            server=new ServerSocket(3500);
         }catch(Exception exp){
            System.out.println("正在侦听");
         }
         try{
            System.out.println("等待客户端连接");
            so=server.accept();
            System.out.println("客户端地址: "+so.getInetAddress());
         }catch(Exception ex){
            System.out.println("正在等待客户端");
         }
         if(so!=null){
            new ServerThread(so).start();//为每个客户端启动一个线程
         }
      }
   }
}
//ServerThread.java
//该类封装了计算客户端输入数据的圆面积线程程序
import java.net.*;
import java.io.*;
import java.util.*;
public class ServerThread extends Thread {
   Socket so;
   DataInputStream input=null;
   DataOutputStream output=null;
   public ServerThread(Socket t){
      so=t;
      try{
         output=new DataOutputStream(so.getOutputStream());
         input=new DataInputStream(so.getInputStream());
      }catch(Exception e){
         e.printStackTrace();
      }
   }
   public void run(){
      while(true){
         try{
            double r=input.readDouble();//堵塞状态，除非读到信息
            double area=Math.PI*r*r;
            output.writeDouble(area);
```

```
            }catch(Exception ex){
                System.out.println("客户端断开");
                return;
            }
        }
    }
}
/*
*Test10_4Client.java
*该类封装了客户端与服务器端进行连接的程序，接收数据并处理返回给服务器
*/
import java.net.*;
import java.io.*;
import java.util.*;
public class Test10_4Client {
    public static void main(String[] args){
        //从键盘输入主机名和端口号，必须与服务器端一致
        Scanner sc=new Scanner(System.in);
        Socket so=null;
        DataInputStream input=null;
        DataOutputStream output=null;
        Thread readData;
        ReadNumber read=null;
        try{
            so=new Socket();
            read=new ReadNumber();
            readData=new Thread(read);
            System.out.print("输入服务器的 IP 地址");
            String ip=sc.nextLine();
            System.out.print("输入端口号: ");
            int port=sc.nextInt();
            if(so.isConnected()){
            }else{
                InetAddress address=InetAddress.getByName(ip);
                InetSocketAddress socketAddress=new InetSocketAddress(address,port);
                so.connect(socketAddress);
                input=new DataInputStream(so.getInputStream());
                output=new DataOutputStream(so.getOutputStream());
                read.setDataInputStream(input);
                readData.start();//启动线程
            }
        }catch(Exception e){
            e.printStackTrace();
        }
        System.out.print("输入圆的半径（放弃请输入 N）");
        while(sc.hasNext()){
            double radius=0;
            try{
                radius=sc.nextDouble();
            }catch(InputMismatchException i){
```

```
                System.exit(0);
            }
            try{
                output.writeDouble(radius);
            }catch(Exception ex){
            }
        }
    }
}
//ReadNumber.java
//该类封装了客户端程序的线程实现
import java.io.*;
public class ReadNumber implements Runnable {
    public DataInputStream input;
    public void setDataInputStream(DataInputStream input){
        this.input=input;
    }
    public void run(){
        double result=0;
        while(true){
            try{
                result=input.readDouble();
                System.out.println("圆的面积: "+result);
                System.out.println("输入圆的半径（放弃请输入N）");
            }catch(IOException ex){
                ex.printStackTrace();
            }
        }
    }
}
```

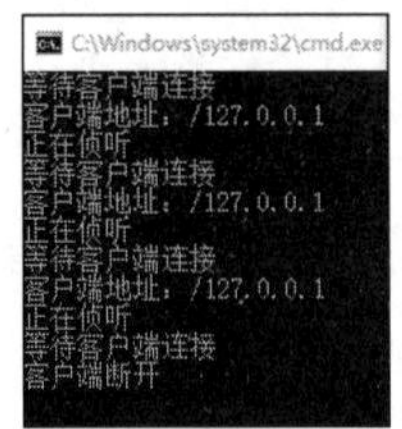

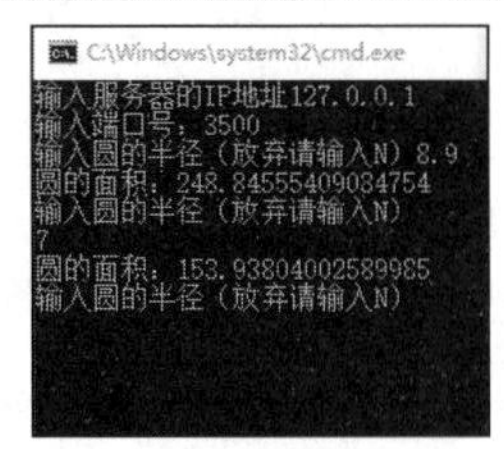

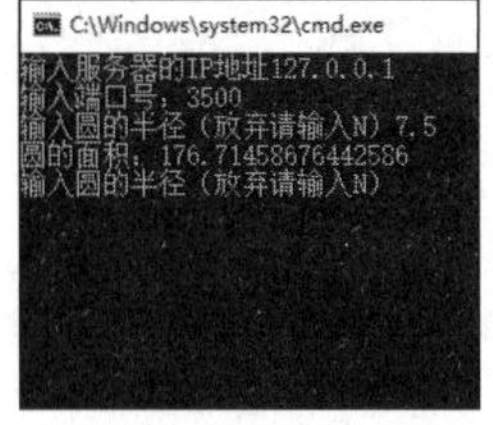

图 10-5　使用多线程处理 TCP 网络程序中服务器为多个客户端同时服务的程序

10.3　基于 UDP 的 Java 网络程序设计

基于 TCP 的 Java 网络程序设计要求通信双方必须同时连接，至少要求服务器端程序要时刻运行，等待客户端的连接与交换数据，类似于现实生活中双方使用电话进行信息交互一样。而基于用户数据报协议（User Datagram Protocol，UDP）是一种控制网络数据传输的协议，传输的数据首先封装在数据报包中，然后通过 UDP 控制数据报包的发送与接收。基于 UDP 的数据通信方式就类似于发送短信，使用这种方式进行网络通信时，不需要建立专门的虚拟连接，它弱化了服务器端与客户端的关系，通信双方不一定同时处于连接关系。

与基于 TCP 的通信方式不同，基于 UDP 的通信方式信息传递更快，但不保证数据的可靠性。数据在传输时，用户无法知道数据能否准确到达目的地，也不能确定数据到达目的地的顺序是否和发送的顺序相同。如果要求数据必须绝对准确地到达目的地，显然不能选择 UDP 传输。如果需要快速地传输信息，对小的错误可以容忍，就可以考虑使用 UDP。

基于 UDP 网络通信的程序设计模型如图 10-6 所示，其传输数据的基本模式为

（1）将数据打包成数据报，然后将数据报发往目的地。

（2）接收对方发来的数据报，然后查看数据报中的内容。

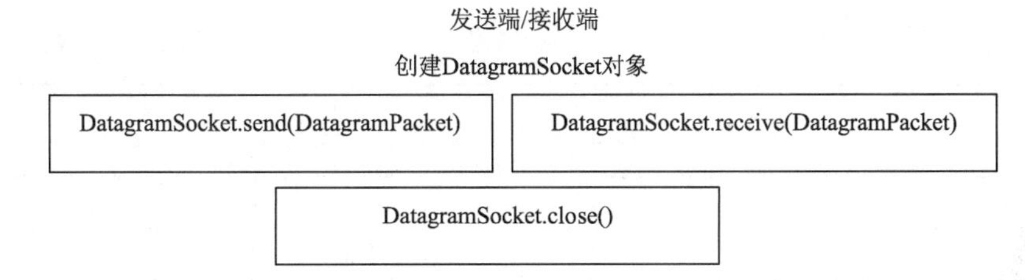

图 10-6　基于 UDP 网络通信的程序设计模型

10.3.1　DatagramPacket 类和 DatagramSocket 类

在基于 UDP 的网络通信中，数据报包的发送与接收是数据通信的关键。Java 语言提供了相应的封装类来完成通信两端的数据报包的发送与接收功能。

1. 发送数据报

（1）发送数据时，java.net 包中的 DatagramPacket 类的实例负责将数据打包成数据报。DatagramPacket 类的构造方法见表 10-8，其常用方法见表 10-9。

表 10-8　DatagramPacket 类的构造方法

构 造 方 法	说　明
public DatagramPacket(byte[] buf, int length)	创建用来接收指定长度的数据报包
public DatagramPacket(byte[] buf, int length, InetAddress address, int port)	创建用来将指定长度的数据报包发送到指定主机上的指定端口号
public DatagramPacket(byte[] buf, int offset,int length)	创建用来接收 length 中指定长度的数据报包
public DatagramPacket(byte[] buf, int offset, int length, InetAddress address, int port)	创建用来将 length 中指定长度的数据报包发送到指定主机上的指定端口号

表 10-9　DatagramPacket 类的常用方法

方　法	说　明
InetAddress getAddress()	返回接收或发送数据报包的主机地址
void setData(byte[] buf)	为数据报包设置数据缓冲区
byte[] getData()	返回数据报包的数据缓冲区
int getPort()	返回对方主机的端口号
void setPort(int iport)	设置对方主机的端口号

（2）java.net 包中的 DatagramSocket 类的实例负责发送数据报，每台计算机的每个端口号最多只能分配给一个 DatagramSocket 类的实例，因此，如果通信双方位于同一台计算机上，则它们不能采用相同的端口号。DatagramSocket 类的构造方法见表 10-10，其常用方法见表 10-11。

表 10-10　DatagramSocket 类的构造方法

构 造 方 法	说　明
public DatagramSocket()throws SocketException	创建自动查找并配置可用端口号的数据报套接字对象
public DatagramSocket(int port) throws SocketException	创建指定端口号的数据报套接字对象
public DatagramSocket(int port,InetAddress laddr) throws SocketException	创建指定主机地址和端口号的数据报套接字对象

表 10-11　DatagramSocket 类的常用方法

方　法	说　明
void close()	关闭当前数据报套接字对象
InetAddress getInetAddress()	返回当前数据报套接字的主机地址
void receive(DatagramPacket p) throws IOException	从当前数据报套接字接收数据报包
void send(DatagramPacket p) throws IOException	从当前数据报套接字发送数据报包
int getPort()	返回当前数据报套接字的端口号

2. 接收数据报

（1）在接收数据时也要封装数据报包，java.net 包中的 DatagramPacket 类的实例负责将数据打包成数据报。DatagramPacket 类的构造方法见表 10-8，其常用方法见表 10-9。

（2）将封装好的数据报包由 java.net 包中的 DatagramSocket 类的实例负责接收并将数据存储到缓冲区等待处理，在通信结束后，调用 DatagramSocket 类的 close()方法关闭当前的数据报套接字。DatagramSocket 类的构造方法见表 10-10，其常用方法见表 10-11。

10.3.2　基于 UDP 的 Java 网络程序设计过程

基于 UDP 的发送端和接收端 Java 网络程序设计，要对两端分别编程。不管在发送端还是在接收端，都涉及对数据报进行打包封装、发送和接收，以达到数据传输的目的。

例题 10-5　封装了使用 UDP 进行网络通信的程序，该程序由发送端和接收端组成，一般不能先运行发送端，否则会出现数据丢失，这是因为如果发送端的数据传输到指定的网络地址和端口号时没有程序负责接收数据，则这些数据可能直接被丢弃，类似于在邮局送信时出现“查无此人”的信件。程序运行结果如图 10-7 所示。

```
//Test10_5OneEnd.java，封装了通信一端的计算机
import java.net.*;
import java.util.*;
public class Test10_5OneEnd {
   public static void main(String[] args){
      DatagramSocket dSocket;
      DatagramPacket inPacket,outPacket;
      InetAddress address;
```

```
        int port;
        byte[] inBuffer=new byte[100];
        byte[] outBuffer;
        String s;
        try{
            dSocket=new DatagramSocket(8000);
            while(true){
                inPacket=new DatagramPacket(inBuffer,inBuffer.length);
                dSocket.receive(inPacket);
                address=inPacket.getAddress();
                port=inPacket.getPort();
                s=new String(inPacket.getData(),0,inPacket.getLength());
                System.out.println("接收到对方信息: "+s);
                System.out.println("对方主机名为: "+address.getHostName());
                System.out.println("对方端口号为: "+port);
                Date d=new Date();
                outBuffer=d.toString().getBytes();
                outPacket=new DatagramPacket(outBuffer,outBuffer.length,address,port);
                dSocket.send(outPacket);
            }
        }catch(Exception w){
            w.printStackTrace();
        }
    }
}
//Test10_5AnotherEnd.java，封装了通信另一端的计算机
import java.net.*;
public class Test10_5AnotherEnd {
    public static void main(String[] args){
        DatagramPacket inPacket,outPacket;
        DatagramSocket dSocket;
        InetAddress address;
        byte[] inBuffer=new byte[100];
        byte[] outBuffer;
        try{
            dSocket=new DatagramSocket();
            if(args.length==0){
                //设通信两端处于同一台计算机上
                address=InetAddress.getByName("127.0.0.1");
            }else{
                address=InetAddress.getByName(args[0]);
            }
            String s="请求连接";
            outBuffer=s.getBytes();
            outPacket=new
            DatagramPacket(outBuffer,outBuffer.length,address,8000);
            dSocket.send(outPacket);
            inPacket=new DatagramPacket(inBuffer,inBuffer.length);
            dSocket.receive(inPacket);
            s=new String(inPacket.getData(),0,inPacket.getLength());
```

```
            System.out.println("接收到对方信息! "+s);
            dSocket.close();
        }catch(Exception e){
            e.printStackTrace();
        }
    }
}
```

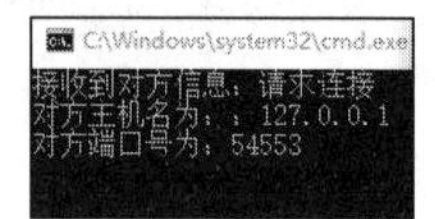

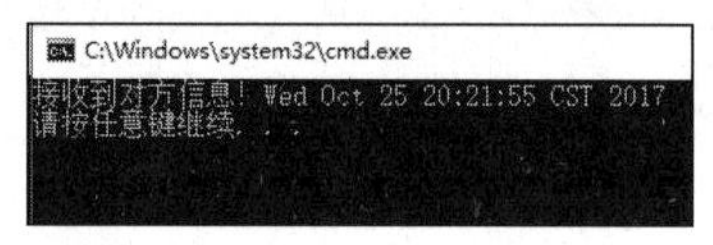

图 10-7　基于 UDP 的数据发送与接收显示

拓展阅读

JDK 11 为 HttpUrlConnection 重新设计了 HTTP Client API。HTTP Client API 使用简单，支持 HTTP/2(默认)和 HTTP/1.1。此外，HTTP Client API 支持同步和异步编程模型，并依靠 stream 传输数据(Reactive Stream)。除了多路复用(Multiplexing)，HTTP/2 另一个强大的功能是服务器推送。HTTP/2 会发送 HTML 页面和引用的资源，不需要浏览器主动请求。因此，浏览器请求 HTML 页面后，就能收到页面以及显示所需的所有其他信息。HTTP Client API 通过 PushPromiseHandler 接口支持 HTTP/2 功能。

习　题

1. 分析数据流（TCP）套接字程序设计和数据报（UDP）程序设计的区别。

2. 封装一类服务器程序和一类客户端程序，用它们进行文件传输，即客户端请求服务器上的一个文件，如果文件存在，则将文件传输至客户端。

3. 在同一主机上测试，同一 IP 地址，不同的端口，使用 UDP 收发数据。使用 Socket 编程，通过 UDP 协议发送数据，然后通过 UDP 接收数据。

4. 改进例题 10-3，使用多线程程序可以在服务器端同时与多个客户端程序进行聊天，这些客户端程序既可以与服务器在同一台计算机上，也可以在不同的计算机上。

5. 封装一类服务器程序和一类客户端程序，模拟网络对弈中国象棋或国际象棋。

第 11 章　Java 与数据库应用程序设计

在 Java 程序设计过程中，数据仅仅存储在内存的数据结构中是满足不了要求的，通常需要把数据永久保存起来。数据库存储是目前程序设计最常用的一种方法。使用数据库进行数据的存储和查询为组织和管理大量有规则的数据提供了一种通用的模式。

11.1　概　　述

一个数据库（Database，DB）就是一组数据的集合，采用不同的策略可以在数据库中组织数据，以便更容易地访问和操作数据。数据库管理系统（Database Management System，DBMS）提供了一种机制，按照与数据库格式相统一的方式来存储和管理数据。数据库管理系统允许直接访问和存储数据，而无须关心数据库的内部表达形式。

11.1.1　关系数据库模型

目前使用最多的数据库系统都是关系数据库（Relationship Database），结构化查询语言（Structured Query Language，SQL）普遍应用于关系数据库系统中，使用 SQL 可以查询和操作数据。管理关系数据库系统的产品有许多，如 Microsoft SQL Server、Oracle、MySQL、Derby 和 Sybase 等，这些数据库产品都有其各自的特点和存储方式，但普遍采用 SQL 语言进行管理数据，所以，Java 语言程序设计时嵌入了 SQL 语句，能够适应所有关系数据库。

关系数据库模型（Relationship Database Model）是指数据的一种逻辑表达形式，该模型只关心数据之间的相互关系，而不考虑数据的物理结构。一个关系数据库是由若干个表（Table）组成，每个表都有相应的表结构进行描述，它的一般书写格式为

表名（属性 1（主键，类型，长度），属性 2（类型，长度），……，属性 n（类型，长度））

例如：

```
Employee(ID(PrimaryKey,char,5),Name(char,10),Department(char,3),Salary(dou
ble,6.2)))
```

建立了表的结构，就可以往表中存储数据了，表中的每一行称为记录（Record，或称为元组），每一列称为字段（Field，或称为属性），表中必须有一列为主键，它是表中具有唯一值的字段，每条记录不能含有重复的主键值，这确保了表中的每一条记录都能用唯一的数值进行区分，表中的每条记录不能出现完全重复的值。Employee 表的结构与数据如图 11-1 所示。

	ID	Name	Department	Salary
	23603	Tom	413	1100
行/记录	24568	Jerry	413	2000
⇨	34589	Kent	642	1800
	35761	Mary	611	1400
	47132	John	413	9000
	78321	Tomson	611	7500
	⇧ 主键		⇧ 列/字段	

图 11-1　Employee 表的结构与数据

11.1.2　关系数据库实例

本章以 books 数据库为例进行 Java 数据库应用程序设计。把图书的相关信息存放到数据库中，使用 SQL 从数据库中获取有用的信息，对数据库表中的数据进行操作。

books 数据库中共包含了四个表：authors、publishers、authorISBN 和 titles，其表结构见表 11-1~表 11-4。

表 11-1　authors 表结构

字　　段	类型（长度）	说　　明
authorID	int（11）	作者的 ID 号,主键
name	varchar（10）	作者的姓名
location	varchar（12）	作者的地址

表 11-2　publishers 表结构

字　　段	类型（长度）	说　　明
publisherID	int（11）	出版商的 ID 号，主键
publisherName	varchar（20）	出版商的名称

表 11-3　authorISBN 表结构

字　　段	类型（长度）	说　　明
authorID	int（11）	作者的 ID 号，必须与 authors 表中的相应数据相同
isbn	varchar（20）	图书的 ISBN 号

表 11-4　titles 表结构

字　　段	类型（长度）	说　　明
isbn	varchar（20）	图书的 ISBN 号，必须与 authorISBN 表中的相应数据相同
title	varchar（45）	图书的名称
editionNumber	varchar（45）	图书的版本号
copyright	int（11）	图书的版权年份
publisherID	int（11）	出版商的 ID 号，必须与 publishers 表中的相应数据相同

续表

字　段	类型（长度）	说　明
imageFile	varchar（45）	图书的封面图像文件名称
price	double	图书价格

每个数据表结构都必须符合数据库的实体完整性规则,表的主键唯一标识表中的每一条记录,在每条记录中必须定义主键的值，并且它的值是唯一的。外部关键字在创建表时指定，可以帮助维护引用完整性规则，每个外部关键字的字段值必须在另一个表的主键字段中出现。外部关键字可以将多个表的信息连接起来，从而便于对数据进行分析处理。主键和与之对应的外部关键字之间是一对多的关系，这说明，外部关键字的值在它自己的表中可以重复，但作为另一个表的主键时它只能取唯一值。

11.2　JDBC 与数据库连接

Java 通过 Java 数据库连接程序（Java Database Connectivity，JDBC）与数据库进行交互。JDBC 驱动程序实现了对特定数据库的接口。这种 API 和驱动程序之间的独立性使得在改变底层数据库时，并不需要修改用于访问数据库的上层 Java 代码。目前，大多数数据库管理系统都提供了各自的 Java 驱动程序，并且还有很多第三方的 Java 驱动程序以供选择。

11.2.1　JDBC 驱动程序

随着数据库系统生产厂商的不断出现，数据库管理系统 DBMS 也呈现多样化。如果要开发一种应用程序来对所有的数据库进行操作，就需要这种程序独立于特定的 DBMS。Java 提供了一个通用的 SQL 数据库存取框架，在各种各样的数据库连接模块上定义统一的界面，这样可以面对单一的数据库界面，使与数据库无关的 Java 工具和产品成为可能，使得数据库连接的开发者可以提供各种各样的连接方案，这一通用的 SQL 数据库存取框架称为 JDBC。有了 JDBC，Java 程序就不需要为不同的平台编写不同的应用程序，将 Java 和 JDBC 结合起来只需写一遍程序就可让它在任何平台上运行。

有了 JDBC 驱动程序和 API，向各种关系数据库发送 SQL 语句就会产生统一的结果。JDBC 驱动程序扩展了 Java 程序设计的功能，使 Java 程序不仅可以编写单机版的数据库应用，而且可以应用到 Java Web 程序设计过程中，使得网络程序设计的应用更加广泛。

JDBC 规定了访问数据库的完整 API，而具体实现对底层数据库的操作则依赖于具体的 JDBC 驱动程序。Java 语言通过这种机制屏蔽不同类型的底层数据库，实现跨平台操作。

根据 JDBC 驱动程序的实现机制，可以将 JDBC 驱动程序分成四种类型。

第一类 JDBC 驱动程序实现从 JDBC 的数据库设计接口 API 到其他数据库程序设计接口 API 的映射，从而将对 JDBC API 的调用转化为对其他数据库程序设计接口 API 的调用。微软公司的开放式数据库连接（Open Database Connectivity，ODBC）是一种比较典型的 API，将 JDBC 的 API 映射到 ODBC 的 API 称为 JDBC-ODBC 桥,JDBC-ODBC 桥借助于 ODBC 已有的结果实现对不同类型数据库的统一处理,在实现上比较简单,如图 11-2 所示。这种方法的可移植性比较差,而且 JDBC 的 API 功能会受到 ODBC 的 API 功能及其发展的限制。

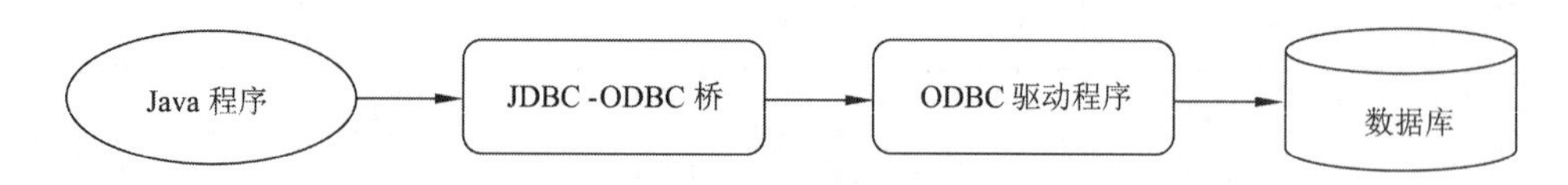

图 11-2　第一类 JDBC 驱动程序示意图

第二类 JDBC 驱动程序部分采用 Java 语言编写，部分采用本地化语言编写，如图 11-3 所示。这类 JDBC 驱动程序的底层通常通过本地化方法与数据库进行交互，即允许通过本地化方法实现 JDBC 的 API，处理各种类型的数据库。采用这种方法的 JDBC 驱动程序必须通过本地化才可以使用，兼容性比较差。

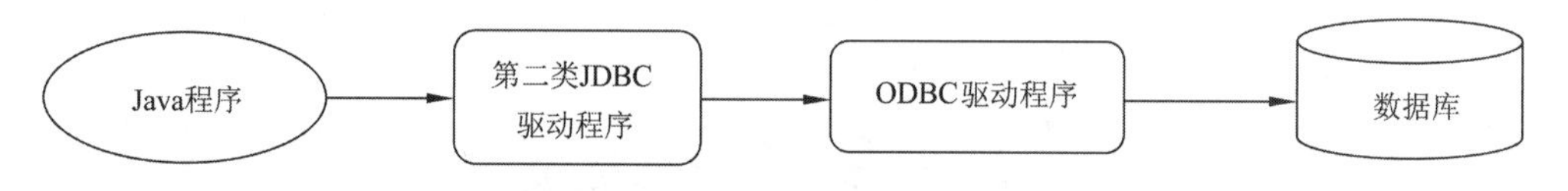

图 11-3　第二类 JDBC 驱动程序示意图

第三类 JDBC 驱动程序通过中间件服务器实现 JDBC 的 API。中间件服务器编写了一个与具体数据库管理系统无关的数据库访问接口协议，在访问数据库时要借助于该协议，相当于在 JDBC 和数据库之间增加了一层标准，如图 11-4 所示。采用这种方式的缺点就是执行效率比较低。

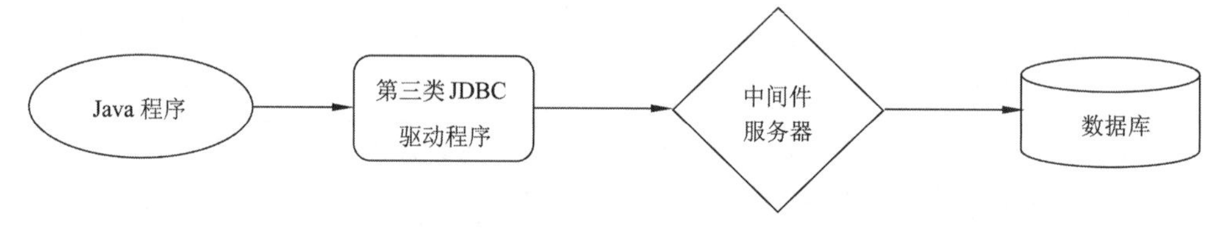

图 11-4　第三类 JDBC 驱动程序示意图

第四类 JDBC 驱动程序直接采用 Java 语言实现与指定数据库交互的协议，直接访问数据库，简单可靠，移植性好，如图 11-5 所示。第四类 JDBC 驱动程序允许直接从本地调用 DBMS 服务器，是目前使用最为广泛的数据库连接程序，执行效率最高，适应性最广。

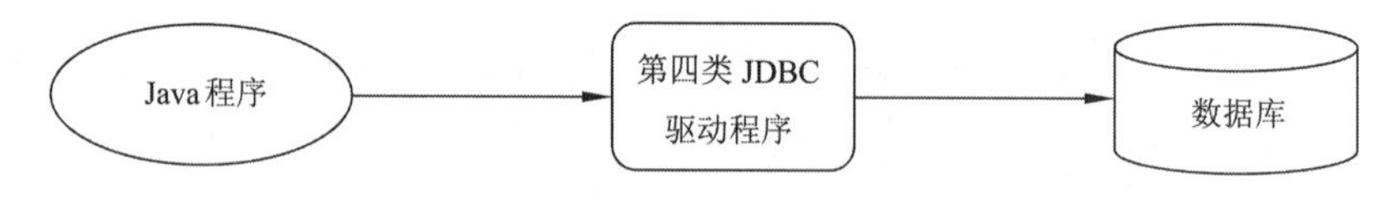

图 11-5　第四类 JDBC 驱动程序示意图

11.2.2　通过 JDBC 访问数据库

在设计好关系数据库及相应的关系表结构之后，需要选择在特定的数据库系统中创建才能使用。按照前面提到的各种关系数据库产品：Microsoft SQL Server、Oracle、MySQL、Derby 和 Sybase 等，本章以 MySQL 数据库为例进行操作，兼顾其他数据库的使用和学习。

1. JDBC 驱动程序包

要进行 JDBC 操作，除了在数据库系统中建立提前设计好的数据库及其表结构之外，还需要导入数据库管理系统的驱动程序包文件，这些文件一般扩展名为 jar，在该驱动程序包里存储了嵌入 Java 程序的驱动器类。

不同的数据库系统其驱动程序包文件不同，到其相应的官方网站即可下载。将下载的驱动程序包文件复制到 Java 运行环境的扩展目录下，即将该 jar 文件复制到 JDK 安装目录的 jre\lib\ext 目录中，也可以在系统的 classpath 中添加该 jar 文件。

（1）Oracle 数据库：

驱动程序包名：ojdbc14.jar。

驱动类的名字：oracle.jdbc.driver.OracleDriver。

JDBC URL：jdbc:oracle:thin:@dbip:port:databasename。

说明：随着数据库管理系统版本的更新，驱动程序包名有可能会变。

JDBC URL 中各个部分含义如下：

dbip 为数据库服务器的 IP 地址，如果是本地可写为 localhost 或 127.0.0.1。

port 为数据库的监听端口，默认为 1521，安装时也可以改变该配置。

databasename 为数据库的 SID，通常为全局数据库的名字。

（2）SQL Server 数据库：

驱动程序包名：msbase.jar，mssqlserver.jar，msutil.jar。

驱动类的名字：com.microsoft.jdbc.sqlserver.SQLServerDriver。

JDBC URL：jdbc:microsoft:sqlserver://dbip:port;DatabaseName=databasename。

说明：随着数据库管理系统版本的更新，驱动程序包名有可能会变。

JDBC URL 中各个部分含义如下：

dbip 为数据库服务器的 IP 地址，如果是本地可写为 localhost 或 127.0.0.1。

port 为数据库的监听端口，默认为 1433，安装时也可以改变该配置。

databasename 为数据库的名字。

（3）MySQL 数据库：

驱动程序包名：mysql-connector-java-5.1.44-bin.jar。

驱动类的名字：com.mysql.jdbc.Driver。

JDBC URL：jdbc:mysql://dbip:port/databasename。

说明：随着数据库管理系统版本的更新，驱动程序包名有可能会变。

JDBC URL 中各个部分含义如下：

dbip 为数据库服务器的 IP 地址，如果是本地可写为 localhost 或 127.0.0.1。

port 为数据库的监听端口，默认为 3306，安装时也可以改变该配置。

databasename 为数据库的名字。

（4）Derby 数据库：

驱动程序包名：derby.jar，derbynet.jar，derbyclient.jar。

驱动类的名字：org.apache.derby.jdbc.EmbeddedDriver。

JDBC URL：jdbc:derby:databasename;create=true|false。

说明：随着数据库管理系统版本的更新，驱动程序包名有可能会变。

JDBC URL 中各个部分含义如下：

databasename 为数据库的名字。

2. 加载 JDBC 驱动程序

应用程序为了能和数据库建立连接，需要加载相应的驱动程序类，并处理抛出的 ClassNotFoundException、InstantiationException、IllegalAccessException 和 SQLException 异常，编写程序时可以直接处理 Exception 异常。Java 应用程序加载驱动程序类的一般书写格式为：

```
try{
Class.forName("com.mysql.jdbc.Driver");//加载 MySQL 驱动程序类
}catch(Exception e){
e.printStackTrace();//输出异常对象的栈跟踪过程，也可以调用其他方法
}
```

如果要加载其他数据库系统的驱动程序类，只需要将上述的 Class.forName(String s)方法的参数 s 传递相应数据库系统的驱动程序类名作为实参即可。

3. 连接数据库

加载驱动程序类之后，使用 java.sql 包中的 Connection 类声明一个对象，再使用 java.sql 包中的 DriverManager 类封装的静态方法 getConnection()创建这个连接对象，并处理抛出的 SQLException 异常。getConnection()方法有三个重载形式，针对不同的数据库调用不同的方法：

```
public static Connection getConnection(String url)
                                       throws SQLException
public static Connection getConnection(String url, Properties info)
                                       throws SQLException
public static Connection getConnection(String url,String user,String password)
                                     throws SQLException
```

连接数据库的一般书写格式为

```
try{
//连接 MySQL 数据库系统中 books 数据库，用户名为 root，密码为 password218
Connection connection;
connection=DriverManager.getConnection("jdbc:mysql://locahost:3306/books",
"root","password218");
}catch(SQLException e){
e.printStackTrace();
}
```

如果要连接其他数据库系统中的数据库，需要事先明确该数据库系统的 JDBC URL 格式，再将此格式与 getConnection()方法的某个重载形式相匹配，即可实现连接。

4. 发送 SQL 语句

当连接成功后，语句的返回结果为一个 Connection 对象，利用该对象调用方法向数据库系统的相应数据库发送 SQL 语句，可以实现查询和操作数据库中的数据。

JDBC 提供了三个接口用于向数据库系统发送 SQL 语句：Statement、PreparedStatement 和 CallableStatement，它们的实例由 Connection 接口中相应方法实现，见表 11-5。

表 11-5 Connection 接口中实现发送 SQL 语句的常用方法

方　法	说　明
Statement createStatement() throws SQLException	创建一个发送 SQL 语句的 Statement 实例

续表

方　法	说　明
Statement createStatement(int rt, int rsc) throws SQLException	创建一个发送 SQL 语句并生成指定类型和并发性的 Statement 实例
Statement createStatement(int rt, int rsc, int rsh) throws SQLException	创建一个发送 SQL 语句并生成指定类型、并发性和可保存的 Statement 实例
PreparedStatement prepareStatement(String s) throws SQLException	创建一个参数化 SQL 语句的 PreparedStatement 实例
PreparedStatement prepareStatement(String s, int rt, int rsc) throws SQLException	创建一个参数化 SQL 语句并生成指定类型和并发性的 PreparedStatement 实例
PreparedStatement prepareStatement(String s, int rt, int rsc, int rsh) throws SQLException	创建一个参数化 SQL 语句并生成指定类型、并发性和可保存的 PreparedStatement 实例
CallableStatement prepareCall(String sql) throws SQLException	创建一个 CallableStatement 实例调用数据库的存储过程
CallableStatement prepareStatement(String s, int rt, int rsc) throws SQLException	创建一个参数化 SQL 语句并生成指定类型和并发性的 CallableStatement 实例
CallableStatement prepareStatement(String s, int rt, int rsc, int rsh) throws SQLException	创建一个参数化 SQL 语句并生成指定类型、并发性和可保存的 CallableStatement 实例

（1）Statement 接口。Statement 接口的实例由 Connection 类封装的 createStatement 方法获得，用于发送简单的 SQL 语句。Statement 接口提供了三种执行 SQL 语句的方法：executeQuery、executeUpdate 和 execute，见表 11-6。

表 11-6　Statement 接口中的常用方法

方　法	说　明
boolean execute(String sql) throws SQLException	执行指定的 SQL 语句并返回多个结果集
ResultSet executeQuery(String sql) throws SQLException	执行指定的 SQL 语句，该语句返回单个 ResultSet 对象
int executeUpdate(String sql) throws SQLException	执行指定的 SQL 语句，该语句可能为 INSERT、UPDATE 或 DELETE 语句，或者不返回任何内容的 SQL 语句（如 SQL DDL 语句）

（2）PreparedStatement 接口。PreparedStatement 接口的实例由 Connection 类封装的 prepareStatement 方法获得，该接口继承自 Statement 接口，并对 Statement 接口进行了改进。PreparedStatement 接口的实例包含已经编译好的 SQL 语句，其执行速度更快。PreparedStatement 接口实例的 SQL 语句参数可以使用通配符（?）指定灵活的合法 SQL 语句，使得程序的通用性更强。PreparedStatement 接口提供了与 Statement 不同的三种执行 SQL 语句方法：executeQuery、executeUpdate 和 execute，这三种方法与表 11-6 中的书写格式类似，只是已被更改为不包含参数。

（3）CallableStatement 接口。CallableStatement 接口由 Connection 类封装的 prepareCall 方法获得，该接口实例用于执行 SQL 存储过程程序。CallableStatement 接口从 PreparedStatement 接口中继承了使用通配符（?）指定灵活的合法 SQL 语句的功能，同时增加了用于输出参数和输入/输出参数的方法。

5．处理结果集

SQL 语句发送到数据库中后，由数据库管理系统（DBMS）进行处理，得到相应的结果。对于 UPDATE、INSERT 和 DELETE 等 SQL 语句，DBMS 不需要返回数据库中的记录，但对于 SELECT 等 SQL 语句，DBMS 需要返回数据库中的记录，返回的记录存放在结果集中。

结果集 ResultSet 是 java.sql 包中的一个接口，当结果返回时，包含符合 SQL 语句中条件的所有行，并且它通过一系列 get***方法提供了对这些行中数据的访问。接口中的各种 get***方法由 int 类型的参数可以获得记录当前行中某列的值，在每一行中对列进行了编号，从左到右依次从 1 开始计数，当使用列号作为实参传递时，必须按照从小到大的列号进行操作，不能打乱列号的顺序。接口中的各种 get***方法由 String 类型的参数可以获得当前行中某列的值，在每一行中用列名（字段名）作为实参进行传递，且不区分大小写。根据列（字段）的类型不同，ResultSet 接口中的各种 get***方法见表 11-7，表中方法的参数“|”表示二选一。

表 11-7 ResultSet 接口中的常用 get***方法

方 法	说 明
byte getByte(int ci | String name) throws SQLException	获取 ResultSet 实例当前行中指定列的 byte 值
short getShort(int ci | String name) throws SQLException	获取 ResultSet 实例当前行中指定列的 short 值
int getInt(int ci | String name) throws SQLException	获取 ResultSet 实例当前行中指定列的 int 值
long getLong(int ci | String name) throws SQLException	获取 ResultSet 实例当前行中指定列的 long 值
float getFloat(int ci | String name) throws SQLException	获取 ResultSet 实例当前行中指定列的 float 值
double getDouble(int ci | String name) throws SQLException	获取 ResultSet 实例当前行中指定列的 double 值
Date getDate(int ci | String name) throws SQLException	获取 ResultSet 实例当前行中指定列的 Date 对象

6．关闭连接

当操作结束后，需要关闭每一步操作的连接，以保证数据库系统的数据和 Java 程序的安全性和可靠性。

如果存在结果集，则首先使用 ResultSet 接口的实现对象调用其 close()方法关闭结果集，再使用 Statement 接口的实现对象调用其 close()方法关闭 Statement，最后使用 Connection 接口的实现对象调用其 close()方法关闭 Connection 连接。

11.3 Java 与数据库操作

和数据库建立起连接后，就可以使用 JDBC 提供的 API 和数据库进行交互，如查询、修改和更新数据库中的表记录等。JDBC 和数据库进行交互的主要方式是使用 SQL 语句，JDBC 提供的 API 可以将标准的 SQL 语句发送给数据库，实现和数据库的交互。

11.3.1 查询操作

查询数据库中一个表的记录时，希望知道表中字段的个数以及各个字段的名字。由于无论字段时何种属性，总可以使用 getString 方法返回字段值的字符串表示。因此，只要知道了表中字段的个数或字段的名字，就可以方便地查询表中的记录。

1. 顺序查询

顺序查询是指按照数据库中表的记录顺序查询相应结果，此时需要指定表中字段的列编号或字段的名称。

例题 11-1　封装了一个顺序查询记录的程序。在主类的 main 方法中将数据库名和该数据库的表名传递给封装类的对象。

```
//Test11_1.java
public class Test11_1 {
   public static void main(String[] args) {
      MyQuery query=new MyQuery();
      query.setDatabaseName("books");
      query.setSQL("SELECT * FROM authors");
      query.outQueryResult();
   }
}
/*
 * MyQuery.java
 * 该类封装了顺序查询数据库表中记录的程序。
 */
import java.sql.*;//导入数据库操作的类
public class MyQuery {
   String databaseName="";//数据库名
   String sql;//SQl 语句
   public MyQuery(){//构造方法
//加载驱动程序，以 MySQL 数据库系统为例，要使用其他数据库，更换相应驱动程序即可
//加载驱动程序的方法必须处理异常
      try{
         Class.forName("com.mysql.jdbc.Driver");
      }catch(Exception e){
         e.printStackTrace();
      }
   }
   public void setDatabaseName(String s){//设置数据库名字
         databaseName=s.trim();
      }
   public void setSQL(String sql){//设置 SQL 语句
      this.sql=sql.trim();
   }
   public void outQueryResult(){
      Connection con;//连接数据库
      Statement state;//发送 SQL 语句
      ResultSet rs;//查询结果集
      try{
         //连接 MySQL 数据库,要使用其他数据库，更换相应参数即可
         //连接数据库的方法必须处理异常
         String uri="jdbc:mysql://localhost:3306/"+databaseName;
         String user="root";
         String password="password218";
         con=DriverManager.getConnection(uri,user,password);
```

```
            state=con.createStatement();//建立 SQL 语句对象
            rs=state.executeQuery(sql);//返回查询结果集
          ResultSetMetaData metaData=rs.getMetaData();//结果集的元数据对象
            int columnCount=metaData.getColumnCount();//结果集的总列数
            for(int i=1;i<=columnCount;i++){
              System.out.print(metaData.getColumnName(i)+"\t");//输出字段名
            }
            System.out.println();
            while(rs.next()){//输出结果集中的记录，即输出每一行
                for(int i=1;i<=columnCount;i++){
                    System.out.print(rs.getString(i)+"\t\t");
                }
                System.out.println();
            }
        }catch(SQLException ex){
            ex.printStackTrace();
        }
    }
}
```

2. 条件查询

ResultSet 类的 next()方法顺序地查询数据，但有时需要查询给定条件的记录，此时就要用到 SQL 的条件查询语句。

例题 11-2 封装了条件查询数据库表中记录的程序，仍然使用例题 11-1 中的 MyQuery 类。

```
//Test11_2.java
public class Test11_2 {
    public static void main(String[] args) {
        MyQuery query=new MyQuery();
        query.setDatabaseName("books");
        int editionNumber=3;
        //条件查询的 SQL 语句
 String s="SELECT * FROM title WHERE editionNumber='"+editionNumber+"'";
        query.setSQL(s);
        System.out.println("title 表中版本号为"+editionNumber+"的记录");
        query.outQueryResult();
        double min=50,max=100;
        //条件查询的 SQL 语句
        s="SELECT * FROM title WHERE price>="+min+"AND price<="+max;
        query.setSQL(s);
        System.out.println("title 表中价格在"+min+"和"+max+"之间的记录");
        query.outQueryResult();
    }
}
```

3. 排序查询

可以在 SQL 语句中使用 ORDER BY 子句对数据库中表的记录进行排序，并且按照一定的顺序查询数据。

例题 11-3 封装了排序查询数据库表中记录的程序，仍然使用例题 11-1 中的 MyQuery 类。

```
//Test11_3.java
```

```
public class Test11_3 {
    public static void main(String[] args) {
        MyQuery query=new MyQuery();
        query.setDatabaseName("books");
        //按出版年份排序 title 表中记录的 SQL 语句
        String s="SELECT * FROM title ORDER BY copyright";
        query.setSQL(s);
        System.out.println("title 表按出版年份排序");
        query.outQueryResult();
    }
}
```

4．模糊查询

可以在 SQL 语句中使用关键字 LIKE 进行模式匹配，使用“%”代替 0 个或多个字符，使用英文半角的下画线“_”代替一个字符。

例题 11-4　封装了模糊查询数据库表中记录的程序，仍然使用例题 11-1 中的 MyQuery 类。

```
//Test11_4.java
public class Test11_4 {
    public static void main(String[] args) {
        MyQuery query=new MyQuery();
        query.setDatabaseName("books");
        //在 title 表中查询 title 名称中含有 “C++” 字样记录的 SQL 语句
        String s="SELECT * FROM title WHERE title LIKE '%C++%'";
        query.setSQL(s);
        query.outQueryResult();
    }
}
```

5．查询操作的 GUI 程序

为了提高人机交互的操作效果，允许在 Java 的 GUI 程序中输入任何合法的查询语句，并且可以将查询结果显示在可视化的表格中。

例题 11-5　封装了数据库数据查询的 GUI 程序，程序运行结果如图 11-6 所示。

```
/**
 *Test11_5DisplayResults.java
 * 该类封装了 GUI 界面、创建 TResultSetTableModel 对象和执行主类的程序
 */
import java.awt.*;
import java.awt.event.*;
import javax.swing.*;
import java.sql.*;
public class DisplayQueryResults extends JFrame implements ActionListener{
    private ResultSetTableModel tableModel;
    private JTextArea queryArea;
    public Test11_5DisplayResults(){//构造方法布局 GUI 界面和事件响应
        //连接 MySQL 数据库,要使用其他数据库，更换相应参数即可
        //连接数据库的方法必须处理异常
        super("显示查询结果");
        String driver="com.mysql.jdbc.Driver";
        String query="select * from authors";
```

```
        String url="jdbc:mysql://localhost:3306/books";
        try{
          tableModel=new ResultSetTableModel(driver,url,query);
          queryArea=new JTextArea(query,3,100);
          queryArea.setWrapStyleWord(true);
          queryArea.setLineWrap(true);
          JScrollPane scrollPane=new
JScrollPane(queryArea,ScrollPaneConstants.VERTICAL_SCROLLBAR_AS_NEEDED,Scr
ollPaneConstants.HORIZONTAL_SCROLLBAR_NEVER);
          JButton submitButton=new JButton("提交查询");
          Box box=Box.createHorizontalBox();
          box.add(scrollPane);
          box.add(submitButton);
          JTable resultTable=new JTable(tableModel);//表格对象显示数据
          Container c=getContentPane();
          c.add(box,BorderLayout.NORTH);
          c.add(new JScrollPane(resultTable),BorderLayout.CENTER);
          submitButton.addActionListener(this);
          setSize(500,250);
          setVisible(true);
          setDefaultCloseOperation(JFrame.EXIT_ON_CLOSE);
        }catch(ClassNotFoundException classnotfound){
         JOptionPane.showMessageDialog(null,"驱动程序未找到","驱动器未找到",
          JOptionPane.ERROR_MESSAGE);
         System.exit(1);
        }catch(SQLException sql){
          JOptionPane.showMessageDialog(null,sql.toString(),"数据库出错",
         JOptionPane.ERROR_MESSAGE);
          System.exit(1);
        }
    }
    public void actionPerformed(ActionEvent e){
        try{
          tableModel.setQuery(queryArea.getText());
        }catch(SQLException sql1){
        JOptionPane.showMessageDialog(null,sql1.toString(),"数据库出错",
                                      JOptionPane.ERROR_MESSAGE);
        }
    }
    public static void main(String[] args) {
        // TODO code application logic here
        Test11_5DisplayResults app=new Test11_5DisplayResults();
    }
}
/*
 * TResultSetTableModel.java
 * 该类封装了数据库连接和维护数据库数据的程序
 */
import java.sql.*;//导入数据库操作的包
import javax.swing.table.*;//导入显示表中记录的表对象
```

```
public class ResultSetTableModel extends AbstractTableModel{
   private Connection connection;//连接数据库
   private Statement statement;//发送 SQL 语句
   private ResultSet resultSet;//结果集
   private ResultSetMetaData metaData;//结果集的元数据对象
   private int numberOfRows;
public ResultSetTableModel(String driver,String url,String query) throws
                           SQLException,ClassNotFoundException{
      Class.forName(driver);//加载驱动程序
      //连接数据库
      connection=DriverManager.getConnection(url,"root","password218");
      //创建查询语句对象
statement=connection.createStatement(ResultSet.TYPE_SCROLL_INSENSITIVE,Res
ultSet.CONCUR_READ_ONLY);
      setQuery(query);
   }
      //返回列对象的类
   public Class getColumnClass(int column){
      //获得列的类对象，必须处理异常
      try{
         String className=metaData.getColumnClassName(column+1);
         return Class.forName(className);
      }catch(Exception e){
         e.printStackTrace();
      }
      return Object.class;
   }
   //获得结果集中的列数
   public int getColumnCount(){
      try{
         return metaData.getColumnCount();
      }catch(SQLException se){
         se.printStackTrace();
      }
      return 0;
   }
   //获得结果集中指定列的名称，即字段名
   public String getColumnName(int column){
      try{
         return metaData.getColumnName(column+1);
      }catch(SQLException ses){
         ses.printStackTrace();
      }
      return "";
   }
   //获得结果集中的行数
   public int getRowCount(){
      return numberOfRows;
   }
   //获得指定行和列的单元格的内容
```

```
    public Object getValueAt(int row,int column){
        try{
            resultSet.absolute(row+1);
            return resultSet.getObject(column+1);
        }catch(SQLException ses1){
            ses1.printStackTrace();
        }
        return "";
    }
    //关闭数据库的连接
    protected void finalize(){
        try{
            statement.close();
            connection.close();
        }catch(SQLException ses2){
           ses2.printStackTrace();
        }
    }
    //设置查询语句的字符串
    public void setQuery(String query)throws SQLException{
        resultSet=statement.executeQuery(query);
        metaData=resultSet.getMetaData();
        resultSet.last();
        numberOfRows=resultSet.getRow();
        fireTableStructureChanged();
    }
}
```

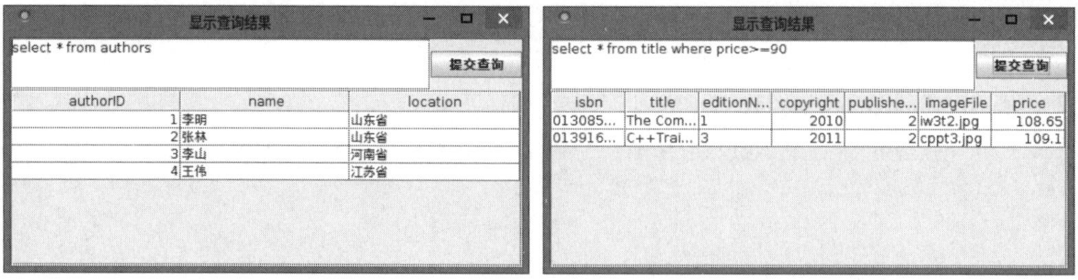

显示查询结果

select * from authors

提交查询

authorID	name	location
1	李明	山东省
2	张林	山东省
3	李山	河南省
4	王伟	江苏省

显示查询结果

select * from title where price>=90

提交查询

isbn	title	editionN...	copyright	publishe...	imageFile	price
013085...	The Com...	1	2010	2	iw3t2.jpg	108.65
013916...	C++Trai...	3	2011	2	cppt3.jpg	109.1

图 11-6　查询数据库的 GUI 程序

11.3.2　数据库表的操作

除了可以查询数据库中表的数据，还可以创建表、删除表，对表中的记录进行插入、更新和删除操作。

1．数据库表结构操作的 SQL 语句

创建表结构的 SQL 语句一般书写格式为

```
CREATE TABLE <表名>(<字段说明 1>,[<字段说明 2>],...[<字段说明 n>])
```

删除表的 SQL 语句一般书写格式为：

```
DROP TABLE <表名>
```

2. 数据库表记录操作的 SQL 语句

插入表记录的 SQL 语句一般书写格式为

```
INSERT INTO <表名>(字段列表) VALUES (对应字段列表的值列表)
INSERT INTO <表名> VALUES(所有字段列表的值列表)
```

修改更新表记录的 SQL 语句一般书写格式为

```
UPDATE <表名> SET <字段 1=值 1>,[<字段 2=值 2>],...[<字段 n=值 n>] WHERE <条件子句>
```

删除表记录的 SQL 语句一般书写格式为

```
DELETE FROM <表名> WHERE <条件子句>
```

3. Java 实现数据库表的操作

java.sql 包的 Statement 接口实例调用表 11-6 中的 executeUpdate()方法和 execute()方法实现对数据库表的操作。

例题 11-6　封装了对数据库表结构操作的程序，创建成功后，在数据库系统中就会发现新建了一个关系表。

```
//Test11_6.java
import java.sql.*;
public class Test11_6 {
   public static void main(String[] args) {
       Connection con=null;
       Statement stmt=null;
       //创建表结构的 SQL 语句
       //不同的数据库字段类型可能不同，需要根据实际情况更换类型
       String sql="CREATE TABLE USERS(id int(10),name varchar(10),sex varchar(2));";
       String url="jdbc:mysql://localhost:3306/books";
       try{
           Class.forName("com.mysql.jdbc.Driver");
       }catch(Exception s){
           s.printStackTrace();
       }
       try{
           //连接 MySQL 数据库,要使用其他数据库，更换相应参数即可
           //连接数据库的方法必须处理异常
           con=DriverManager.getConnection(url, "root", "gerry0257");
           stmt=con.createStatement();
           stmt.executeUpdate(sql);
           stmt.close();
           con.close();
       }catch(SQLException s1){
           s1.printStackTrace();
       }
   }
}
```

例题 11-7　封装了往表 users 中插入记录的程序，表 users 在例题 11-6 中已经创建。

```
//Test11_7.java
import java.sql.*;
```

```
public class Test11_7 {
    public static void main(String[] args) {
        Connection con=null;
        Statement stmt=null;
        String url="jdbc:mysql://localhost:3306/books";
        //往数据表中插入记录
        String sql1="INSERT INTO USERS VALUES(1,'Tom','m')";
        String sql2="INSERT INTO USERS VALUES(2,'Jerry','m')";
        String sql3="INSERT INTO USERS VALUES(3,'John','f')";
        String sql4="INSERT INTO USERS VALUES(4,'zhangmin','f')";
        try{
            Class.forName("com.mysql.jdbc.Driver");
        }catch(Exception s){
            s.printStackTrace();
        }
        try{
            //连接 MySQL 数据库,要使用其他数据库，更换相应参数即可
            //连接数据库的方法必须处理异常
            con=DriverManager.getConnection(url, "root", "gerry0257");
            stmt=con.createStatement();
            stmt.executeUpdate(sql1);
           stmt.executeUpdate(sql2);
            stmt.executeUpdate(sql3);
           stmt.executeUpdate(sql4);
            //修改更新某条记录
       String s="UPDATE USERS SET name='Mary' WHERE name='zhangmin'";
            stmt.executeUpdate(s);
            //查询输出表中的记录
            ResultSet rs=stmt.executeQuery("SELECT * FROM USERS");
            while(rs.next()){
                int id=rs.getInt(1);
                System.out.print(id+"\t");
                String name=rs.getString(2);
                System.out.print(name+"\t");
                String sex=rs.getString("sex");
                System.out.println(sex);
            }
            stmt.close();
            con.close();
        }catch(SQLException s1){
            s1.printStackTrace();
        }
    }
}
```

11.3.3 Java 实现数据库操作的预处理

向数据库发送 SQL 语句时，使用比较多的是 Statement 接口的实现实例，还有 PreparedStatement 和 CallableStatement 接口的实例也可以实现向数据库发送 SQL 语句，其中 CallableStatement 接口

的实例是用来操作存储过程的，PreparedStatement 接口的实例是用来操作 SQL 命令的。

1. 预处理语句

Java 语言提供的 PreparedStatement 接口实例能够更加高效地进行数据库操作机制，通常称为预处理语句对象。

当向数据库发送一个 SQL 语句时，如“SELECT * FROM USERS”，数据库中的 SQL 解释器负责把 SQL 语句生成底层的内部命令，然后执行该命令，完成有关的数据操作。如果不断地向数据库提交 SQL 语句必然会增加数据库 SQL 解释器的负担，影响执行的速度。如果应用程序能针对连接的数据库，事先就将 SQL 语句解释为数据库底层的内部命令，然后直接让数据库去执行这个命令，显然不仅减轻了数据库的负担，而且也提高了访问数据库的速度。

对于 JDBC，如果使用 Connection 和某个数据库创建了连接对象 conn，那么 conn 就可以实现 Connection 接口封装好的 prepareStatement(String sql)方法对参数 sql 指定的 SQL 语句进行预编译处理，生成该数据库底层的内部命令，并将该命令封装在 PreparedStatement 接口的实现实例中，该实例就可以实现执行 SQL 语句的方法：executeQuery、executeUpdate 和 execute。只要编译好了 PreparedStatement 接口的实现实例，那么该实例可以随时执行上述三个方法，显然提高了访问数据库的速度。

例题 11-8　封装了使用预处理语句查询 books 数据库中 title 表的全部记录。

```
//Test11_8.java
public class Test11_8 {
   public static void main(String[] args) {
      MyPreQuery query=new MyPreQuery();
      query.setDatabaseName("books");
      query.setSQL("SELECT * FROM title");
      query.outQueryResult();
   }
}
/*
 * MyPreQuery.java
 * 该类封装了使用预处理语句顺序查询数据库表中记录的程序
 */
import java.sql.*;//导入数据库操作的类
public class MyPreQuery {
   String databaseName="";//数据库名
   String sql;//SQl 语句
   public MyPreQuery(){//构造方法
       //加载驱动程序，以 MySQL 数据库系统为例，要使用其他数据库，更换相应驱动程序即可
       //加载驱动程序的方法必须处理异常
       try{
          Class.forName("com.mysql.jdbc.Driver");
       }catch(Exception e){
          e.printStackTrace();
       }
   }
   public void setDatabaseName(String s){//设置数据库名字
          databaseName=s.trim();
       }
```

```
    public void setSQL(String sql){//设置 SQL 语句
        this.sql=sql.trim();
    }
    public void outQueryResult(){
        Connection con;//连接数据库
        PreparedStatement state;//预处理 SQL 语句
        ResultSet rs;//查询结果集
        try{
            //连接 MySQL 数据库,要使用其他数据库，更换相应 uri 即可
            //连接数据库的方法必须处理异常
            String uri="jdbc:mysql://localhost:3306/"+databaseName;
            String user="root";
            String password="password218";
            con=DriverManager.getConnection(uri,user,password);
            state=con.prepareStatement(sql);//建立预处理 SQL 语句对象
            rs=state.executeQuery(sql);//返回查询结果集
          ResultSetMetaData metaData=rs.getMetaData();//结果集的元数据对象
            int columnCount=metaData.getColumnCount();//结果集的总列数
            for(int i=1;i<=columnCount;i++){
            System.out.print(metaData.getColumnName(i)+"|");//输出字段名
            }
            System.out.println();
            while(rs.next()){//输出结果集中的记录，即输出每一行
                for(int i=1;i<=columnCount;i++){
                    System.out.print(rs.getString(i)+"|");
                }
                System.out.println();
            }
            con.close();
        }catch(SQLException ex){
            ex.printStackTrace();
        }
    }
}
```

2．通配符

在对 SQL 进行预处理时可以使用通配符“?”来代替字段的值，只要在预处理语句执行之前再设置通配符所表示的具体值即可。

PreparedStatement 接口中封装了一系列 set***方法可以设置预处理 SQL 语句，使用通配符“?”可以处理一批记录，提高数据库执行效率。设存在 Connection 接口的一个实例 conn，已经连接相应的数据库，则执行如下的语句：

```
String s="INSERT INTO USERS(id,name,sex) VALUES(?,?,?)";
PreparedStatement pt=conn.prepareStatement(s);
```

语句中的通配符“?”表示在此位置处应该有一个数据，这个数据必须在 SQL 语句执行之前被设置为具体值，所以还要继续执行如下的语句：

```
pt.setInt(1,6);
pt.setString(2,"Wendy");
pt.setString(3,"f");
```

```
pt.executeUpdate();
```

在相应的 set***方法中，第一个参数表示与第几个“?”相对应，第二个参数是代替“?”的具体的值。当所有的“?”都用具体数据代替后，程序发送 SQL 语句，由 DBMS 执行并得到处理结果。如果在执行 set***方法时发生了数据库访问错误，则抛出 SQLException 异常。PreparedStatement 接口中的常用 set***方法见表 11-8。

表 11-8　PreparedStatement 接口中的常用 set***方法

方　法	说　明
void setByte(int index, byte x) throws SQLException	将指定参数设置为给定 Java byte 值
void setBoolean(int index, boolean x) throws SQLException	将指定参数设置为给定 Java boolean 值
void setShort(int index, short x) throws SQLException	将指定参数设置为给定 Java short 值
void setInt(int index, int x) throws SQLException	将指定参数设置为给定 Java int 值
void setLong(int index, long x) throws SQLException	将指定参数设置为给定 Java long 值
void setFloat(int index, float x) throws SQLException	将指定参数设置为给定 Java float 值
void setDouble(int index, double x) throws SQLException	将指定参数设置为给定 Java double 值
void setDate(int index, Date x) throws SQLException	将指定参数设置为给定 Java Date 对象
void setString(int index, String x) throws SQLException	将指定参数设置为给定 Java String 值

例题 11-9　封装了使用预处理语句向 books 数据库中 users 表添加记录的程序。

```
//Test11_9.java
public class Test11_9 {
   public static void main(String[] args) {
      MyInsertRecord insertRecord=new MyInsertRecord();
      insertRecord.setDatabaseName("books");
      insertRecord.setTableName("users");
      insertRecord.setId(8);
      insertRecord.setName("Susan");
      insertRecord.setSex("f");
      String mess=insertRecord.insert();
      System.out.println(mess);
   }
}
/*
 * MyInsertRecord.java
 * 该类封装了使用预处理语句添加数据库表中记录的程序
 */
import java.sql.*;//导入数据库操作的类
public class MyInsertRecord {
   String databaseName="";
   String tableName="";
   int id;
   String name="",sex="";
public MyInsertRecord(){//构造方法
//加载驱动程序，以 MySQL 数据库系统为例，要使用其他数据库，更换相应驱动程序即可
//加载驱动程序的方法必须处理异常
      try{
```

```
            Class.forName("com.mysql.jdbc.Driver");
        }catch(Exception e){
            e.printStackTrace();
        }
    }
    public void setDatabaseName(String databaseName){//设置数据库名字
            this.databaseName=databaseName.trim();
        }
    public void setTableName(String tableName){//设置表名字
            this.tableName=tableName.trim();
        }
    public void setId(int id){//设置 id 字段
            this.id=id;
        }
    public void setName(String name){//设置姓名字段
            this.name=name.trim();
        }
    public void setSex(String sex){//设置性别字段
            this.sex=sex.trim();
        }
    public String insert(){
        String s="";
        Connection conn;
        PreparedStatement psmt;//预处理 SQL 语句
        try{
            //连接 MySQL 数据库,要使用其他数据库，更换相应 uri 即可
            //连接数据库的方法必须处理异常
            String uri="jdbc:mysql://localhost:3306/"+databaseName;
            String user="root";
            String password="password218";
            conn=DriverManager.getConnection(uri,user,password);
            String insertCon="INSERT INTO "+tableName+" (id,name,sex) VALUES
(?,?,?)";
            psmt=conn.prepareStatement(insertCon);
            if(id>0){
                psmt.setInt(1,id);
                psmt.setString(2,name);
                psmt.setString(3,sex);
                int m=psmt.executeUpdate();
                if(m!=0)
                    s="添加"+m+"条记录成功";
                else
                    s="添加记录失败";
            }else{
                    s="姓名不能为空";
            }
            conn.close();
        }catch(SQLException e){
            e.printStackTrace();
        }
        return s;
    }
}
```

拓 展 阅 读

大数据、云计算、人工智能等新一代数字技术是当代创新最活跃、应用最广泛、带动力最强的科技领域，这些新技术的开发利用许多是基于 Java 融合各种数据库技术实现的。华为云的云数据库（Relational Database Service，RDS）是一种基于云计算平台的稳定可靠、弹性伸缩、便捷管理的在线云数据库服务，它支持各种 Web 应用，成本低，是中小企业项目开发的首选。

习　　题

1. 编写一个基于数据库的学生成绩管理程序，实现学生成绩的录入、查询、修改和删除的功能。
2. 编写一个基于数据库的图书管理程序，实现图书信息的录入、查询、修改和删除的功能。

参 考 文 献

[1] 埃克尔. Java 编程思想:第 4 版[M]. 陈昊鹏，译. 北京：机械工业出版社, 2007.

[2] 迪特尔 H M, 迪特尔 P J, 桑特里. 高级 Java 2 大学教程[M]. 钱方, 梅皓, 周璐，等译. 北京：电子工业出版社, 2004.

[3] 耿祥义, 张跃平. Java 程序设计实用教程[M]. 2 版. 北京：人民邮电出版社, 2015.

[4] 山东省教育厅. Java 语言基础教程[M]. 青岛：中国石油大学出版社, 2001.

[5] 梁勇. Java 语言基础设计(基础篇) :第 8 版[M]. 李娜，译. 北京：机械工业出版社, 2011.

[6] 霍斯特曼, 科奈尔. Java 核心技术(卷 1: 基础知识)[M]. 叶乃文, 邝劲筠, 杜永萍，等译. 北京：机械工业出版社, 2008.

[7] 王保罗. Java 面向对象程序设计[M]. 杜一民, 赵小燕，译. 北京：清华大学出版社, 2003.

[8] 教育部考试中心. 全国计算机等级考试二级教程：Java 语言程序设计[M]. 北京：高等教育出版社, 2003.

[9] 伯格 W, 伯格 M J. 数字图像处理：Java 语言算法描述[M]. 黄华，译. 北京：清华大学出版社, 2010.

[10] 罗伯茨. Java 语言的科学与艺术[M]. 付勇，译. 北京：清华大学出版社, 2009.

[11] 结城浩. Java 多线程设计模式[M]. 博硕文化，译. 北京：中国铁道出版社, 2005.

[12] 黄文海. Java 多线程编程实战指南：设计模式篇[M]. 北京：电子工业出版社, 2015.

[13] 尉哲明, 李慧哲. Java 技术教程：基础篇[M]. 北京：清华大学出版社, 2002.

[14] 严蔚敏, 吴伟民. 数据结构[M]. 北京：清华大学出版社, 1992.

[15] 罗依, 埃克斯坦, 伍德. Java Swing[M]. R&W 组，译. 北京：清华大学出版社, 2001.

[16] 本书编写组. 党的二十大报告辅导读本[M]. 北京：人民出版社，2022.

[17] 本书编写组. 党的二十大报告学习辅导百问[M]. 北京：学习出版社，党建读物出版社，2022.